结构化森林经营理论与实践
THEORY AND PRACTICE OF STRUCTURE-BASED FOREST MANAGEMENT

惠刚盈等 著

科学出版社
北京

内 容 简 介

本书是一部现代森林经营专著，冠以结构化的用意在于强调森林经营系统工程中结构的中枢作用。全书聚焦森林的结构效应，从结构入手，概述了系统结构性、森林结构多样性及其解译方法；重点阐述了结构化森林经营的经营原理、经营战略战术以及经营实践，并首次论述了人工林随机化经营；最后介绍了结构化森林经营分析决策支持系统。

本书对生态学、林学、森林保护学和环境科学等学科的科研、教学和管理人员具有重要参考价值，可作为高等院校相关专业的本科生和研究生教材，也可作为营林生产一线人员的技术指南。

图书在版编目(CIP)数据

结构化森林经营理论与实践 / 惠刚盈等著 . —北京：科学出版社，2020. 6

ISBN 978-7-03-065155-6

Ⅰ. ①结⋯ Ⅱ. ①惠⋯ Ⅲ. ①森林经营–研究 Ⅳ. ①S75

中国版本图书馆 CIP 数据核字（2020）第 085804 号

责任编辑：李轶冰 / 责任校对：樊雅琼
责任印制：吴兆东 / 封面设计：无极书装

科 学 出 版 社 出版

北京东黄城根北街 16 号
邮政编码：100717
http://www.sciencep.com

北京虎彩文化传播有限公司 印刷
科学出版社发行 各地新华书店经销

*

2020 年 6 月第 一 版 开本：787×1092 1/16
2020 年 6 月第一次印刷 印张：15 1/2
字数：368 000
定价：168.00 元
（如有印装质量问题，我社负责调换）

《结构化森林经营理论与实践》

著者名单

惠刚盈　赵中华

张弓乔　胡艳波

刘文桢　张岗岗

袁士云　王宏翔

万　盼　陈明辉

自　序

保护森林等同于呵护人类自己的家园。人类从森林中诞生，在森林中进化，人类的命运和地球的前途无不仰仗于森林。森林作为重要的陆地生态系统之一，被认为是人类赖以生存的绿色保护伞，在人类历史文明进程中起着重要的作用。世界森林在地圈-生物圈过程中发挥积极的作用，它不仅在近地表大气层物质循环和能量转化中是一些物质的"汇"和能量集聚的"库"，也是另一些物质和能量释放的"源"，而且还是大气-植被-土壤系统的生物产量储库和能量转化的重要通道。可以说，没有森林，就会漫天风沙；没有森林，就会泥石俱下；没有森林，就没有肥沃的土地。一句话，没有森林，就没有良好的生态。

提供健康稳定森林的培育方法和技术是当代林业科技工作者义不容辞的责任。世界林业正在由传统林业向现代林业转变，现代林业以可持续发展理论为指导、以生态环境建设为重点，改变了林业过去以木材采伐利用为指导，仅作为国民经济的重要物质生产部门的地位。林业建设既要承担满足经济高速发展对林产品的需求，更要承担改善生态环境、促进人与自然和谐相处、重建生态文明发展道路和维护国土生态安全的重大历史使命。可持续发展战略赋予林业重要地位，生态建设赋予林业首要地位。林业的首要任务已由以生产木材等林产品为主向以生态建设为主、确保国土生态安全的方向转变。实现这一转变必然要以现代科技为支撑。与以木材生产为中心的传统林业相比，现代林业以培育健康稳定的森林为目标，更加强调森林的环境功能。培育健康稳定的森林是全面提升森林生态系统稳定性和生态服务功能的基础，是维护生态平衡和保障生态安全的重要举措，是推进生态文明和美丽中国建设的内在要求。因此，寻求一种既能有效保护森林，又能对其进行合理经营利用的、保护而不保守的经营方法已成为当前林业工作者一项重要而紧迫的任务。

森林经营是林业发展的永恒主题，是提升森林质量的根本途径。森林经营关乎林业发展全局，关乎党和国家命运以及人民的福祉，关乎中国积极应对气候变化对世界承诺的国家形象。我国的森林生长力低下、质量不高，森林火灾及病虫害等自然灾害频发，每公顷森林蓄积量不到 90 m^3，只有世界平均水平的 70%，仅占发达国家的 1/4；每公顷森林年均生长量仅为 4.23 m^3，只有发达国家的 50%。其根本原因是过度采伐和忽视森林经营。到目前为止，我国很多地区的森林缺乏科学经营，例如在众多树种能适生的立地上开展单一树种的目标树经营，在经历了多次"拔大毛"的过伐林或大面积皆伐后恢复的次生林中标记目标树，在造林密度极大的人工林或疏林中标记目标树，在陡坡等极端立地条件下的森林中实行目标树经营，在过熟林或"小老头树"林中标记目标树。这些做法忽视了目标树方法应用的前提条件，脱离了国情和林情，扭曲了面向问题的经营哲学，缺失了以生态学为基础的经营方向。因此，要大力开展科学的森林经营，而科学的森林经营原理就是道法自然。

结构化森林经营符合现代森林经营理念，为培育健康稳定的森林生态系统提供了可行的方法。结构化森林经营秉承"以树为本、培育为主、结构优化、生态优先"的经营理念，坚持以原始林为楷模、保持森林连续覆盖或确保最小干扰、维持生态有益性或保护生物多样性、针对顶极种和主要伴生种的中大径木进行竞争调节的经营原则，遵循系统结构决定系统功能的生态系统法则，顺应自然、量身定制适地适林的林分经营方案。经过十多年的发展，结构化森林经营的基础理论更加完善，技术体系更加成熟，应用推广更加广泛。结构化森林经营中基于相邻木关系的森林空间结构解译体系能够全方位多角度分析和描述林木个体的分布格局、树种空间隔离程度、竞争状态和拥挤程度，在森林经理、森林培育和森林生态等学科领域中被广泛应用。截至目前，发表在国内外的主要林学学术期刊上的 1000 多篇科技论文，以及我国林业院校、科研院所中博（硕）士研究生学位论文 400 多篇都采用了"基于相邻木关系的森林空间结构解译体系"进行林分空间结构分析、恢复与重建，该方法应用之广泛几乎涵盖了我国森林分布区域的所有典型森林类型。该方法已被载入德国哥廷根大学 2005 年的森林经理学教材 *Forsteinrichtung*、国际著名出版社 Springer 2011 年出版的 Managing Forest Ecosystems 系列专著 *Continuous Cover Forestry*、德国复兴信贷银行（KFW）的中国南方 14 省森林可持续经营培训教材（2012 年）、面向 21 世纪课程教材《森林培育学》（2011 年）、全国高等农林院校规划教材《森林经理学》（2011 年）以及中国林业科学研究院森林培育专业研究生教材《森林培育学研究进展》。我国主要林业院校、科研院所已将结构化森林经营作为森林经理学、森林培育学和森林生态学专业博（硕）士研究生专题课程。结构化森林经营在我国吉林红松针阔混交林区、辽宁蒙古栎混交林区、内蒙古樟子松天然林区、甘肃松栎混交林区、贵州常绿阔叶混交林区、河南栎类次生林区以及北京侧柏和河北落叶松人工林区进行了大面积经营试验与示范，共建立 110 块长期定位监测样地，试验示范林面积 5360 亩[①]，推广总面积近 100 万亩。各试示范点均为区域代表性森林类型，具备辐射推广能力，为结构化森林经营技术整体的应用与推广提供了可靠的基地保障。试验示范监测结果表明，该体系能够指导经营者制订有针对性的经营措施，提高森林质量和生产力，经营林分每公顷年生长量比对照高出 $1 \sim 1.4 \ \text{m}^3$，年生长率高出 20% ~ 60%，决定当下林分生产力的中大径木的株数增幅是

---

① 1 亩 ≈ 666.7m²。

对照的 6 倍，决定未来林分生产潜力的进界木株数是对照的 3.84 倍，树种空间多样性增幅达20%，生态经济效益非常显著。从长远的角度看，大面积推广应用结构化森林经营技术可解决我国森林资源保护与利用之间的矛盾，有效维护我国的生态安全，对建设生态文明具有重要战略意义。结构化森林经营已成为国家自然科学基金项目申请指南中森林可持续经营的关键词，并入选《中国大百科》和《中国林业百科全书》，极大地推动了森林经理学、森林培育学和森林生态学学科的发展，丰富和发展了世界森林可持续经营理论，对提升我国林学的世界地位产生了重要影响。

培育健康稳定优质高效的森林生态系统是我国新修订的《森林法》赋予森林经营的终极目标，是我们林业人义不容辞的责任。新的森林经营目标自然需要全新的科学经营森林的方法，因正确的方法是到达成功彼岸的舟船，是飞向理想高度的羽翼。结构化森林经营将助力实现这一现代森林经营目标，摒弃急功近利，着眼未来，造福后代。

惠刚盈

2020 年 3 月

前　言

森林经营是林业工作的永恒主题，我的科研工作也正是围绕这一永恒主题而展开的。自 1983 年大学毕业开始从事林业研究工作，到 1998 年取得德国林学博士学位，一直从事人工林生长模型研究，构建了杉木人工林生长与收获模型系统，并提出了杉木建筑材优化栽培模式。1999 年以来，开始研究复杂结构的天然林经营，悟出天然林经营的本质是结构调整，经营原理是道法自然，并于 2007 年提出了结构化森林经营的概念和方法。这一独特的现代森林经营方法目前已经得到普遍赞同和应用。转眼间十多年已经过去，如今结构化森林经营从理论研究和实践应用都取得了突破性的进展。特别是 2016 年再次受邀开展人工林经营研究之后，悟出"模仿天然林，培育人工林"之道，发现人工林与天然林的本质差异在于结构，特别是林木分布格局，从而创造性地把结构化森林经营应用于人工林培育，极大地丰富和发展了结构化森林经营理论。

这部由科学出版社出版的《结构化森林经营理论与实践》专著系统凝练和全面总结了有关结构化森林经营的研究成果，相较于十多年前我撰写的有关结构化森林经营的书籍，更加侧重结构释义与解译以及结构效应，尤其增加了结构化森林经营在人工林造林和格局调整（随机化经营）中应用的章节。撰写本书的目的，一方面是希望读者在大致通读此书后，能够从中抓住并领会某些森林空间结构的内涵，悟出森林经营的方法；另一方面是期盼更多的读者能够应用本书所论述的方法直接开展所在地亟须进行的森林经营，培育出越来越多的健康稳定优质高效的森林生态系统。

值本书出版之际，我首先特别感谢恩师、世界著名林学家 Klaus von Gadow 教授对我在德国洪堡基金资助下所从事的基于相邻木关系的森林空间结构研究的启蒙指引，也特别感谢"十二五"国家科技支撑计划"森林可持续经营关键技术研究与示范"项目总设计师唐守正院士和项目负责人刘世荣研究员选定我主持"西北华北森林可持续经营技术研究与示范"课题，还由衷地感谢"十三五"国家重点研发计划"人工林生产力形成的结构与环境效应"项目负责人肖文发研究员诚邀我负责课题"人工林结构调控与稳定性维持机制及其生产力效应"，正是这些林学界知名学者的支持和信任，才使我在天然林和人工林结构研究方面获得良机并取得如此创新成果。

本书出版得到科学技术部"十三五"国家重点研发计划"人工林结构调控与稳定

性维持机制及其生产力效应"（2016YFD0600203）课题和"区域森林生态系统多目标平衡恢复、重建技术研究与示范"（2017YFC050400501）课题的共同资助，在此表示衷心感谢。

惠刚盈

2020 年 3 月

目　录

第1章 结 构

论结构必先述系统，凡系统必有结构，系统结构决定系统功能。所谓系统，就是由相互联系、相互作用的若干要素结合而成的具有一定功能的整体。要构成一个系统，必须具备3个条件：①系统是由要素组成的。所谓要素，就是构成系统的组成部分。②要素之间要相互联系、相互作用、相互制约，按照一定的方式结合成一个整体，才能成为系统。③要素之间相互联系和作用之后，必须具有整体功能，才能称为系统。可见，系统包含系统的组成（或要素）和结构。一个具有一定功能的系统必然具有相应的结构，即系统的结构，系统通过一定的组织形式（结构）把其组成有机地联系在一起，发挥着系统的功能。

1.1 结构重要性

系统结构是系统保持整体性以及具有一定功能的内在根源。系统功能是系统在特定环境中发挥的作用或能力。确切地说，系统是结构和功能的统一体。系统既是结构和要素的统一，又是功能和过程的统一。

系统结构是系统内部各要素相互作用的秩序。所谓系统的结构解释，实质上就是把需要说明的对象解释为一定结构在环境作用下通过结构变化而表现出的功能与性状，也就是根据事物结构来解释事物属性的这样一种方法。在客观世界中，没有非物质的世界，同样，也没有非结构的物质，作为物质特定存在方式的结构，多有普遍性。物质系统除了具有空间结构外，还因为任何事物都有其发生、发展、死亡的时间过程而存在时间过程结构。因此，没有非结构的系统，同样，也不存在非系统的结构，结构与系统是不可分割的。

由此可见，结构解释包括反映系统结构状态的结构描述，反映结构变化过程的结构变化规律，反映某种对应关系的对应原则，以及描述环境作用的前提条件。

结构作为系统论的一个基本范畴，是指所有的系统都是由若干要素（元素、部件、子系统）按照一定的结构方式或数量比例组成。要素是构成系统的现实基础，但是系统的性质并不是简单地由要素所决定，而是依赖于要素排列而形成的结构。同时，结构也给要素以某些新的特征，从而使要素成为系统的要素，以区别于孤立存在的要素。结构与要素的相互关系可以概括为结构与要素的相对独立性和相互依赖性。

图1-1展示的机械手表系统中各种大小不同的齿轮实际上就是机械手表系统的组成，而机械手表各部件的位置及其排列、连接方式才是真正意义上的结构。

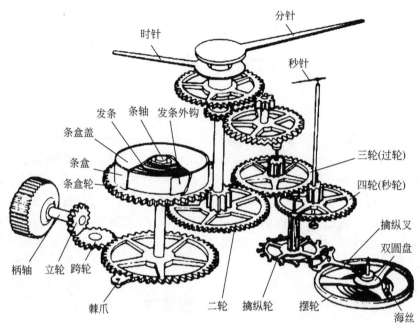

图 1-1　机械手表机芯结构图

注：图片来自万表网

　　综上可见，结构是构成系统要素的一种组织形式，一个系统不是其组成单元的简单相加，而是通过一定规则组织起来的整体，这种规则和组织形式就是系统的结构。结构反映了构成系统的组成单元之间的相互关系，直接决定了系统的性质，是系统与其组成单元之间的中介，系统对其组成单元的制约是通过结构起作用的，并通过结构将组成单元连接在一起。所以，可将系统的构成或组成成分即系统要素视为结构要素。系统要素或结构要素可以通过组件或部件及其数量、大小等形式表达，自然也可以通过统计分布的形式（或均值）表达，这实际上就是传统意义上的非空间结构变量。而无论是非生命的物质系统（如晶体），还是丰富多彩的生物系统（如森林），通常都是立体的、多维的。所以，其系统的组织形式（即结构）一定是空间的，或至少是与空间有关的，这才是真正意义上的结构，即空间结构。

1.2　结构特性

　　系统的结构概念表明了系统要素的一种内在联系，而系统结构的特性和规律就是要研究和揭示组成系统的各个要素与其他要素间关系的变化，以及要素变化导致整体变化的规律。

1.2.1 系统结构的稳定性

系统之所以成为系统并保持其有序性，就在于系统各要素之间有着稳定的联系，这里所述的稳定是指系统某一状态的持续出现。稳定可以是静态稳定，也可以是一种动态稳定，取决于外界干扰，即系统可能会偏离某一状态而产生不稳定，而一旦干扰消除，系统又恢复原态。所以系统诸要素之间只有稳定的联系才构成系统的结构。例如森林、野生有蹄动物和猛兽之间存在着稳定性。有蹄动物——鹿和麋吃树枝、灌丛和青草，而虎、狼、豹等猛兽吃有蹄动物。在鹿和麋数量过多时，森林会遭受严重的破坏，但是有蹄动物要被食肉动物所捕食。严冬到来，积雪很深，限制了鹿和麋的活动，猛兽便消灭了其中的大部分，这时森林得到了恢复，但猛兽因食物对象减少，发展受到限制，其数量也会迅速减少。在猛兽减少时，有蹄动物逐渐恢复，这是一种相对的平衡。所以系统诸要素之间只有稳定的联系才构成系统的结构，但是系统各要素稳定联系存在着两种不同类型：一类是平衡结构，另一类是非平衡结构。

对于平衡结构的整体系统，如晶体系统，它的各个要素有固定的位置，构成部分之间的联系排列方式是相对不变的，其结晶体的特性依晶体内部原子或分子的排列方向而异，一旦晶体结构形成，其系统内部的分子、原子相互作用不会随时间而改变。对于非平衡结构，则与晶体结构不同，这类系统结构经常保持着一定的对外界的活动性和功能。这类结构也存在着两种情况：①有严密结构的有机系统，如生物体就属于非平衡结构中有严密结构的有机系统，其系统中各要素的结合虽不能随便改变，但系统又仍保持着与外界的物质和能量交换的特点，即是动态的稳定。而结构的动态稳定则是这种系统能够自我保持，并对环境发挥功能的一个必要条件。生物体要正常生长就不能破坏其结构，而生物体任何一个基因的改变，将会影响到整体循环的正常运转，以至造成疾病与死亡。另一方面，系统稳定结构的微小变化又是引起系统进化的原因，所以又要研究动态系统结构的稳定性与变异性的辩证统一。②非严密结构的系统，其结构稳定性又有不同的表现，如前面所举出的森林-有蹄动物-肉食动物构成的三位一体生态系统的各部分，保持着一定的联系方式，这种联系状态的持续出现才能使它们各自繁衍后代，这也是属于系统结构的稳定性，但具有随机性，其组成部分或要素及其位置总是处在变动之中，它不像人体脏器那样有着相对固定不变的位置，更不像晶体系统那样的平衡结构。所有非平衡结构的稳定性都属于动态稳定。

结构稳定性强调的是系统内部要素的稳定的有机联系方式，一旦外界干扰超过该系统稳定性范围，则依干扰的程度，系统将保持、改变、甚至丧失其结构。此时，原来系统将转化为新的系统。

1.2.2 系统结构的相对性

它包含两层意思：第一层意思是结构和要素是相对于系统的等级和层次。例如在系统结构的无限层次中，高一级的系统内部结构的要素，又包含着低一级系统的结构；复杂大系统内部结构中的要素，又是一个简单的系统；另一层意思是任何一个系统都有一个产生、发展和转化的过程，系统结构一旦形成，到其转化为其他系统之前，总是存在着结构的相对稳定性。

1.2.3　系统结构的动态性

系统的结构不是绝对封闭和静态的，任何系统总存在于环境之中，总是要和外界环境进行物质、能量、信息的交换。系统的结构在这种交换过程中总是由量变到质变。这就是系统的开放性、动态性和可变性。

|第 2 章| 森 林 结 构

森林是生态系统,既然是系统必定有结构。结构决定功能是系统论中的重要法则,森林作为生态系统理所当然地遵循这一系统论法则。森林结构是各种自然生态过程在很长的时间和空间尺度上综合作用的结果,是森林生长及其生态过程的驱动因子,也是森林动态和生物物理过程的结果,直接与森林生态系统功能紧密相连。森林结构影响森林生态系统的生物量产出、物种多样性以及生物栖息地等,决定了森林生态系统功能服务的质量。

2.1 森林结构释义

森林结构泛指不同植物种类和大小的配置与分布。森林是以乔木为主体,由植物、动物及其微生物区系组成的生物群落,基于这个广义的定义人们很早就着重研究森林生态系统的营养结构,一个完整的森林生态系统由初级生产者、消费者、分解者和非生物环境组成。从狭义理解,人们则偏重森林是以乔木为主体的植物群落,植物泛指决定群落外貌特征的那些植物。通常所讲的植物群落是指某一地段上全部植物的综合,它具有一定的种类组成和种间的数量比例,一定的结构和外貌,一定的生境条件,执行着一定的功能,其中植物与植物、植物与环境间存在着一定的相互关系,它们是环境选择的结果,在空间上占有一定的分布区域,在时间上是整个植被发育过程中的某一阶段。物种的不同组成及其在空间分布的不同格局构成了群落的空间结构,而物种间的不同空间相互作用导致了群落的不同功能,种间相互作用的平衡以及环境对种群影响的稳定使得群落得以稳定。种间的空间关系不同,导致群落的结构不同,从而导致群落的结构和功能有可能完全不同。这里要特别强调,结构要素如林木的种类、数量、大小及其分布或均值皆属于森林系统的组成成分的结构特征,但绝不能认为这些组分的结构特征就是那个能把这些结构要素组织成具有一定功能的系统结构。森林系统的结构一定是空间结构,而描述森林系统组成的规律通常都属于非空间结构,除非有子系统的存在。对于任何系统而言,系统组成和系统结构都非常重要,缺一不可。而描述组成的构成规律只是锦上添花,而真正能使系统发挥正常功能的还是系统结构即空间结构。系统、组成和结构的关系,可以非常通俗地用"巧妇难为无米之炊"来解释,缺一不可。这里的米和辅料等就是组成,而巧妇就充当了结构的角色,即把米和辅料等按照一定比例秩序做成佳肴,佳肴可视为一个食物系统,实际上,人们分析总结出的这个美食菜谱就是这个佳肴的结构。而许久以来,人们将重点放在了森林组成即非空间结构的研究之上,混淆和忽视了森林的空间结构。

林分被称为森林分子,是组成森林的最小单位。林分是具有一定结构、发挥一定功能的森林地段,这个森林地段具有一致的树种组成、结构以及发展状态,并与四周相邻部分有显著区别。林分是划分森林的最小地理单位，也是最小的森林经营单位。林分结构是研究森林结构的基本单元，既是森林经营和分析中的重要因子，也是实施森林经营活动的具体对象。提高林分结构的多样性和复杂性，被认为是实现森林生态系统生物多样性维持和增加的基础，是实现精准提升森林质量的有效途径，一直是森林经营研究的重点问题。

调查分析森林结构可以帮助我们了解森林的发展历史、现状和生态系统将来的发展方向，对深入了解各种森林植物与环境的关系以及森林的生长发育、更新、演替规律等具有重要意义，并可为制订科学的经营措施提供理论依据。

2.2 森林结构变量

森林神秘而复杂，为揭示森林的这种复杂关系，人们从不同角度采用不同的指标进行森林结构解译表达。生态学常用的林分密度、物种组成、多样性以及林学上常用的林木大小分布如年龄分布、直径分布、树高分布、树冠分布等均是对森林组成结构的不同测度，研究的是各组分（系统或结构要素）内的分布规律，也不涉及组分间的关系，与空间位置无关，属于传统意义上的非空间结构变量。而林木水平分布格局、林木密集程度和树种混交度（包括种间关联）以及林木大小分化等才是真正意义上的森林结构变量，与林木空间位置有关，反映的是林木之间的空间关系，所以被称为森林空间结构变量。

2.2.1 非空间结构变量

众所周知，系统组成和系统结构属于一个完整系统的两个重要部分。许多研究把系统组成的分布规律视作结构，集中研究森林群落树种组成结构、年龄结构、径级结构、生物量分配等方面，实际上这些都是系统要素或结构要素的构成特点，与传统意义上的非空间结构一致。

2.2.1.1 个体数量与森林密度

一定面积上的林木个体数量，是一个群落或种群大小的标志。单位面积上的林木株数就是林分密度，林分密度的数值大小充当了一切占比分布的分母，起"载体"作用，其倒数则是每株林木平均生存空间的直接表达，可见，林分密度既是群体水平上又是个体水平上直接分析森林系统的关键结构要素。森林密度是评定单位面积林分中林木间拥挤程度的指标（Harry et al.，1964；von Gadow，2005），通常用每公顷多少株（株/hm²）表示（Begon et al.，1996）。森林密度是影响林分生长的重要因素之一，不仅影响着各生长时期林分的生长发育、林木的材质及蓄积量，而且影响着林内环境（光照、温度、水分和土壤等）、林分的稳定性、林内物种的种类及其个体的分布。森林经营最基本的任务就是保持森林生长处于最佳密度条件下，其目的在于提高森林的质量或发挥其最大的效益。所以，控制和调整林分密度始终是人工林经营成败的关键环节（Lee and Lenhart，1998），在世界范围内已进行了长达200多年的研究探索，从19世纪德国进行疏伐对比试验开始，经历了收获学试验实践等（Wenk et al., 1990），到 20 世纪美国、日本等国开展了林分密度理论研究。一些重要的研究方法及指标，如林分密度竞争效应乘幂式即林分密度指数 SDI（Reineke, 1933）、树木–面积比法（Chisman and Schumacher, 1940），树冠竞争因子 CCF（Krajicek et al., 1961）、Yoda's 3/2 乘则（White and Harper, 1970）、林分密度控制图（安藤贵, 1968），至今广为应用。众所周知，林分平均冠幅是对林木光合作用面积大小的直接反映，林木平均距离则体现了林木最大空间利用的可能性，而林分密度是影响这两个重要指标大小的直接原因，基于此，惠刚盈等（2016a）提出了表达林分密集程度的新指标——林分拥挤度（K），用林木平均距离与平均冠幅的比值表示。林分拥挤度是对林分密集程度的最为直观科学的表达，关联了两个非空间变量，从而构成了一个新的反映林木平均密集程度的结构指标，具有简单易操作的优点，可用于评价森林是否需要经营及确定首次间伐时间与经营强度，最终为密度控制与调节提供了依据。

2.2.1.2　物种组成与多度

森林群落物种组成是群落生态学研究的基础内容，通常用物种丰富度和多度分布表达。不同植物群落结构和功能存在很大差异，这种差异主要受控于组成物种的不同生态、生物学特性及它们的构成方式。可见，群落内物种组成也属于关键的结构要素。森林树种组成研究内容主要集中在林分中植物的区系背景分析、科属组成、物种丰富度、优势种重要值（吕仕洪等, 2004；张谧等, 2003）、层片结构、生态位以及群落动态等方面。常用表达生物多样性的 Simpson 指数、Shannon-Wiener 指数、优势度、均匀度等指标来分析种群结构特征，反映林分中物种成分的多度、频度、重要值、层片结构等特征（曲仲湘, 1983；宋永昌, 2001）。在森林经营中，常用物种组成系数这一指标表达林分树种组成结构，即根据树种断面积与林分总断面积的比值，用十分法来表示。物种数量的多少直接关系到群落物种丰富度，而物种丰富度又是评价生物多样性的基础，在同一立地，相同年龄和相同密度的前提下，物种组成对群落生产力及其稳定性起非常重要的作用。

2.2.1.3　个体大小及其分布

林木大小是森林系统组成的主要部分，亦属于关键的系统要素或结构要素，可通过林木个体的年龄、高矮、粗细及其均值变量如平均年龄、平均树高、平均直径、平均断面积、平均蓄积量等来表达，这些组分均有对应的分布形式如龄级分布、树高分布、直径分布、断面积分布、蓄积量分布，而这也正是传统意义上的森林非空间结构。其中，直径分布规律是最基本的林分结构，不仅因为林分直径便于测定，而且因为直径结构是许多森林经营技术及测树制表技术理论的依据，林分直径结构反映了各径级林木的株数分布，其规律性很早就受到林学家们的关注（孟宪宇和邱水文, 1991；惠刚盈和盛炜彤, 1995）。

森林年龄结构是植物种群统计的基本参数之一，通过年龄结构的研究和分析，可以提供种群的许多信息。统计各年龄组的个体数占总个体数的百分比，其从幼到老不同年龄组的比例关系可表述为年龄结构图解（年龄金字塔或生命表），分析种群年龄组成可以推测种群发展趋势（曲仲湘, 1983）。如果一个种群具有大量幼体和少量老年个体，则说明该种群是迅速增长的种群；相反，如果种群中幼体较少而老年个体较多，则说明该种群是衰退的种群；如果一个种群各个年龄组的个体数几乎相同或均匀递减，出生率接近死亡率，则说明该种群处于平衡状态，是正常稳定型种群。在进行乔木树种年龄结构研究时，由于许多树木材质坚硬，难以用生长锥确定树木的实际年龄，或者为了减少破坏性，常常用树木的直径结构代替年龄结构来分析种群的结构和动态（宋永昌，2001；惠刚盈等，2007）。森林种群年龄结构的研究在森林生态学领域取得了许多成果，发现了许多规律，种群稳定的径级结构类似于稳定的年龄结构，天然异龄林分的典型直径分布是小径阶林木株数极多，频数随着直径的增大而下降，即株数按径级的分布呈倒 J 形（Meyer，1952）。年龄结构分布规律已成为进行林分状态分析中的一个重要变量（惠刚盈等，2016c）。

2.2.2 空间结构变量

群落结构的一个重要特征是通常讲的群落的外貌结构即水平结构和垂直结构。水平结构指的是植物在水平地面上的排列形式，反映了植物的分布格局。垂直结构指的是植物在高度方向上的层次配置，反映了群落的成层现象。这是群落结构的可见特征。群落的内部结构和外貌结构构成了群落的空间结构。可见，森林的空间结构指的是同一森林群落内物种及其大小的空间关系。更确切地讲，森林空间结构指植物个体的分布格局及其属性在空间上的排列方式。

森林空间结构决定了树木之间的竞争势及其空间生态位，它在很大程度上决定了林分的稳定性、发展的可能性和经营空间大小。空间结构是森林的重要特征，即使是具有相同频率分布的林分也可能具有不同的空间结构，从而表现出不同的生态稳定性。例如，模拟林分 A、B 和 C 中（图 2-1），每个林分都是 47 株树，各树种的株数相同，胸径和树高分布也相同，换句话讲，它们的统计特征相同，即系统的组成成分相同，那么这样的林分唯一的区别就在于空间结构上，具有不同的林木水平分布格局、种间关系和大小关系，即树木的位置和空间排列方式不同。

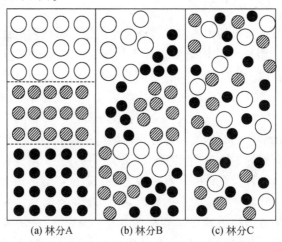

| (a) 林分A | (b) 林分B | (c) 林分C |

图 2-1　相同统计特征不同空间特性的林分

2.2.2.1 水平结构

森林水平结构可以从 4 个方面加以描述：首先是林木个体在水平方向上的分布形式，或者说是林木的水平分布格局；其次是树种的空间隔离程度，或者说林分树种组成及其空间配置情况；再次是林木个体大小分化程度，或者说某树种在林分中的优劣态势；最后是林木的密集程度，或者说林木之间的拥挤程度。

1. 林木水平分布格局

林木水平分布格局是最重要的森林结构变量。格局阐述了林木在水平地面上的分布形式，是森林系统的主要组织形式，也是森林结构的主要表现形式。

（1）格局分布类型

基本的格局分布类型有三种：随机分布、规则（均匀）分布和集群（团状）分布。

1）随机分布（random distribution）是指林木个体的分布相互间没有联系，每个个体的出现都有同等的机会，与其他个体是否存在无关，林木的位置以连续而均匀的概率分布在林地上。对于任意两个不重叠的区域面积，其上的林木数量是一个随机变量且相互独立。也就是说，林木与其本身所处的位置互不发生影响。正是由于这个中立性，随机分布才得以作为一个评价任意林木水平分布格局的尺度。从空间角度，可以用下述过程来描述随机空间格局。假设研究区域面积为 A ，且区域内共有 λA 个某物种的个体，于是单位面积的平均密度为 λ ，如果单位面积内有 r 个个体的概率为

$$P(r) = \frac{\lambda^r e^{-\lambda}}{r!},\ r=0,\ 1,\ 2,\ \cdots \tag{2-1}$$

则称这个区域内个体的空间分布是随机的。随机分布的重要特征是：数学期望（均值）＝方差＝λ 。随机分布也称为泊松（Poisson）分布，符合泊松分布是随机分布格局的必要条件而不是充分条件，一个符合泊松分布的数列并不一定对应于个体空间配置的随机性，只有保证取样时个体独立地、随机地分配到所有取样单元中去，并且保证每个取样单元中有足够的个体数，才能保证个体空间配置的随机性。如果取样单元足够小到只包含一个个体，那么无论什么分布格局，都会得到符合泊松分布的（0，1）数列。

2）规则（均匀）分布（regular distribution），又称为低常态分布（hypodispersion underdistribution）或负集群分布（negative contagious distribution），是指林木在水平空间中的分布是均匀等距的，或者说林木对其最近相邻树以尽可能最大的距离均匀地分布在林地上，林木之间互相排斥。在所有取样单元中接近平均株数的单元最多，密度极大或极小的情形都很少。均匀分布格局的数学模型是正二项分布（positive binomial distribution）。假设每个单位中含有很多（n 个）的位置，每个位置可为一个个体占用，每个单位中的每一位置被占用的概率都相等，令为 p 。于是，任一单位正好有 r 个位置被占用的概率为

$$P(r) = C_n^r p^r (1-P)^{n-r},\ r=0,\ 1,\ 2,\ \cdots \tag{2-2}$$

3）集群分布（contagious distribution），又称为团状分布（clumped distribution）、聚集分布（aggregated distribution）或超常态分布（hyperdistribution overdispersion）。与随机分布相比，集群分布的林木有相对较高的超平均密度占据的范围。也就是说，林木之间互相

吸引。集群分布的数学模型是负二项分布（negative binominal distribution）。其定义为单位面积有 r 个个体的概率为

$$P(r) = C_{r+k-1}^r p^k (1-P)^r, \quad r=0, 1, 2, \cdots \tag{2-3}$$

式中，p、k 是分布的参数。

（2）判定格局的数值型变量

最早用样方株数均值方差比来表达，随后出现了距离均值与期望均值比例即 Clark & Evans 指数，目前还出现了角尺度和 Voronoi 判断格局的方法。

1）角尺度。角尺度通过判断和统计由参照树与其相邻木构成的夹角是否大于标准角，来描述相邻木围绕参照树的均匀性，不需要精密测距就可以获得林木的水平分布格局。角尺度的计算是建立在 4 个最近相邻木的基础上，因此，即使对较小的团组，用角尺度也可评价出各群丛之间的这种变异，从而清晰地描述林木个体分布，从很均匀到随机再到团状分布。下面先给出角的定义。

从参照树出发，任意两个最近相邻木的夹角有两个，令小角为 α，大角为 β，则 $\alpha+\beta=360°$。图 2-2 中参照树 i 与其最近相邻木 1 和 2、1 和 4、2 和 3、3 和 4 构成的夹角都是用较小夹角 α_{12}、α_{14}、α_{23}、α_{34} 表示。

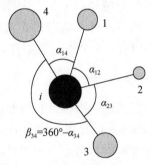

图 2-2　参照树 i 与其最近相邻木构成的夹角示意图

角尺度被定义为 α 角小于标准角 α_0（72°）个数占所考察的最近 4 株相邻木的比例。用下式来表示

$$W_i = \frac{1}{4} \sum_{j=1}^{4} z_{ij} \tag{2-4}$$

式中，z_{ij} 为一个离散性变量，当第 j 个 α 角小于标准角 α_0 时，$z_{ij}=1$；反之，$z_{ij}=0$。

$W_i=0$ 表示最近 4 株相邻木在参照树 i 周围分布是特别均匀的；而 $W_i=1$ 则表示最近 4 株相邻木在参照树 i 周围分布是特别不均匀的或是聚集的。图 2-3 进一步明确给出了角尺度（W_i）的可能取值和意义。

在随机分布时，$\overline{W}$ 取值范围属于 [0.475, 0.517]。从而有当 $\overline{W}>0.517$ 时，为团状分布；$\overline{W}<0.475$ 时，为均匀分布。$\overline{W}$ 用公式表示为

$$\overline{W} = \frac{1}{n} \sum_{i=1}^{n} W_i = \frac{1}{4n} \sum_{i=1}^{n} \sum_{j=1}^{4} z_{ij} \tag{2-5}$$

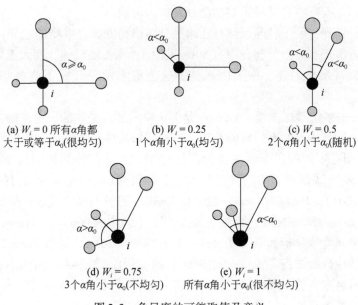

(a) $W_i = 0$ 所有α角都　　　　(b) $W_i = 0.25$　　　　　(c) $W_i = 0.5$
大于或等于α_0(很均匀)　　　1个α角小于α_0(均匀)　　2个α角小于α_0(随机)

(d) $W_i = 0.75$　　　　　(e) $W_i = 1$
3个α角小于α_0(不均匀)　　所有α角小于α_0(很不均匀)

图 2-3　角尺度的可能取值及意义

式中，当第j个α角小于标准角α_0，$z_{ij}=1$；反之，$z_{ij}=0$。n为林分内参照树的株数；i为任一参照树；j为参照树i的最近4株相邻木；W_i为角尺度，即描述相邻木围绕参照树i的均匀性。

角尺度判断林木水平分布格局还可以通过显著性检验的方法（Zhao et al.，2014）。

Hui 和 von Gadow（2002）提出了随机分布林分的角尺度的数学期望$\overline{W}_E = 0.5$，因此，如果一个林木分布格局是随机的，那么，统计量

$$D_W = \frac{\overline{W}_{sp}}{\overline{W}_E} \tag{2-6}$$

D_W的数学期望为1，按照角尺度定义，不等式$\overline{W}_{均匀} < \overline{W}_{随机} < \overline{W}_{团状}$永远成立。所以，如果种群是聚集分布，则有$D_W > 1$；如果种群是均匀分布，则有$D_W < 1$。检验$D_W$是否显著地不同于它的数学期望值1，采用正态分布检验。

$$u = \frac{|\overline{W}_{sp} - \overline{W}_E|}{\sigma} \tag{2-7}$$

式中，σ是标准差，$\sigma = 0.21034 N^{-0.48872}$，其中，$N$是所分析面积上的林木株数。

按照正态分布检验的原则：若$|u|$值<1.96（即显著水平α为0.05时的临界值），则可判断为随机分布；若实际$|u|$值>1.96，当$D_W < 1$时，判断为均匀分布，当$D_W > 1$时，判断为聚集分布。若$|u|$值>2.58（即极显著水平α为0.01时的临界值），当$D_W < 1$时，判断为均匀分布，当$D_W > 1$，判断为聚集分布。

角尺度是近十年来森林生态系统研究中的一个伟大创举。角尺度的提出，使理论生态

学家多渠道探索森林结构的奥秘成为可能，使应用生态学家多路径优化森林结构成为可能，更使广大林业人顺应自然经营多功能森林成为可能。

角尺度分析发现，人工林与天然林在水平分布格局方面有本质的差异：天然林格局的角尺度分布为近似正态分布且林分中有50%以上的林木为随机体，而人工林的角尺度分布格局为倒J型，富集均匀体，缺失随机体。这个重大发现开辟了森林培育或经营的新途径。

2）Voronoi的多边形标准差。Voronoi是关于空间邻近关系的一种基础数据结构，根据离散分布的点来计算该点的有效影响范围，它具有邻接性、唯一性、空间动态等特性。近年来，Voronoi图在不同的科学领域得到广泛应用，尤其在计算机图形学、分子生物学、空间规划等众多领域都表现出了广阔的应用前景（Gerstein et al.，1995，2001；Tsai et al.，1997，2001）。Brown（1965）最早将Voronoi图引入林学领域，提出林木竞争分析的APA（area potential available）指数。汤孟平等（2007，2009）将Voronoi图用于群落优势树种的种内种间竞争分析和混交度研究；赵春燕等（2010）通过Voronoi图选择相邻木对红树林空间结构分析进行了探讨；刘帅等（2014）引入变异系数量化Voronoi多边形面积的变化率，将林木空间格局分析转化为计算Voronoi图面积变异系数，用Monte Carlo模拟方法分析研究林木格局，但这种方法只有在大尺度取样时才能保持变异系数的稳定性，显然，其面积大小受变异很大的林分密度高低的控制；张弓乔和惠刚盈（2015）研究不同林木分布格局的Voronoi多边形边数分布的变异规律，提出了以Voronoi空间分割方法间接判定林木分布格局的新途径。

Voronoi建模时，忽略样地的地形、地貌特征，视其为二维平面，样地内所有胸径（diameter at breast height，DBH）5 cm及以上的林木为该二维平面的点状目标。实线代表$P_1 \sim P_6$这6个点的Delaunay三角网，虚线表示相对应的Voronoi图（图2-4）。假设每株木都为单个点，则其Delaunay三角形包含相邻木间的距离信息和角度信息，其边长长度等于参照树与其相邻木的距离。Delaunay三角网具有唯一的对偶结构Voronoi图，两株林木相邻对应的Voronoi多边形共享一条边，该边称为公共边。对于非样地边缘林木，其Voronoi多边形公共边的条数代表了该林木的相邻木数目，这也是计算相邻木的基础理论依据。

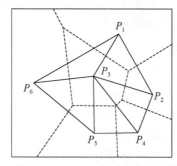

图2-4　6个点的Delaunay三角网及其对应的Voronoi图

不同林木水平分布格局下 Voronoi 多边形的边数标准差分布近似正态且有 $s_{团状}>s_{随机}>s_{均匀}$ 的趋势。根据正态分布理论，选择以 95.0% 概率为置信区间即采用 1.96 倍标准确定随机分布林分的 Voronoi 多边形标准差分布范围。标准差的平均值为 1.333，$\sigma=0.035$，所以有：$\mu\pm1.96\sigma=1.333\pm0.035\times1.96$。由此得到，在随机分布时 Voronoi 多边形标准差 s 取值范围为 [1.264, 1.402]。因此，当 $s<1.264$ 时为林分为均匀分布；当 $s>1.402$ 时林分为团状分布。

该方法在研究林木空间关系并评价采伐合理性时也具有一定的应用前景，例如在林分空间结构发生变化之后，其具体的经营效果不仅可以用于林分空间结构参数评价，还可以通过经营前后林分的 Voronoi 图体现出来，这种效果将更容易直观地观察到。同时 Voronoi 多边形边数的标准差也会有所改变，这可以在一定程度上量化经营措施的效果。因此，在确立这种方法可行性的前提下，还可以再进一步将这种方法作为量化经营措施评价中的一个参数，对于林分空间结构重构和调控具有一定的指导意义。

2. 树种空间隔离程度

（1）分隔指数

Pielou（1961）提出的分隔指数（segregation）用于分析种间隔离关系。分隔指数的计算是记录对应的最近相邻个体种类及株数（表 2-1）。

表 2-1 分割指数计算示意

项目	相邻最近树种		Σ
	A	B	
A	a	b	m
B	c	d	n
Σ	r	s	N

注：a、b 表示树种 A 单木的最近相邻木分别属于树种 A、树种 B 的株数；c、d 表示树种 B 单木的最近相邻木分别属于树种 A、树种 B 的株数；m、n 表示作为参照树的树种 A、树种 B 的单木数；r、s 表示作为最近相邻木的树种 A、树种 B 的单木数；N 表示树种 A 和树种 B 的总单木数。

m、n 和 r、s 是不大可能相等的，因为总有些单木不能成为其他单木的最近相邻木，而另外一些单木则可能屡次成为其他单木的最近相邻木。如果两个树种有随机分布格局，且大小相当，那么最近相邻木中树种 A 和树种 B 的期望比例，可能与参照树种群中的树种比例相同。如果两个树种中，某一个树种的个体更大一些，或者说该树种有更加孤立的趋势，那么该树种的个体作为最近相邻木的机会就要小于另一树种，最近相邻木中树种 A 和树种 B 的期望树种比例，则可能与参照树种群中的树种比例不相同。分隔程度用分隔指数表达

$$S=1-\frac{ON}{EN} \tag{2-8}$$

式中，ON 为混合对的观察数；EN 为混合对的期望数；"混合对"表示树种 A 的一个单株的相邻最近单株属于树种 B。或者可以这样表达

$$S = 1 - \frac{N \ (b+c)}{ms+nr} \qquad (2\text{-}9)$$

分隔指数 S 值变化范围为 $-1 \sim +1$，若 $S = -1$，表明树种 A 和树种 B 完全不分离，树种 A 总是以树种 B 的个体为邻，树种 B 也总是以树种 A 的个体为邻；若 $S = 1$，表明两个树种完全分离，各自成团。在完全分离的种群中，没有某一种的单木以另一种的单木为最近相邻木，即 $b = c = 0$，所以，$S = +1$。$S = 0$，表明两个树种在空间上是随机分布的，他们之间没有确定的关系。因此，当 $S > 0$ 时，就可以认为两个树种出现空间隔离。而当 $S < 0$，则表示两个树种在空间上相互吸引。

（2）混交度

混交度（M_i）用来说明混交林中树种空间隔离程度。它被定义为参照树 i 的最近 4 株相邻木中与参照树不属于同树种的个体所占的比例，用公式表示为

$$M_i = \frac{1}{4} \sum_{j=1}^{4} v_{ij} \qquad (2\text{-}10)$$

式中，v_{ij} 是一个离散性变量，当参照树 i 与第 j 株相邻木非同树种时，$v_{ij} = 1$；反之 $v_{ij} = 0$。

混交度表明了任意一株树的最近相邻木为其他树种的概率。当考虑参照树 i 周围的 4 株相邻木时，M_i 的取值有 5 种可能（图 2-5）。

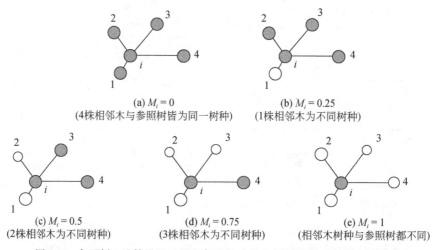

(a) $M_i = 0$
（4株相邻木与参照树皆为同一树种）

(b) $M_i = 0.25$
（1株相邻木为不同树种）

(c) $M_i = 0.5$
（2株相邻木为不同树种）

(d) $M_i = 0.75$
（3株相邻木为不同树种）

(e) $M_i = 1$
（相邻木树种与参照树都不同）

图 2-5　参照树 i 及其最近 4 株相邻木构成的空间结构单元的混交度取值

图 2-5 所示这 5 种可能对应于通常所讲混交度的描述即零度、弱度、中度、强度、极强度混交（相对参照树 i 及其最近 4 株相邻木构成的空间结构单元而言），它说明在该结构单元中树种的隔离程度，其强度同样以中度级为分水岭，生物学意义明显。显然，分树种统计亦可获得该树种在整个林分中的混交情况。

实际应用混交度比较各林分树种隔离程度时，通常分析各林分的混交度分布，或比较该分布的均值（$\overline{M}$）。对于单优或多优种群亦可采用分树种统计的方法，以获得该树种在整个林分中的混交情况。而对于由多树种组成的、无明显优势种群的天然林来讲，自然就没有分树种计算的必要。计算混交度均值的公式为

$$\overline{M} = \frac{1}{N} \sum_{i=1}^{N} M_i \tag{2-11}$$

式中，N 表示林分内所有林木株数；M_i 表示第 i 株树的混交度。

据 Füldner（1995）的研究，林分平均混交度受混交树种所占比例影响，因此，通常采用树种混交度，即分树种计算混交度。所以用平均混交度表达树种混交程度时必须指明各树种的混交比例。也可以采用修正的混交度均值公式 ［式 (2-12)］，该公式考虑到了空间结构单元的树种数，从而反映了树种的空间配置多样性信息。

$$\overline{M}' = \frac{1}{5N} \sum (M_i \, n_i) \tag{2-12}$$

式中，N 为样地中的林木株数；M_i 表示样地内第 i 株树的混交度；n_i 为参照树 i 所处结构单元的树种数。

混交度还可以用于多树种组成的森林群落的种群格局判定。von Gadow 和 Füldner (1992) 提出了描述混交林树种空间隔离程度的混交度（M_i）概念，将其定义为参照树 i 的最近 4 株相邻木 j 与参照树不属于同树种的个体所占的比例（von Gadow and Füldner, 1992, 1993；Füldner, 1995；Pommerening, 2002；Aguirre et al., 2003；Hui et al., 2011）。

混交林中树种混交度（$\overline{M}_{\mathrm{sp}}$）的计算公式为

$$\overline{M}_{\mathrm{sp}} = \frac{1}{N_{\mathrm{sp}}} \sum_{i=1}^{N_{\mathrm{sp}}} M_i \tag{2-13}$$

式中，N_{sp} 表示林分内树种 sp 的株数（消除边缘效应后，该树种的有效个体数）。

根据超几何分布的原理，树种随机分布时其混交度的数学期望为（Lewandowski and Pommerening, 1997）

$$\overline{M}_{\mathrm{E}} = \frac{N - N_{\mathrm{sp}}}{N - 1} \tag{2-14}$$

这里构建一个统计量 D_{M}

$$D_{\mathrm{M}} = \frac{\overline{M}_{\mathrm{sp}}}{\overline{M}_{\mathrm{E}}} \tag{2-15}$$

在混交林中如果一个树种空间分布格局是随机的，那么，D_{M} 的数学期望为 1，如果种群是聚集分布，则有 $D_{\mathrm{M}} < 1$；如果种群个体分布比随机分布排列得更均匀（即为均匀分布），则有 $D_{\mathrm{M}} > 1$。这是因为在树种株数组成（混交林中各树种的株数比例）一定的情况下，树种团状分布时，由于同树种相遇的机会大，也就是说该树种单木的最近相邻木为其他树种的概率变小，按照混交度公式计算，就会得出该树种平均混交度的值比该树种随机分布时林木的平均混交度值小；同样，均匀分布时，由于同树种相遇的机会小，就使得其树种的混交度大于随机分布树种的混交度。

实测的树种混交度均值与该树种随机分布时的混交度期望值的差异显著程度可采用 t 分布检验。

$$t = \frac{|\overline{M}_{\text{sp}} - \overline{M}_{\text{E}}|}{S_{\overline{\text{M}}}} \tag{2-16}$$

$$S_{\overline{\text{M}}} = \frac{s}{\sqrt{N_{\text{sp}}}} = \frac{\sqrt{\frac{N-N_{\text{sp}}}{N-1}\left(1-\frac{N-N_{\text{sp}}}{N-1}\right)\left(\frac{N-4}{N-1}\right)}}{\sqrt{N_{\text{sp}}}} \tag{2-17}$$

式中，$S_{\overline{\text{M}}}$代表树种 sp 随机分布时其混交度遵从超几何分布的标准误；s 为树种 sp 随机分布时其混交度的标准差（Sachs，1992）。

按照 t 分布检验的原则：若 $t \leq t_{\alpha=0.05, v=N_{\text{sp}}-1}$，则可判断为随机分布；若实际 $t > t_{\alpha=0.05, v=N_{\text{sp}}-1}$，当 $D_{\text{M}}<1$ 时，判断为聚集分布，当 $D_{\text{M}}>1$ 时，判断为均匀分布。将这种用混交度检验格局的方法称为 D_{M} 法。

3. 林木大小分化

以林木个体树干粗细、高低以及树冠大小为指标，表征林木的大小分化程度。由于胸径的数据收集起来相对简单，已成为许多永久性地块测量的基础（Acker et al.，1998），由此而发展了许多表达林木大小分化程度的多样性指标，例如林木大小变异系数、Gini 系数、胸径分布偏度、大小分化度、大小比数等，均能反映林木的大小分化程度。除了能用胸径作为比较对象外，大多数方法都能够运用树高、冠幅、断面积等作为比较因子。还有许多学者通过使用 Shannon-Wiener 指数来分析直径分布，称为林木大小多样性（Wikstrom and Eriksson，2000；Gove，1995；Buongiorno et al.，1994；白超和惠刚盈，2016）。

（1）大小分化度

von Gadow 和 Füldner（1992）在对混交林的研究中使用了大小分化度的概念，即用参照树及其相邻木胸径（或者是树高、树冠长度和树冠体积）的相对差数表示，并且总是以两者中的大者作为比较基础。以胸径为例，对于某个特定的单株树木 i（$i=1$，…，N，N 为分析的林木数量）的胸径分化度（T_i）和它的 n 个最近相邻木 j（$j=1$，…，n）定义为

$$T_i = 1 - \frac{1}{n} \sum_{j=1}^{n} \frac{\min(d_i, d_j)}{\max(d_i, d_j)} \tag{2-18}$$

式中，d 表示胸径（cm），则 d_i 为单株树木 i 的胸径；d_j 为 i 的最近相邻木 j 的胸径。T_i 的取值范围为 $[0，1]$。

大小分化度的原理可以用图 2-6 来说明。第 i 株树的胸径和它的 4 个最近相邻木是一定的，当只考虑靠它最近的一个单株时 $T_i=1-20/40$，当考虑最近的两个单株树时 $T_i=$（$1-20/40+1-40/60$）/2。

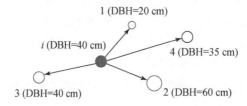

图 2-6　假设的第 i 个参照树及其 4 个最近相邻单株的胸径关系

$T_i = 0$，说明参照树与相邻单株大小相同。$T_i \approx 1$，表明参照树与相邻单株大小相差悬殊。Füldner（1995）使用分树种计算的大小分化度。但是大小分化度均值有时容易造成混淆，即大小分化度分布信息不能够确切判定参照树是否被更粗的相邻木所包围。图 2-7 设计的例子显示了两株山楂树和一些山毛榉树组成的林分片段。A 情景表示山楂树周围是粗大的山毛榉树；B 情景表示山楂树周围是较小的山毛榉树。但二者却具有相同的大小分化度值（表 2-2）。另一个问题是如果同时采用几株最近相邻木的平均值，这将导致潜在的折中混淆。所以，通常采用最近一株作为相邻木进行分树种比较。

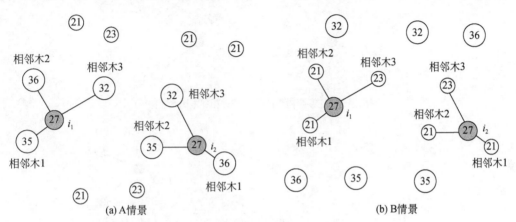

(a) A情景 (b) B情景

图 2-7 情景模拟

注：i_1、i_2 表示参照树 1 和 2；圆表示树木，其中的数字为该树的直径（cm）；阴影代表山楂，白色代表山毛榉

表 2-2 构造例子的大小分化度

分化度	A 情景		B 情景	
	i_1	i_2	i_1	i_2
T_1	0.23	0.25	0.23	0.25
T_2	0.25	0.23	0.25	0.23
T_3	0.16	0.16	0.16	0.16

注：T_1、T_2、T_3 分别为相邻木 1、2、3 的直径大小分化度。

（2）大小比数

为了进一步完善大小分化度，惠刚盈等（1999）提出了大小比数。大小比数（U_i）被定义为大于参照树的相邻木数占所考察的最近 4 株相邻木的比例，用公式表示为

$$U_i = \frac{1}{4} \sum_{j=1}^{4} k_{ij} \tag{2-19}$$

式中，k_{ij} 为一个离散性变量，当第 j 株相邻木比参照树 i 小时，$k_{ij} = 0$；反之，$k_{ij} = 1$。U_i 的可能取值范围及其意义见图 2-8。

图 2-8 所示这 5 种可能分别对应于通常对树木状态（这里对结构单元而言）的描述，即优势、亚优势、中庸、劣态、绝对劣态，它明确定义了被分析的参照树在该结构单元中所处的生态位，且其生态位的高低以中度级为岭脊，生物学意义十分明显。

大小比数量化了参照树与其相邻木的大小相对关系。U_i值越低，说明比参照树大的相邻木愈少。依树种计算的大小比数分布的均值（$\overline{U}_{sp}$）在很大程度上反映了林分中的优势树种。可用下式计算

$$\overline{U}_{sp} = \frac{1}{l} \sum_{i=1}^{l} U_i \qquad (2\text{-}20)$$

式中，l为所观察的树种 sp 的参照树的数量；U_i为树种 sp 的第 i 株大小比数的值。

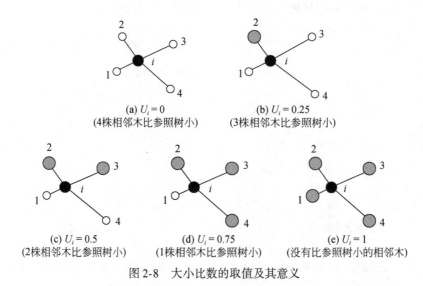

(a) $U_i = 0$
(4株相邻木比参照树小)

(b) $U_i = 0.25$
(3株相邻木比参照树小)

(c) $U_i = 0.5$
(2株相邻木比参照树小)

(d) $U_i = 0.75$
(1株相邻木比参照树小)

(e) $U_i = 1$
(没有比参照树小的相邻木)

图 2-8　大小比数的取值及其意义

图 2-9 显示了某一树种在任意林分中处于优势或劣态时的U_i值的典型分布。

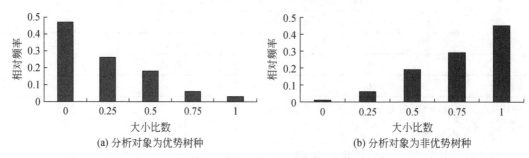

(a) 分析对象为优势树种

(b) 分析对象为非优势树种

图 2-9　典型林分的大小比数分布图

$\overline{U}_{sp}$的值愈小，说明该树种在某一比较指标（胸径、树高或树冠等）上愈具有优势，依$\overline{U}_{sp}$值的大小升序排列即可明了林分中所有树种在某一比较指标上的优劣程度。

4. 林木密集程度

一般认为，当林分的冠层连续时，树冠连接在一起对地面形成覆盖，这时相邻的树冠可能发生垂直方向上的遮挡或水平方向上的挤压，于是相邻树冠水平投影发生全部或部分重叠，这种情况下相邻树木的冠幅半径之和会大于它们的水平间距，此时林木的密集程度

较高；反之，如果林分的林冠层不连续，相邻树冠就会保持相对独立，没有遮挡和挤压的情况，树冠水平投影要么相切要么留有空隙，冠幅半径之和小于或等于水平间距，此时林木比较稀疏。因此，从相邻树木的树冠与两者水平距离的关系就可以清楚地判断出林木的密集程度。

图 2-10   不同密集程度的空间结构单元

图 2-10 中 A 和 B 两个空间结构单元的树种组成、空间大小配置和分布格局都是相同的，用混交度、大小比数和角尺度等结构参数分析没有区别，但是 B 结构单元的林木之间发生了水平挤压和垂直遮挡，密集程度远大于 A 结构单元。由此可知，对于两个在水平分布格局、林分混交程度和大小分化程度上基本相同的林分空间结构单元，密集程度是区别它们的重要指标。

林木密集程度是林分空间结构的重要属性。传统的描述林分密集程度的指标主要有疏密度和郁闭度，但这些指标均是针对林分整体而言，并不适于反映单株林木所处小环境的密集程度。胡艳波和惠刚盈（2015）以空间结构单元为基础，根据参照树及其最近相邻木的冠幅与水平距离的关系，构建新的空间结构参数——密集度。

密集度（crowding，简称C_i）的定义为参照树 i 与 n 株最近相邻木树冠连接的株数占所考察的最近相邻木的比例。树冠连接是指相邻树木的树冠水平投影重叠，包括全部重叠或部分重叠，换言之树冠刚刚相切或相对独立都不属于连接。计算公式为

$$C_i = \frac{1}{n} \sum_{j=1}^{n} y_{ij} \tag{2-21}$$

式中，y_{ij} 为一个离散性变量，当第 j 株相邻木与参照树 i 的树冠投影相重叠时，$y_{ij}=1$；反之，$y_{ij}=0$。

密集度通过判断林分空间结构单元中树冠的连接程度分析林木疏密程度。当考虑参照树 i 周围的 4 株相邻木时，C_i 的取值有 5 种情形（图 2-11）。

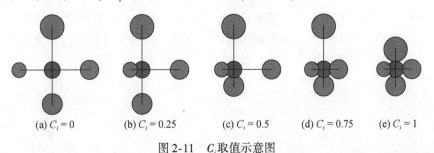

(a) $C_i = 0$ (b) $C_i = 0.25$ (c) $C_i = 0.5$ (d) $C_i = 0.75$ (e) $C_i = 1$

图 2-11 C_i 取值示意图

当$C_i = 1$时，可认为林木很密集；当$C_i = 0.75$时，林木比较密集；当$C_i = 0.5$时，林木中等密集；当$C_i = 0.25$时，林木稀疏；当$C_i = 0$时，林木很稀疏。这5种可能明确地定义了参照树所在的结构单元的林木密集程度，其高低以中度级为岭脊，生物学意义十分明显。

密集度量化了林木树冠的密集程度。C_i越大说明林木密集程度越高，参照树所处小环境树冠越密，树冠越连续覆盖在林地上方。C_i越小说明林木密集程度越低，林木越稀疏，树冠之间出现空隙越大。在某些林分空间结构简单的地段，林隙越大还意味着林地裸露面积越大。

C_i值的分布可以反映出一个林分中林木个体所处小环境的密集程度。在研究林分密集度（$\overline{C}$）时，如果仅考虑树冠连接状况，则采用下式

$$\overline{C} = \frac{1}{n} \sum_{i=1}^{n} C_i \tag{2-22}$$

如果考虑不同水平分布格局中林木能够占据的方位不同，在计算树种或林分的密集度时加入格局权重因子，则计算公式为

$$\overline{C} = \frac{1}{n} \sum_{i=1}^{n} C_i \lambda_{W_i} \tag{2-23}$$

式中，$\overline{C}$为林分密集度；C_i为密集度；n为全林分株数；λ_{W_i}为格局权重因子。

λ_{W_i}的赋值是由不同分布格局中C_i均值的代表性决定的（表2-3）。在不同类型的分布格局中，相邻木可能占据的方位是不同的，C_i均值的代表性也随之发生变化。如果林木分布非常均匀，$W_i = 0$，最近4株相邻木基本均匀占据了参照树周围的4个方位，此时C_i均值完全能够代表该参照树所处小环境的疏密程度和竞争压力，因此λ_{W_i}赋值为1；如果林木分布格局为均匀分布，$W_i = 0.25$，最近4株相邻木能够占据参照树周围的3个方位，此时C_i均值能表达参照树所处小环境3个方位的疏密和竞争，因此λ_{W_i}赋值为0.75；当林木格局为随机分布时，$W_i = 0.5$，最近4株相邻木能够占据参照树周围的2个方位，C_i均值表达了参照树所处小环境2个方位的疏密和竞争，因此λ_{W_i}赋值为0.5；当林木分布变为团状分布时，$W_i = 0.75$，最近4株相邻木占据的方位稍多于1个但不到2个，因此λ_{W_i}赋值为0.375；当参照树的所有相邻木都非常拥挤地聚集到一侧时，林木分布为强团状分布，$W_i = 1$，C_i均值也仅能够代表参照树所处小环境在1个方位的疏密程度和竞争压力，因此λ_{W_i}赋值为0.25。

考虑不同水平的分布格局，总体上说，$\overline{C}$越大，说明林分整体密集程度较高，林冠层连续覆盖程度越高，林木间的竞争也较为激烈；反之，则林分越稀疏，林分出现林隙的可能性增加，林分整体密集程度和竞争较低。

表2-3   不同分布格局权重因子λ_{W_i}的赋值

角尺度 W_i	密集度C_i					格局权重因子λ_{W_i}
	0	0.25	0.5	0.75	1	
0						1
0.25						0.75
0.5						0.5
0.75						0.375
1						0.25

2.2.2.2   垂直结构

森林群落的垂直结构主要指森林群落分层现象（李俊清和牛树奎，2006；Pommerening and Meador，2018）。成层性是植物群落结构的基本特征之一，也是野外调查植被时首先观察到的特征（李博，1995；周纪纶和郑师章，1992）。群落的成层性包括地上成层和地下成层。成层现象是群落中各种群之间以及种群与环境之间相互竞争和相互选择的结果（曲仲湘，1983；吴征镒，1980）。植物群落中的多层现象取决于组成植物的个体大小和形状，是植物群落的基本特点之一，也是群落结构的重要部分（林鹏，1986）。

一个植物群落垂直结构配置上，究竟分为几个层次，这是由环境条件和群落的性质决定的。森林群落的垂直结构常根据群落组成的高度，划分为乔木层、灌木层和草本层三层，乔木层又分为乔木上层和乔木下层两个层次。除以上划分方法外，近年来出现用林层比或林层数来描述森林的垂直结构的方法。安慧君（2003）将林层比定义为参照树 i 的 n 株最近相邻木中，与参照树不属于同层林木所占的比例，并运用该方法对红松针阔混交林中不同树种的垂直结构进行了分析；惠刚盈等（2007）提出林层数的概念，并将林层数定义为由参照树及其最近 4 株相邻木所组成的空间结构单元中，该 5 株树按树高可分层次的数目，以结构单元来统计调查，然后统计各结构单元中处于 1、2、3 层的比例，从而可以估计出各层林木所占的比例。国际林业研究组织联盟（IUFRO）依据 Assmann 的研究以树高来划分林层（Kramer，1988），即以林分优势高为依据将林分划分为三层，上层为树高大于等于 2/3 优势高的林木，中层为树高介于 1/3 ~ 2/3 优势高的林木，下层为树高小于等于 1/3 优势高的林木。而划分为一层的附加条件是所划分的林层中林木株数必须大于等于 10%（惠刚盈等，2016b）。森林垂直结构目前已作为衡量森林生态系统稳定性的一个重要指标，也作为森林近自然性测度的重要方面（惠刚盈等，2018）。

|第3章| 森林结构规律

健康的生态系统通常具有较高的生物多样性和结构多样性，对外界干扰抵抗力强，具有良好的自我维持能力。天然原始林的结构基本上是物竞天择而进化形成的健康的结构，主要特征体现在它的组成和结构上。组成应以地带性植被的种类为主，结构特征主要表现在它的时空特征上，在空间上它具有水平结构上的随机性和垂直结构上的成层性，在时间上它具有世代交替性。具有这样种类组成和结构的森林是稳定的（具有保持正常动态的能力），富有弹性（即使经受一定的干扰它也能自我恢复机能）和活力。天然林中的顶极群落就属于这种健康生态系统，具有生物量大、结构合理、系统稳定、功能完善等特点。

3.1 林木水平分布格局的随机性

林木个体的空间分布格局是指林木个体在水平空间的分布状况。林木分布格局是种群生物学特性、种内与种间关系以及环境条件综合作用的结果，是种群空间属性的重要方面，也是种群的基本数量特征之一。格局研究不仅可以对种群和群落的水平结构进行定量描述，给出它们之间的空间关系，同时能够说明种群和群落的动态变化。林木空间分布格局类型基本有三种：①随机分布（每个个体的出现具有同等的机会，个体的分布相互间没有联系，林木以连续而均匀的概率在林地上分布）；②均匀分布（林木在水平空间均匀等距地分布，或者说林木对其最近相邻木以尽可能最大的距离均匀地分布在林地上，林木之间互相排斥）；③集群（团状、聚集）分布（林木之间互相吸引，具有相对较高的超平均密度占据的范围）。

3.1.1 天然林群落林木水平格局遵从随机分布

处于顶极群落的天然林林木水平分布呈随机分布。孙冰等（1994）的研究证实，林木空间格局的发展过程是从聚集分布到随机分布的过程；张家城等（1999）以温带单优势种的红松针阔混交林顶极群落、多优势种的亚热带常绿阔叶林顶极森林群落演替系列、多优势种的热带山地雨林顶极森林群落为例，分析了演替顶极阶段森林群落发育过程中，优势树种总体分布格局的变动趋势。研究认为，在顶极阶段顶极群落的发育过程中，优势树种的总体分布有由集群分布向随机分布变动的趋势。镶嵌其间的各优势树种种群分布，在此过程中也在集群分布和随机分布间产生集群度递减的波动性扩散，而且是朝着减弱优势树种间联结关系和相关关系的方向随机扩散，最终较稳定地呈现随机分布格局。一个发育成熟的顶极森林群落,其优势树种的总体分布呈现随机分布格局,各优势树种也呈随机分布镶嵌于总体的随机分布格局中(图3-1)。这种镶嵌形式,不仅减少了同种个体间的竞争,更使不同优势种间的相互影响甚少。

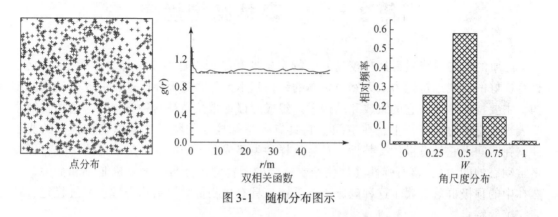

图 3-1　随机分布图示

在天然林中由于立地微环境的差异(如林地中大石块的存在等)或在枯倒木形成的初期,由于砸压幼树、形成林窗、发生更新等打破了森林原有的稳定状态,从而使林木水平分布格局变为轻度集聚分布。但大部分处于稳定状态的原始天然林水平格局则遵从随机分布(图3-2,图3-3)。

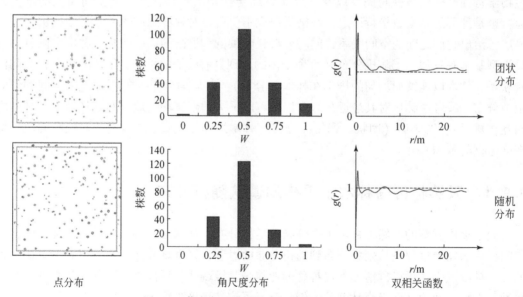

图 3-2　蒙古寒温带原始泰加林的林木分布格局

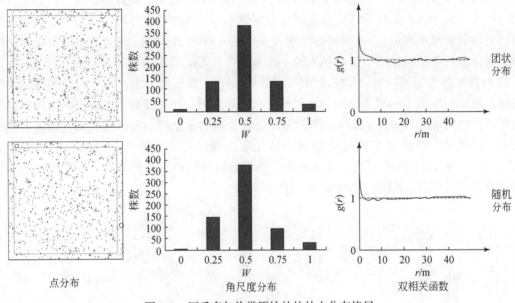

图 3-3 厄瓜多尔热带原始林的林木分布格局

3.1.2 天然林林分角尺度分布近似正态分布

天然林林分角尺度分布近似为正态分布，这一规律是基于对中国不同纬度带的 11 块天然林长期定位样地（表 3-1）数据的分析。

表 3-1 样地及其林分概况

样地代号	样地面积 /m²	密度/ （株/hm²）	树种数	平均胸径 /cm	断面积 / （m²/hm²）	林分类型
A1	100×100	924	1	20.0	32.90	沙地樟子松天然林
A2	100×100	1149	1	19.8	39.76	沙地樟子松天然林
B3	200×200	202	3	49.4	49.27	云杉针叶林
C4	100×100	936	19	16.4	28.74	红松针阔混交林
C5	100×100	748	22	17.7	27.95	红松针阔混交林
C6	100×100	816	22	17.7	29.56	红松针阔混交林
C7	100×100	808	19	16.6	28.08	红松针阔混交林
C8	100×100	797	19	18.3	31.67	红松针阔混交林
C9	100×100	1178	20	14.7	30.73	红松针阔混交林
D10	140×70	888	49	16.1	26.53	松栎混交林
E11	100×30	820	85	23.5	54.87	热带山地雨林

角尺度 W_i 的不同取值代表了最近 4 株相邻木围绕其参照树 i 的分布状况，W_i 的 5 种取值（0、0.25、0.5、0.75 和 1）分别对应参照树不同邻体的分布形式（很均匀、均匀、随机、不均匀和很不均匀）。这里将参照树及其最近 4 株相邻木构成的分布形式定义为结构体，则任意一个结构体均由 5 株林木即 1 株参照树及其最近 4 株相邻木组成。把 $W_i=0$ 或 0.25 的林木称为邻体均匀分布的参照树（或中心木），简称均匀木，相应的结构体称为均匀体；$W_i=0.75$ 或 1 的林木称为邻体团状分布的参照树，简称聚集木，相应的结构体称为聚集体；中间形式 $W_i=0.5$ 的林木称为邻体随机分布的参照树，简称随机木，相应的结构体称为随机体。统计这 5 种分布形式在林分中出现的比例，就可以得到角尺度的分布（图 3-4）。角尺度的分布可充分揭示林木个体的分布格局和林分整体的空间结构（惠刚盈和克劳斯·冯佳多，2003；惠刚盈等，2016c）。

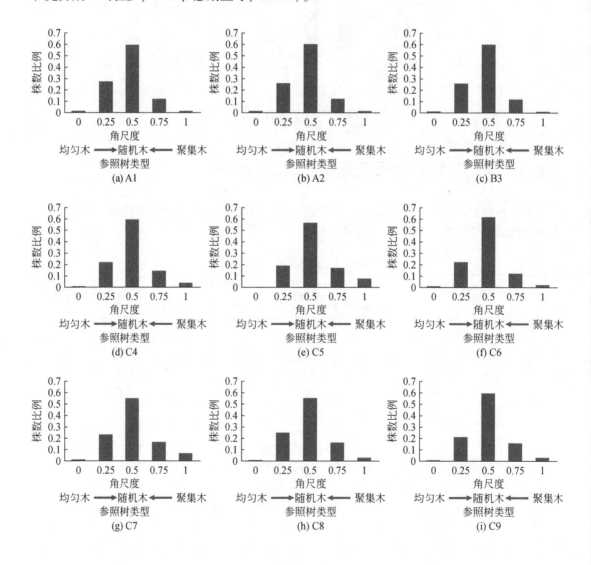

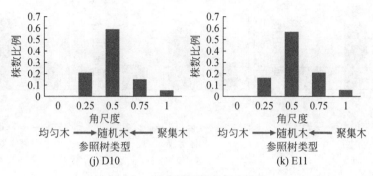

图 3-4　试验样地的角尺度分布

所有 11 块天然林样地林木的角尺度分布呈现出一致的规律（图 3-4），表现为：①林木角尺度分布基本为钟形分布（近似正态分布），峰值均出现在 $W_i = 0.5$，即随机木占多数。11 块样地中邻体随机分布的林木均占半数以上，比例最高的甚至达到 62% 左右（C4、C6 和 C9），最低的也可达到 55%（C7 和 C8）；②$W_i = 0$（非常均匀）和 $W_i = 1$（非常不均匀）即非常均匀和非常聚集的林木都很少。其中非常均匀的林木最不常见，在所有试验样地中最高比例也只有 1%，有 5 块样地中其比例都为 0；非常聚集的林木比例次之，不足全部林木的 10%；③$W_i = 0.25$（均匀）和 $W_i = 0.75$（不均匀）的林木一般在 10% ~ 30%。总体而言，天然林林分中随机木占多数，特别均匀和特别聚集的林木很少。

上述基于角尺度方法所揭示的随机木、均匀木和聚集木的角尺度分布规律，既与天然林地域分布和森林类型无关，也与天然林树种组成和林分总体分布格局类型无关。天然林林分中主要的分布群体为随机分布的林木个体（随机木）。

下面给出不同分布形式的断面积构成，以探索林分断面积的配比形式。根据角尺度 W_i 取值将林木分布分为三种类型：均匀木（$W_i < 0.5$）、随机木（$W_i = 0.5$）和聚集木（$W_i > 0.5$）。统计不同分布属性的林木断面积，得到如图 3-5 所示的不同邻体分布类型的产量分布。

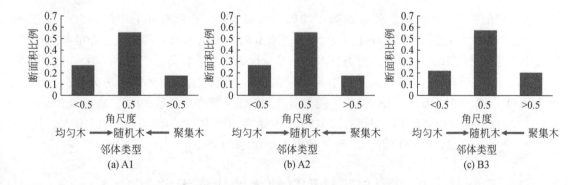

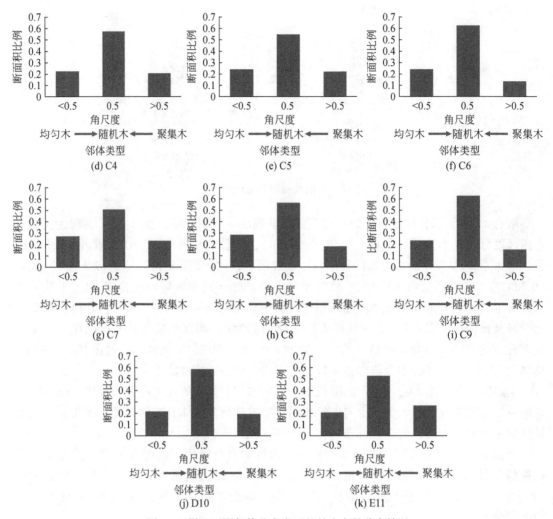

图 3-5　样地不同邻体分布类型的林木产量分布情况

林分中随机木总体产量仍然远远高于均匀木和聚集木，在所有样地中均占总产量的 50% 以上，最大可达到 62% 左右（C6 和 C9）（图 3-5）。而均匀分布和聚集分布的林木产量分别占总产量的 10% ~30%，两类林木的总量合计基本小于林分总产量的半数。

总之，基于角尺度分布的天然林格局研究发现，无论天然林整体是何种分布，其中处于随机分布（$W_i = 0.5$）的林木（随机木）数量（株数或断面积）最多（Zhang et al.，2018；陈科屹，2018；万盼，2018），占比在 50% 以上，聚集木（$W_i > 0.5$）和均匀木（$W_i < 0.5$）只占较小比例，二者之和也不足 50%（Zhang et al.，2018）。

3.1.3　天然林中火炬型与哑铃型随机木的比例大致为 2：1

根据角尺度的定义，随机结构体中随机木的角尺度取值为 0.5，从参照树出发，其最近 4 株相邻木中，两个毗邻的相邻木与参照树总共可以构成 4 个夹角（α_i：$\alpha_1 \sim \alpha_4$），其中有且只有两个夹角小于标准角 α_0（$\alpha_0 = 72°$）。而这两个夹角的可能分布形式只有两种：一种分布类型是在 4 个夹角中，两个相邻的夹角一个小于 $72°$ 且另一个大于等于 $72°$，即 $Z_{ij} = 0$ 且 $Z_{i(j\pm1)} = 1$，或 $Z_{ij} = 1$ 且 $Z_{i(j\pm1)} = 0$，用公式可表达成 $\sum_{j=1}^{4} Z_{ij} = (1 + 0 + 1 + 0)$ 或 $\sum_{j=1}^{4} Z_{ij} = (0 + 1 + 0 + 1)$，这里将这种随机分布的结构体称为 R1 类型的随机体，相应的参照树为 R1 类型的随机木，如图 3-6（a）所示，因其水平分布形状酷似哑铃，又称 R1 为哑铃型随机体；另一种分布类型是在 4 个夹角中，可以找到两个相邻的夹角同时小于 $72°$ 或同时大于等于 $72°$，即 $Z_{ij} = 0$ 同时 $Z_{i(j+1)} = 0$ 或 $Z_{i(j-1)} = 0$，或 $Z_{ij} = 1$ 同时 $Z_{i(j+1)} = 1$ 或 $Z_{i(j-1)} = 1$。用公式表达成 $\sum_{j=1}^{4} Z_{ij} = (1 + 1 + 0 + 0)$ 或 $\sum_{j=1}^{4} Z_{ij} = (0 + 0 + 1 + 1)$ 或 $\sum_{j=1}^{4} Z_{ij} = (1 + 0 + 0 + 1)$ 或 $\sum_{j=1}^{4} Z_{ij} = (0 + 1 + 1 + 0)$，这里将这种随机分布的结构体称为 R2 类型的随机体，相应的参照树为 R2 类型的随机木，如图 3-6（b）所示，其形状类似火炬，故称 R2 为火炬型随机体。

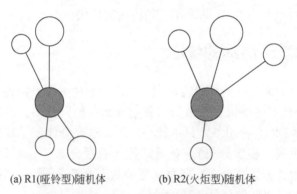

(a) R1(哑铃型)随机体　　　　(b) R2(火炬型)随机体

图 3-6　根据夹角分布不同对随机体进行分类

根据角尺度的定义，随机结构体存在且只存在 R1 和 R2 这两种类型的分布形式。分别统计 11 块样地中 R1 和 R2 类型随机体或随机木的频数，发现所有天然林样地中均同时存在 R1 和 R2 两种随机体，且 R1 的频数普遍小于 R2。11 块样地中 R1 比例的均值为 33.25%，约为 1/3；R2 更多，介于 61.92% ~ 70.11%，11 块样地中 R2 比例的均值为 66.75%，约为 2/3。

再分别统计 11 块样地中 R1 和 R2 随机木的断面积及其比例（图 3-7），可见样地中 R1 的断面积较少，平均只占所有随机木断面积的 33%，而 R2 的断面积占 67%。其中各样地 R1 与 R2 随机木断面积比例分别为 A1：33.20% 和 66.80%；A2：37.32% 和 62.68%；B3：32.04% 和 67.96%；C4：30.67% 和 69.33%；C5：19.68% 和 80.32%；C6：32.51% 和 67.49%；C7：39.69% 和 60.31%；C8：34.56% 和 65.44%；C9：33.29% 和 66.71%；D10：37.93% 和 62.07%；E11：29.88% 和 70.13%。

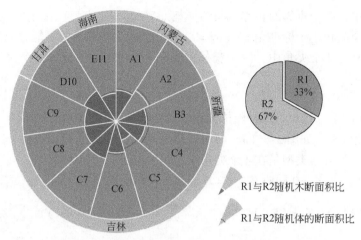

图 3-7 样地随机木断面积比例（左）及 11 块样地平均比例（右）

可见，两种随机体同时存在于天然林中，且不论是其个数还是断面积，R1（哑铃型）随机体都远远少于 R2（火炬型）随机体，约占到林分中随机体总量的 1/3，R2（火炬型）随机体的数量或断面积大约为 R1 的两倍，约占所有随机体的 2/3。

3.1.4 随机木是天然林的核心

基于角尺度分布的天然林格局研究发现，无论天然林整体是何种分布，其中处于随机分布（$W_i = 0.5$）的林木（随机木）数量（株数或断面积）最多，占比在 50% 以上，聚集木（$W_i > 0.5$）和均匀木（$W_i < 0.5$）只占较小比例，这充分体现了随机体的主体作用。下面从天然林的树种组成（多度分布）、林分结构（直径分布、林木分布格局的 Voronoi 边数分布、混交度分布、密集度分布）和林木竞争状态（竞争分布）等重要分布变量入手，详细解译群落总体和随机体的数量特征的异同。

3.1.4.1 树种组成

树种多度分布以群落中不同树种相对株数比例反映树种组成。研究分析天然混交林群落和随机木的树种多度发现，对于温带中部（C1 和 C2）和亚热带北部（B1 和 B2）的天然混交林群落而言，无论以群落为对象还是以随机木为对象，分析结果均表明所分析的森林群落是多树种混交林，树种多度分布形式非常相似（图 3-8）。图 3-8 所示结果表现为某个树种在群落分析中占比多或少，在以随机木为对象的分析中同样是占比多或少。为进一步量化分析结果，还进行了随机木与群落状态特征相似性分析。4 块天然混交林样地遗传距离检验结果依次为：B1：$d_{xy} = 0.024 < d_{\alpha = 0.05} = 0.430$；B2：$d_{xy} = 0.060 < d_{\alpha = 0.05} = 0.358$；C1：$d_{xy} = 0.042 < d_{\alpha = 0.05} = 0.309$；C2：$d_{xy} = 0.022 < d_{\alpha = 0.05} = 0.344$。这表明，所分析的全部混交林样地，无论从群落全部林木的角度还是仅从随机木的角度分析，二者所得出的森林群落树种组成高度相似，所有 4 块样地中最大差异为 6%，远远没有达到显著差异水平。随机木的树种多度分布充分体现了天然混交林的树种组成。

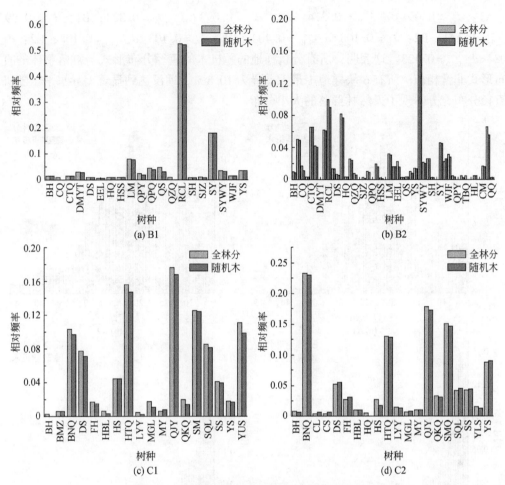

图 3-8　天然混交林群落和随机木树种多度分布

注：BH. 白桦；CQ. 刺楸；CTQ. 茶条槭；DMYT. 多毛樱桃；DS. 椴树；EEL. 鹅耳枥；HQ. 花楸；HSS. 华山松；LM. 椋木；QPY. 青皮杨；QPQ. 青皮槭；QS. 漆树；QZQ. 青榨槭；RCL. 锐齿槲栎；SY. 山杨；SYWY. 二桠乌药；WJF. 五角枫；YS. 杨树；TBQ. 太白槭；HL. 红柳；CM. 楤木；QQ. 青杆；SH. 山桦；SJZ. 山荆子；BMZ. 暴马子；BNQ. 白牛槭；DS. 椴树；FH. 枫桦；HBL. 黄菠萝；HS. 红松；HTQ. 核桃楸；LYY. 裂叶榆；MGL. 蒙古栎；MY. 苗榆；QJY. 千金榆；QKQ. 青楷槭；SM. 色木槭；SQL. 水曲柳；SS. 沙松；YUS. 榆树

3.1.4.2　林分结构

从林木大小分布、水平分布格局和树种配置以及林分拥挤程度等几个重要的林分结构变量着手分析。

（1）直径分布

图 3-9 展示了天然林林分和随机木的直径分布。对于所分析的温带北部（A1、A2）、温带中部（C1、C2）和亚热带北部（B1、B2）的天然林群落而言，无论以群落为对象还是以随机木为对象，二者所得出的直径分布图形式非常一致，表现为某个径阶以群落分析得出的占比，与以随机木为对象分析得出的占比相似。6 块样地遗传距离检验结果依次

为：A1：$d_{xy} = 0.091 < d_{\alpha=0.05} = 0.274$；A2：$d_{xy} = 0.092 < d_{\alpha=0.05} = 0.323$；B1：$d_{xy} = 0.092 < d_{\alpha=0.05} = 0.441$；B2：$d_{xy} = 0.108 < d_{\alpha=0.05} = 0.404$；C1：$d_{xy} = 0.103 < d_{\alpha=0.05} = 0.103$；C2：$d_{xy} = 0.084 < d_{\alpha=0.05} = 0.423$。这表明，所有分析样地的随机木的直径分布形式与群落整体的直径分布形式非常相似。所有6块样地中最大差异为10.8%，远没达到显著差异水平。随机木的直径分布充分体现了天然林群落的大小分布。

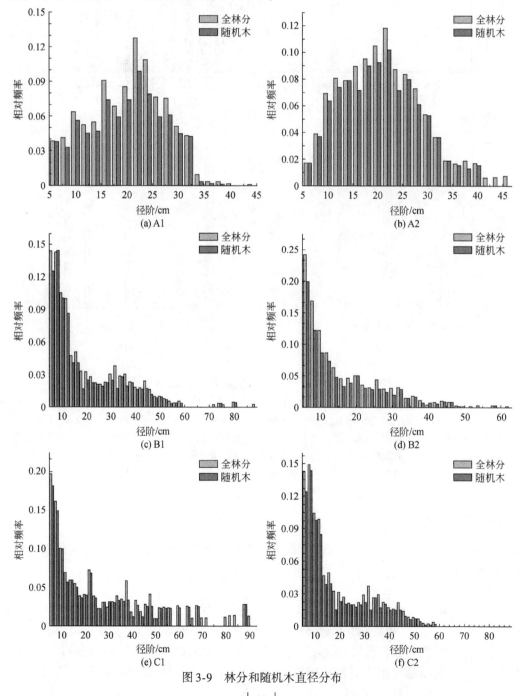

图 3-9 林分和随机木直径分布

（2）格局分布

对于所分析的温带北部（A1、A2）、温带中部（C1、C2）和亚热带北部（B1、B2）的天然林群落而言，无论以群落为对象还是以随机木为对象（图 3-10），Voronoi 边数分布图结果均表明所分析的森林群落和随机木的 Voronoi 边数分布图形式非常一致，表现为某个边数以群落分析得出的占比，与以随机木为对象的分析结果很相似。遗传距离检验结果依次为：A1：$d_{xy}=0.068<d_{\alpha=0.05}=0.377$；A2：$d_{xy}=0.055<d_{\alpha=0.05}=0.421$；B1：$d_{xy}=0.009<d_{\alpha=0.05}=0.320$；B2：$d_{xy}=0.041<d_{\alpha=0.05}=0.393$；C1：$d_{xy}=0.044<d_{\alpha=0.05}=0.388$；C2：$d_{xy}=0.042<d_{\alpha=0.05}=0.315$。这表明，无论采用针对群体还是针对随机木的分析，所得出的林木格局分布形式具有很高的相似性，所有 6 块样地中最大差异为 6.8%，远远没有达到显著差异水平。

按照群落 Voronoi 边数标准差分析（张弓乔和惠刚盈，2015），A1（Sv=1.242）、A2（Sv=1.256）为均匀分布，B1（Sv=1.401）为随机分布，B2（Sv=1.677）、C1（Sv=1.563）和 C2（Sv=1.406）为团状分布。随机木 Voronoi 边数标准差分析结果显示，A1（Sv=1.169）、A2（Sv=1.153）为均匀分布，B1（Sv=1.400）为随机分布，B2（Sv=1.737）、C1（Sv=1.574）和 C2（Sv=1.436）为团状分布。可见，统计随机木与统计林分整体的结果完全一致。

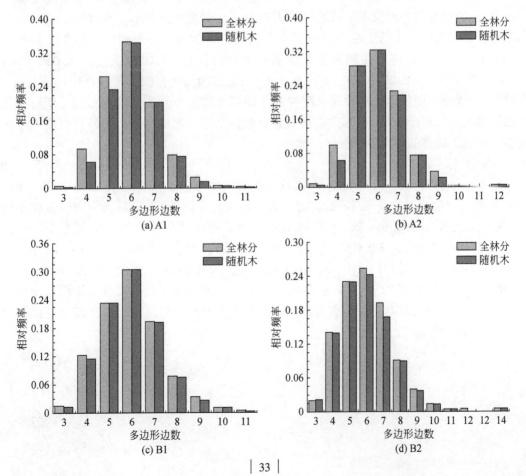

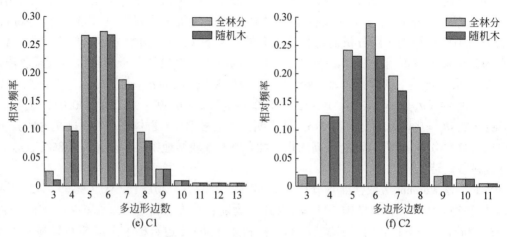

图 3-10 林分和随机木 Voronoi 边数分布

（3）混交度分布

对于所分析的温带中部（C1 和 C2）和亚热带北部（B1 和 B2）的天然混交林群落而言,无论以群落为对象还是以随机木为对象，其混交度分布形式高度一致，表现为高度混交、中度混交或低度混交相对频率与以随机木为对象分析得出的结果非常相似（图 3-11）。4 块样地遗传距离检验结果依次为：B1：$d_{xy} = 0.017 < d_{\alpha = 0.05} = 0.055$；B2：$d_{xy} = 0.022 < d_{\alpha = 0.05} = 0.201$；C1：$d_{xy} = 0.011 < d_{\alpha = 0.05} = 0.266$；C2：$d_{xy} = 0.010 < d_{\alpha = 0.05} = 0.258$。这表明，随机木的树种混交度与群落的混交度分布具有高度一致性，所有 4 块样地中最大差异不足 3%，远远没有达到显著差异水平。随机木的树种隔离程度在很大程度上体现了群落的树种隔离程度。

（4）密集度分布

对于所分析的温带北部（A1、A2）、温带中部（C1、C2）和亚热带北部（B1、B2）的天然林群落而言（图 3-12），无论以群落为对象还是以随机木为对象，其密集度分布形式的分析结果高度一致，6 块样地遗传距离检验结果依次为：A1：$d_{xy} = 0.022 < d_{\alpha = 0.05} = 0.188$；A2：$d_{xy} = 0.024 < d_{\alpha = 0.05} = 0.177$；B1：$d_{xy} = 0.033 < d_{\alpha = 0.05} = 0.129$；B2：$d_{xy} = 0.007 < d_{\alpha = 0.05} = 0.521$；C1：$d_{xy} = 0.022 < d_{\alpha = 0.05} = 0.287$；C2：$d_{xy} = 0.017 < d_{\alpha = 0.05} = 0.396$。这表明，随机木的拥挤程度与群落的拥挤程度完全一致，所有 6 块样地中最大差异不足 4%，远远没有达到显著差异水平。随机木的拥挤程度在很大程度上能体现出群落整体的拥挤程度。

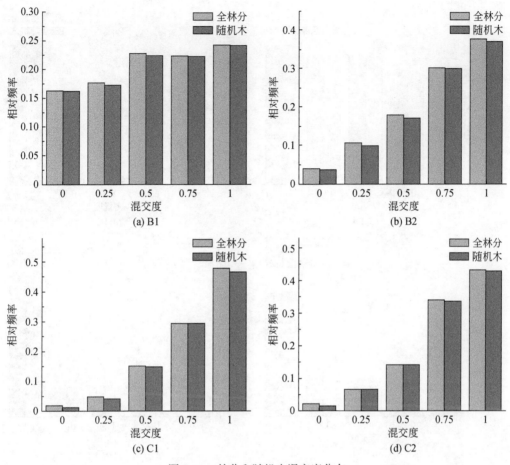

图 3-11　林分和随机木混交度分布

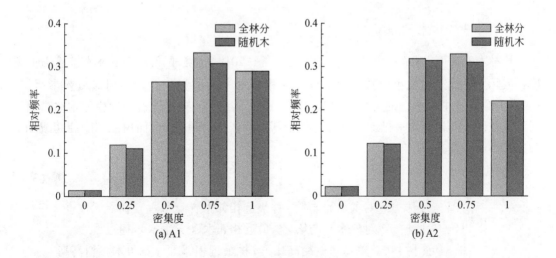

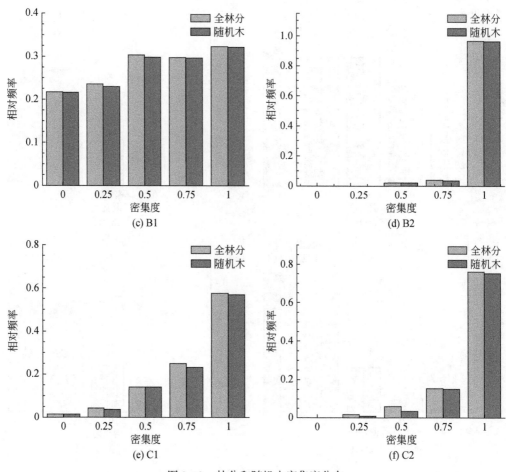

图 3-12 林分和随机木密集度分布

3.1.4.3 林木竞争状态

用林木竞争度（Co_i）表达竞争（周超凡等，2019）。竞争度表达了林木被遮盖的程度，实际上是修正的大小比数，用最近 4 株相邻木（又称竞争木）中树冠覆盖参照树 i（又称对象木、中心木）的个数比例来计算［式（3-1）］。树冠覆盖是指相邻木树高高于对象木且两者的树冠水平投影重叠（包括全部重叠或部分重叠），而树冠刚刚相切或相对独立都不属于重叠。

$$Co_i = \frac{1}{4} y_{ij} \cdot k_{ij} \tag{3-1}$$

$$y_{ij} = \begin{cases} 0，参照树 i（对象木）与第 j 株最近相邻木（竞争木）树冠无重叠 \\ 1，参照树 i（对象木）与第 j 株最近相邻木（竞争木）树冠重叠 \end{cases}$$

$$k_{ij} = \begin{cases} 0，参照树 i（对象木）的树高比第 j 株最近相邻木（竞争木）树高高 \\ 1，参照树 i（对象木）的树高比第 j 株最近相邻木（竞争木）树高低 \end{cases}$$

统计 Co_i 属于 0、0.25、0.5、0.75、1 的相对比例，即可得到林木所处竞争态势分布图（图3-13）。

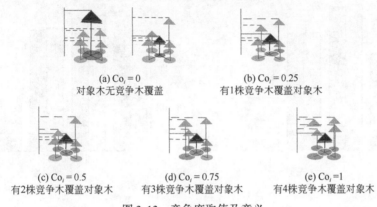

(a) $Co_i = 0$
对象木无竞争木覆盖

(b) $Co_i = 0.25$
有1株竞争木覆盖对象木

(c) $Co_i = 0.5$
有2株竞争木覆盖对象木

(d) $Co_i = 0.75$
有3株竞争木覆盖对象木

(e) $Co_i = 1$
有4株竞争木覆盖对象木

图 3-13　竞争度取值及意义

图 3-14 展示了林分和随机木竞争度分布。对于所分析的温带北部（A1、A2）、温带中部（C1、C2）和亚热带北部（B1、B2）的天然林群落而言，结果均表明森林群落的竞争度分布形式与随机木的分析结果高度一致，6块样地遗传距离检验结果依次为：A1：$d_{xy} = 0.012 < d_{\alpha=0.05} = 0.170$；A2：$d_{xy} = 0.035 < d_{\alpha=0.05} = 0.181$；B1：$d_{xy} = 0.016 < d_{\alpha=0.05} = 0.169$；B2：$d_{xy} = 0.014 < d_{\alpha=0.05} = 0.022$；C1：$d_{xy} = 0.033 < d_{\alpha=0.05} = 0.081$；C2：$d_{xy} = 0.029 < d_{\alpha=0.05} = 0.050$。这表明，所分析的全部天然林样地，无论从群落全部林木的角度还是仅从随机木的角度分析，二者所得出的林木竞争分布态势高度相似。所有6块样地中最大差异为3.3%，远远没有达到显著差异水平。

综上可见，对比群落重要特征如树种组成（多度分布）、林分结构（直径分布、格局分布、混交度分布、密集度分布）和林木竞争状态（竞争度分布）与天然林群落中随机木的状态特征发现，二者具有高度的相似性，6块样地中随机木各方面的状态特征与林分群落高度相似，这与森林类型是纯林还是混交林，格局分布为随机、聚集还是均匀均无关（Zhang et al.，2018）。遗传绝对距离差异检验进一步证实了随机木与林分的相似性，显著水平达0.05。因此，研究认为随机木是天然林的核心，在群落中起到了主体作用，这主要归结于随机木的株数占据整个群落的半数以上，文中涉及的6个林分其随机木数量占比分别为A1：59.2%；A2：59.3%；B1：56.2%；B2：53.5%；C1：55.0%；C2：56.7%。

至于为什么天然林中随机木的数量和形态都占天然林群落的主导地位，推测可能与天然林林木竞争（Hui et al.，2018）和结构体的构架特征有关（图3-15）。

现有天然林的林木格局分布是自然演替的结果。例如对于聚集体来说，相邻木拥挤在一起，使得中心木可以达到三面受光，获得更多的营养空间、更大的树冠甚至是更高的生产力。相邻的大树和小树之间的不平等的竞争会导致非对称竞争，且相邻木之间的相对密度更大，竞争加剧不仅导致林木生长的减缓，并且会导致林木的死亡，相对弱势的相邻木可能在自然选择过程中死亡，此时团状结构体瓦解，原结构体内残余的林木将与其他林木重新结合构成新的结构体 [图3-15（a）]。聚集现象越严重，越容易发生瓦解和重组。而

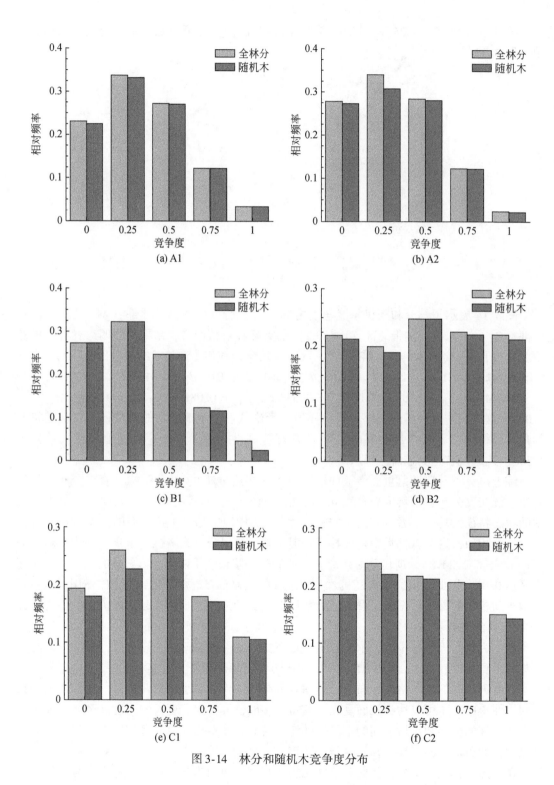

图 3-14　林分和随机木竞争度分布

均匀体则面临着相反的情况，均匀木四周的相邻木分别占据 3~4 个不同方位，从而使中心木受到来自至少三个方向甚至四个方向的挤压或遮挡，造成中心木承受更大的竞争压力，如果这时的均匀木处于相对劣势，更易在自然的选择过程中被淘汰。此时均匀结构体瓦解，原结构体内剩余的林木将与其他林木重新结合成为新的结构体 [图 3-15 (b)]，林木越拥挤，越容易发生瓦解和随之而来的重组。不同于聚集体和均匀体，随机体的中心木（随机木）可以达到两面受光，较均匀木来说，中心木竞争压力更小，邻体之间的挤压程度较聚集体更小，因此随机木及其邻体相对来说承受的生存压力较小，这种结构体更不易出现弱势或不健康的林木，比其他两种结构体有更大的稳定生长的可能性，从而在自然演替的过程中存活的概率更高。这也是为什么天然林中随机结构体成为最主要的构成部分。这一点从天然林中的分析数据（Zhang et al.，2018）可以得到很好的印证。

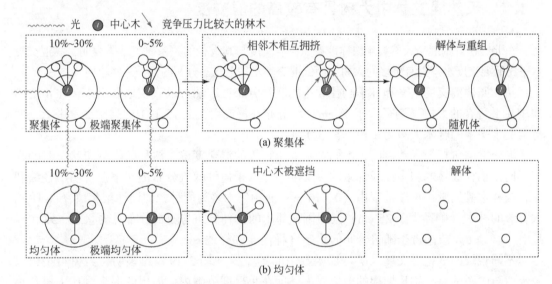

图 3-15　聚集体和均匀体瓦解–重组示意图

不排除有偶然因素，如距离原因、非健康林木的存在等，减轻了部分非随机体的竞争压力，但数量很少，而随机体将作为可以长期稳定生长而不易瓦解的结构体，长久有效地为林木提供和保持稳定的微环境，从而达到维持整体林分健康、稳定地正常发育发展、持续输出生产力的动态平衡。因此在发育良好的天然林或顶极群落中，随机体成为主体构成，而均匀结构体和聚集结构体保持在一定比例范围内，"极端结构体"则更少。这样的林分整体角尺度趋向于 0.5，正是对这一平衡的体现（Hui and von Gadow，2002）。当森林遭受严重自然灾害、病虫害或受到人为干扰时，可能会造成森林空间结构的平衡被打破，表现为非随机体增多，这些非随机体将在未来的几十年甚至更长时间内，逐渐在自然的选择中被打破重组，完成自然选择和修复的过程，非随机体渐渐减少，随机体恢复到一定比例，重新回归平衡稳定的状态并保持这种动态平衡。随机木承受的较小竞争压力保全了其数量优势。

对于进界木、竞争和死亡等生态过程的研究则需要调查林分中个体的林木特征和位置信息，势必需要大量的人力和时间成本。这导致调查往往局限于一个子样本，并要求这个子样本可以在各方面代表或充分表达林分的整体特征。如何通过有效地减少野外作业的时间和成本，实现森林属性和结构的精确与准确估计，是森林科学中的一个争论话题。本节研究结果表明，随机木作为林分实际操作中易于识别的群体，完全可以正确反映林分整体的树种组成、林分结构和林木竞争等多方面特征。因此瞄准天然林中的随机木就能极大地提高研究、保护、经营和监测效率。例如，在天然林保护方面，可将天然林关键种的随机木作为关键个体进行保育监测；在森林生态水文监测研究中，可将随机木作为监测对象；在森林气候年轮学和森林收获学研究中，可将随机木大树作为取样分析对象；在森林培育中更可以仿照天然林随机木的特征进行人工造林的种植点配置和现有人工林的抚育经营（惠刚盈等，2016c；Zhang et al.，2018）等。

3.1.5 天然混交林中大树具有较高的混交度

东北红松针阔混交天然林 4 块样地参照树混交度与其胸径的关系研究结果表明，高混交度水平比低混交度水平拥有更多的大树，而低混交度水平上几乎分布的都是一些小树（图 3-16）。

从参照树混交度水平和林木胸径大小的联合分布三维图可以直观地看出来，在 4 块样地中几乎所有的大树（胸径大于 25 cm）均分布在混交度为 0.75 和 1 的高混交水平上，而低混交水平上的林木大多为小树（图 3-17）。

混交度二阶特征函数表明，不同林木大小径级的混交度偏离树种随机分布状态时的程度不同，小径级林木和中径级林木的混交度明显低于树种随机分布的状态，说明小径级和中径级林木其周围小尺度范围内（0～15 m）的相邻木多为同种，即同种聚集（图 3-18）。大径级的林木（胸径大于 25 cm）其周围相邻木的树种分布与随机分布时的状态一致（样地 b 和样地 d）或接近于随机分布的状态（样地 a 和样地 c）。

不同径级的标记混交度二阶特征函数之间的差异（图 3-19）也表明，大树与小树以及大树与中树的差异均比期望的差值要大，即在小尺度范围内，大树的混交度比中树和小树的高。

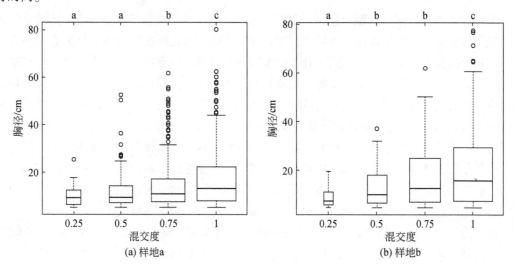

(a) 样地a　　　　　　　　　　　　(b) 样地b

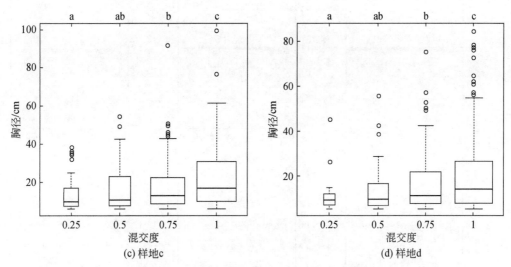

图 3-16　不同混交度水平下林木胸径大小的差异

注：图框上方不同小写字母表示差异显著（$P<0.05$）

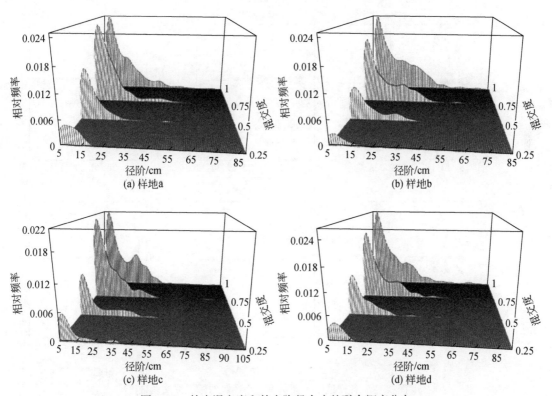

图 3-17　林木混交度和林木胸径大小的联合概率分布

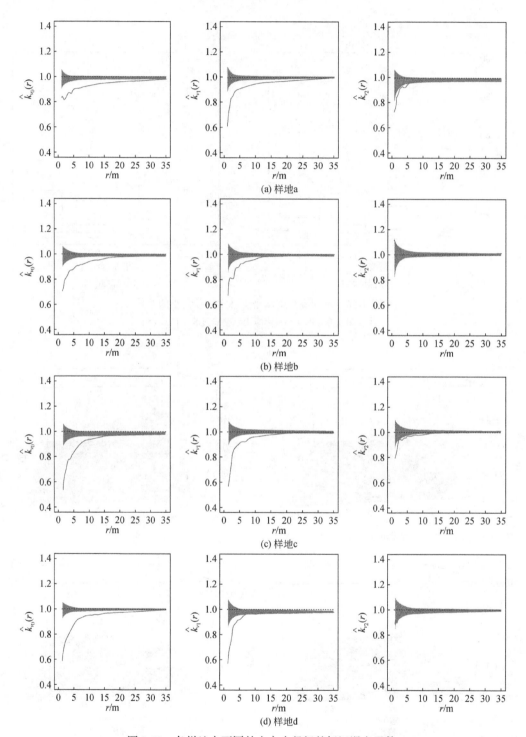

图 3-18　各样地中不同林木大小径级的标记混交函数

注：纵坐标题下角标中0、1和2分别代表三个林木大小径级（小树、中间树和大树）。黑色曲线为实际混交度
二阶特征函数，灰色区域为期望的混交度值。若实际值高于灰色区域说明同种排斥，异种吸引；若实际值低于灰色区域
说明同种聚集，异种排斥；若实际值位于灰色区域内表明混交度实际值和期望的树种混交程度一致

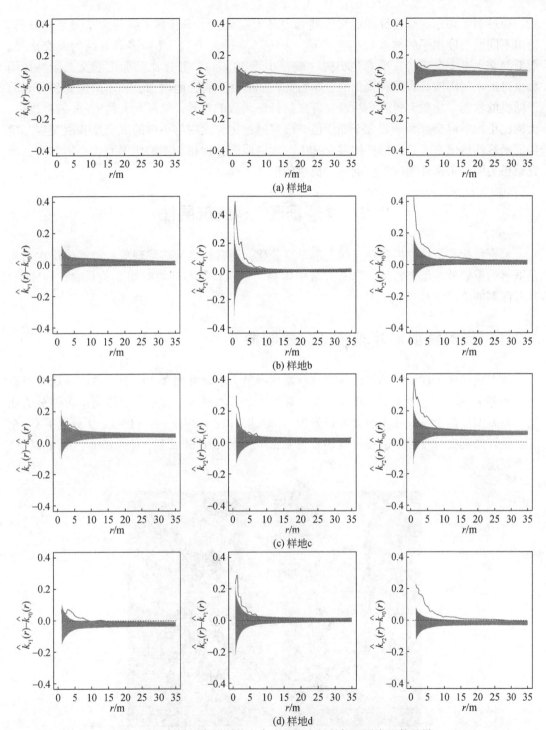

图 3-19　各样地中不同林木大小径级之间的标记混交函数差异

注：纵坐标题下角标中 0、1 和 2 分别代表三个林木大小径级（小径级，中径级和大径级）。黑色实线为实际的
混交度差值，灰色区域为期望的混交度差值，若黑色实线高于灰色区域则说明较大林木的混交度大于较小林木；
若黑色实线位于灰色区域内则说明较大树和较小树之间混交度并没有差异

通过对 4 块东北红松针阔混交天然林中林木混交度水平和林木胸径大小关系的分析，得出不同混交度水平的林木大小有差异，大树（胸径大于 25 cm）多具有高的混交水平，而低混交水平上分布的几乎都是小树（胸径小于 20 cm）。通过比较标记混交二阶特征函数也得出小树周围具有同种聚集的分布特征，随着林木胸径的增加，林木周围树种分布趋于随机的状态。比较大树和小树混交度二阶特征函数的差异，发现在大约 15 m 的范围内，大树比小树的混交度水平要大于期望值。研究通过比较大树与小树的混交度和混交度二阶特征函数均得出在天然红松针阔混交林中，大树周围异种相邻木的比例要比小树的高，研究结果为同种负密度制约效应的理论提供依据。

3.2 群落垂直结构的成层性

垂直结构是指植物群落在空间上的垂直分化，通常称之为成层现象。群落的层次结构是群落的重要外貌形态特征，它是群落中植物间以及植物与环境间相互关系的一种体现，具有深刻的生态学意义。

3.2.1 天然林群落外貌特征分层明显

地上成层现象在天然林特别是天然原始林中最为明显（图 3-20，图 3-21）。通常根据生长型分为乔木层、灌木层、草本层和地被层 4 个基本层次。各层又可按高度再划分为亚层。如海南岛热带林仅乔木层就可划分为三个亚层（18 m 以上、9 ~ 18 m、9 m 以下）；东北红松针阔混交林仅乔木层也可以划分为上、中、下（16 m 以上、10 ~ 16 m、10 m 以下）三个亚层。

图 3-20　德国图林根山毛榉天然林

图 3-21 吉林白河针阔混交林

3.2.2 林分垂直分层常为复层

林分的垂直结构可以通过成层性来描述，而成层性可用乔木层林层比和林层数来量化，林层数被定义为由参照树及其最近 4 株相邻木所组成的空间结构单元中，该 5 株树按树高可分层次的数目。以空间结构单元来统计或调查，然后统计各空间结构单元中处于 1、2、3 层的比例，从而可以估计出各层林木所占的比例。对于单层林则有林层数为 1；对于复层林则有林层数大于 1 而小于或等于 3。

在王安沟锐齿槲栎天然林群落中抽样调查了 50 个点共 200 棵参照树与其相邻木构成的空间结构单元的林层数频率分布。结果表明，锐齿槲栎天然林群落乔木层垂直结构分化明显（图 3-22），平均林层数为 2.3 层，群落中绝大多数林木个体处于 2 层或 3 层的复层结构单元中，其中，处于 2 层结构中的林木个体占 61%，处于 3 层结构中的占 33.5%，只有 5.5% 个体处于单层的结构单元中。按群落中的林木个体的树高，把林木以相差 5 m 划分一个层次，可将群落乔木层划分为三个亚层，第 I 层树高一般在 18m 以上，第 II 层在 13～18 m，第 III 层在 13 m 以下。从王安沟锐齿槲栎天然林群落的林层结构特征可以看出，群落经过长期的演替，不同种群个体在群落中占据了相对稳定的位置，不同种群之间，种群与环境之间协调发展，最终形成稳定的森林生态系统。

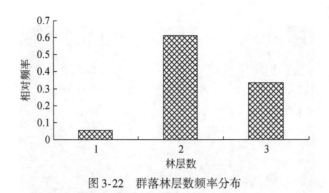

图3-22　群落林层数频率分布

3.3　林木大小组成结构的规律性

林木大小指林分中林木个体高矮和粗细以及年龄大小，可以用树高分布、直径分布以及年龄分布来表达，其中研究最多的是直径分布和年龄锥体。

3.3.1　林木年龄结构的年龄金字塔

年龄分布（age distribution）或年龄结构（age structure）是植物种群统计的基本参数之一，通过年龄结构的研究和分析，可以提供种群的许多信息。统计各年龄组的个体数占全部个体总数的百分数，其从幼到老不同年龄组的比例关系可表述为年龄结构图解（年龄金字塔或生命表），从年龄金字塔的形状可辨识种群发展趋势，正金字塔形是增长型，倒金字塔形是衰退型，钟形是稳定型。

分析种群年龄组成可以推测种群发展趋势。如果一个种群具有大量幼体和少量老年个体，说明这个种群是迅速增长的高产种群；相反，如果种群中幼体较少，老年个体较多，说明这个种群是衰退的低产种群。如果一个种群各个年龄级的个体数目几乎相同，或均匀递减，出生率接近死亡率，说明这个种群处在平衡状态，是正常稳定型种群。

种群的年龄结构常用年龄金字塔（年龄锥体）来表示（图3-23），其中 a 为增长型种群：幼龄组个体数多，老龄组个体数少，种群的死亡率小于出生率，种群迅速增长；b 为

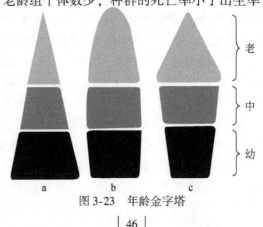

图3-23　年龄金字塔

稳定型种群：种群出生率大约与死亡率相当，种群稳定；c 为下降型种群：幼龄组个体数少，老龄组个体数多，种群的死亡率大于出生率，种群数量趋于减少。

3. 3. 2 天然异龄林直径分布的倒 J 形

天然异龄林的典型直径分布是小径阶林木株数极多，频数随着直径的增大而下降，即株数按径级的分布呈倒 J 形（图 3-24）。

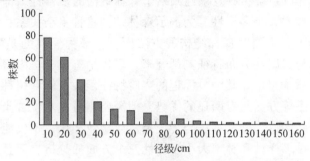

图 3-24 典型天然异龄林直径分布

大多数天然林直径分布为倒 J 形。所以，经营后的林分的直径分布也应保持这种统计特性。同龄林与异龄林在林分结构上有着明显的区别。就林相和直径结构来说，同龄林具有一个匀称齐一的林冠，在同龄林分中，最小的林木尽管生长落后于其他林木，生长的很细，但树高仍达到同一林冠层；同龄林分直径结构近于正态分布，以林分平均直径所在径阶内的林木株数最多，其他径阶的林木株数向两端逐渐减少。相反，异龄林分的林冠则是不整齐的和不匀称的，异龄林分中较常见的情况是最小径阶的林木株数最多，随着直径的增大，林木株数开始时急剧减少，达到一定直径后，株数减少幅度渐趋平稳，而呈现为近似双曲线形式的反 J 形曲线。

de Liocourt（1898）研究认为，理想的异龄林株数按径级依常量 q 值递减。此后，Meyer（1952）发现，异龄林株数按径级的分布可用负指数分布表示，公式为

$$N = k\mathrm{e}^{-aD} \tag{3-2}$$

式中，N 为株数；e 为自然对数的底；D 为胸径；a、k 为常数。

Husch（1982）把 q 值与负指数分布联系起来，得到

$$q = \mathrm{e}^{ah} \tag{3-3}$$

式中，q 为相邻径级株数之比；a 为负指数分布的结构常数；h 为径级距；e 为自然对数的底。

显然，如果已知现实异龄林株数按径级的分布，通过对式（3-2）进行回归分析，求出常数 k 和 a，再把 a 和径级距 h 代入式（3-3）可求得 q。de Liocourt（1898）认为，q 值一般为 1.2 ~ 1.5。也有研究认为，q 值为 1.3 ~ 1.7。如果异龄林的 q 值落在这个区间内，认为该异龄林的株数分布是合理的，否则就是不合理的。

在进行乔木树种年龄结构研究时，由于许多树木材质坚硬，难以用生长锥确定树木的实际年龄，或者为了减少破坏性，常常用直径分布代替年龄结构来分析种群的结构和动态。

第 4 章 森林结构解译

森林是复杂的开放系统，其复杂性归结于森林结构的多样性，即空间分布格局多样性、树种多样性和林木大小多样性。为揭示森林结构这种复杂关系，人们分别从不同角度进行森林结构分析。从测度森林结构的方法而言，最为经典的是群落–种群学方法，缺陷是将格局研究与其属性分布特征割裂开来。现代生态学方法中将格局分析与种间关系等分析有机地联系了起来。其中，标记的二阶特征函数在解释树种间关系和林木大小分化与尺度变化关系等方面具有明显的优势，但需要测量林木位置坐标数据；基于相邻木关系的林分空间结构量化分析方法与传统指标或函数相比，不仅能同步完成森林结构的空间多样性、物种多样性和林木大小多样性三个方面的分析，而且在解析小尺度的林分空间结构上优点更为显著，可以直接从结构分析中导出森林结构调整方法——结构化森林经营。

4.1 群落–种群学方法

林学上最初采用种群或群落学方法进行植被或种群的结构分析，主要关注种群的组成、个体的相互关系、种群的分布格局等，常用到样方法、距离法和点格局。

4.1.1 样方法

空间分布格局是研究一个种群的空间变化的基础。任何种群都是在空间不同位置分布的，但由于种群内个体间的相互作用及种群对环境的适应，使得不同种群、同一种群在不同环境条件下会呈现不同的空间分布格局，这种格局显然也随时间而变化。传统生态学中研究空间分布型有多种方法，但基本上都与样本数据的均值和方差或样本数据的概率分布有关（周国法和徐汝梅，1998）。种群属于哪一种分布取决于种群统计参数与已知概率分布的检验。常用的方法主要有 4 类：①频数比较方法；②用方差与平均密度描述聚集程度；③以平均拥挤度为指标；④以两个个体落入同一样方的概率与随机分布的比值为指标。大量的种群生态学研究表明，上述方法只能从概率的角度说明种群空间分布状态，所提供的仅是抽象的数量指标，如格局的强度等。这种格局实质上是一种统计格局。除此以外，对种群的各种空间特征，如空间结构和利用空间的能力等不能提供更多的信息。这种种群空间分布格局的研究是不完善的。由于种群个体空间分布类型的统计只反映了种群空间格局数量方面的特征，同时由于所得的结果局限于某一尺度，当尺度发生变化时，格局也会发生变化。这主要的原因是抽样方法和统计方法的限制。虽然 Greig-Smith（1952）提出了连续带和可变网格方法，但他们采用的仍然是对调查数据建立概率分布模型并进行比较，或对得到的均值和方差进行比较，这些方法仍然没有空间特征的描述，因此无法从根本上解决上述问题，也不能看作真正的空间分析方法。同样的问题在研究种间相互作用时也存在。为了说明问题，下面考虑两个人工群落（图 4-1）。用传统的群落数量特征计算公式可以得到两群落物种数、丰富度、多样性、优势度、关联度、种间相关系数等指标值都相同，两个群落的不同在于群落内物种分布格局不同，从而导致群落的空间格局（结构）不同。种间的空间关系不同导致群落的结构不同，从而两个群落的结构和功能有可能完全不同。遗憾的是多数的群落研究主要关心的是个体或物种数量的分析结果，对于物种的空间格局、种间的空间相关、群落的空间结构等缺乏量化方法。

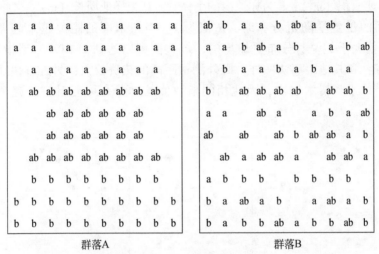

图 4-1　群落数量特征相同但空间结构不同的 A、B 两个群落

注：a 表示种群 a 的个体；b 表示种群 b 的个体。群落 B 是群落 A 中个体分布的空间随机化

4.1.2　距离法

4.1.2.1　Clark & Evans 指数

主要通过测量树木之间距离（Clark and Evans，1954）、点与树木之间的距离（Hopkins and Skellam，1954）、考虑密度之下的点与树或树与树之间的距离（Pielou，1959；Mountford，1961）或使用相关函数（Stoyan，1996；Penttinen et al.，1992），对分布格局进行判断。其中，Clark & Evans 指数较简洁。表达式为

$$R = \frac{\overline{r}_{A}}{\overline{r}_{E}} \tag{4-1}$$

式中，$\overline{r}_{A}$ 为观察到的相邻单株之间的平均距离；$\overline{r}_{E}$ 为期望的相邻单株之间的平均距离。

$$\bar{r}_A = \frac{1}{n} \sum_{i=1}^{n} r_i \tag{4-2}$$

$$\bar{r}_E = \frac{1}{2\sqrt{\rho}} \tag{4-3}$$

式中，ρ 为每平方米的个体数；n 为样地株数；r_i 为第 i 株相邻单株的距离。

由于样地外的个体可能是样地内个体的最近邻体，使得未修正的 Clark & Evans 指数最近邻体检验向均匀分布偏移，因此，式（4-3）需要用小样地法进行修正，用样地面积、周长和株数通过一个经验公式来估算期望平均值。

$$\bar{r}_E = 0.5\sqrt{\frac{A}{n}} + 0.0514\frac{P}{n} + 0.041\frac{P}{\sqrt{n^3}} \tag{4-4}$$

式中，A 为样地面积（m^2）；n 为样地内的个体数；P 为样地周长（m）。

当树木间的位置呈随机分布时，R 值为 1；当树木间的距离越来越紧密时，R 值趋向于 0。R 值大于 1 说明分布更加均匀，最大值可以达到 2.1491。该指数简洁明了，但是也有缺点：和其他距离法一样，野外测量距离的花费较大；另外，由于树木最近的邻体几乎总是处于其树木组内，因此相同指数值的林分有可能对应于完全不同的分布（图 4-2）。

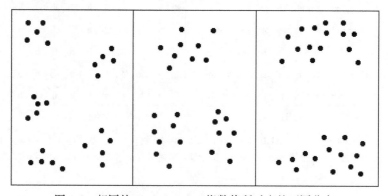

图 4-2　相同的 Clark & Evans 指数值所对应的不同分布

4.1.2.2　双相关函数

与 Clark & Evans 指数 R 不同，双相关函数不是用一个数值表示，而是通过一个图形函数来表达。在此假设，被考察的林分可以通过一个均匀的点过程来描述，树木位置变异到处都是一样的，密度方面没有趋势性变化。然后将树木密度或强度 λ 定义为单位面积的株数。也可以使用林学上常用的每公顷株数作为树木密度。树木密度有如下特性：若随机在林分中选择一个很小的观察面 dF，那么，在这个面上发现一个树木的概率就等于 λdF，因为在相对小的面上决不会有多于两棵树木的存在。现在考察两个同样小的观察面 dF_1 和 dF_2，将他们间的距离设定为 r。在这两个小的观察面上各有一棵树的概率 $P(r)$，通常依赖于 r。用公式表示为

$$P(r) = \lambda^2 \cdot g(r) \cdot dF_1 \cdot dF_2 \tag{4-5}$$

式（4-5）中的函数 $g(r)$ 被称为双相关函数。在一个纯随机（泊松）分布的林分中任意距离 r 都会得出 $g(r) = 1$，与 $R = 1$ 相似，如图 4-3 中短划线所示。

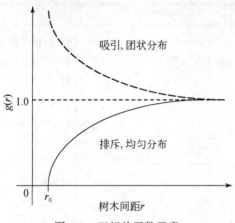

图 4-3　双相关函数示意

按照概率乘法公式有

$$P(r) = \lambda \cdot dF_1 \cdot \lambda \cdot dF_2 \tag{4-6}$$

如果树木如人工林一般呈现规则分布的趋势，那么对应于小的 r 值，$g(r) = 0$，因为在这样小的距离内不可能存在树木对。这个距离在图 4-3 中被称作硬距离即最小树木间距 r_0。对应于较大的 r 值，$g(r) > 0$，并且随着 r 的增大 $g(r)$ 的值趋于 1。如果是团状分布，则对应于小的 r 值会有大的 $g(r)$，且常常超过 1。

4.1.2.3　Ripley 点格局分析

点格局分析方法以植物个体的空间坐标为基本数据，将每个个体视为二维空间上的一个点，通过对空间上任意两个点间的二阶特征乘积密度与随机分布状态下的值进行比较，判断两点间是否独立存在或者有某种联系，常用的方法包括 Ripley's K 函数、基于 Ripley's K 函数的 L-函数、O-ring 统计方法及双相关函数。Ripley's K 函数是基于以点格局中某个特定点为中心、在半径为 r 的圆中存在的点数的概念计算出来的统计量（Ripley，1977），其函数形式见表 4-1。由于 Ripley's K 函数会随着尺度 r 的增加自身以 r^2 的速率增加，即二次函数的形式增加，为消除 Ripley's K 函数的尺度累积性效应，产生了 $K(r)$ 变形后的 L-函数（Besag，1977）。此后，还出现了 O-ring 统计方法（Condit et al.，2000；Wiegand and Moloney，2013），它以抽样点为中心，计算距其半径为 r 的圆环上（圆环的宽度为 dr）点的密度，该方法用圆环替代了 Ripley's K 函数计算中所使用的圆圈，计算环内的点的平均数目，是一个条件概率函数，同样消除了 Ripley's K 函数的尺度累积性效应。双相关函数 $g(r)$ 表达的是实际中发现两个点的概率密度与期望的密度值的比值，两个点的概率密度为二阶特征乘积密度，而期望的概率密度可认为是完全均值随机分布格局中发现被距离 r 分隔的两个点的概率（Gavrikov and Stoyan，1995），双相关函数形式见表 4-1。单变量的

Ripley's K 函数、O-ring 统计方法及双相关函数分析林木位置的分布格局，而采用双变量函数可分析两个变量的相互关系。

表4-1　常用的点格局分析函数

函数名称	函数形式	说明
Ripley's K 函数（Ripley，1977）	$K(d) = A \sum_{i=1}^{n} \sum_{j=1}^{n} \frac{\delta_{ij}(d)}{n^2}$	A 为样地面积；n 为林木个数；d 为树 i 与树 j 间的距离；当 $d_{ij}<d$ 时，$\delta_{ij}(d)=1$；当 $d_{ij} \geqslant d$ 时，$\delta_{ij}(d)=0$
基于 Ripley's K 函数的 L- 函数（Besag，1977）	$L_1(r) = \sqrt{\pi^{-1}K(r)}$ 和 $L_2(r) = \sqrt{\pi^{-1}K(r)} - r$	$K(r)$ 为 Ripley's K 函数；r 为树 i 与树 j 间的距离
双相关函数	$g(r) = \frac{\rho^{(2)}(x,y)\mathrm{d}x\mathrm{d}y}{\lambda^2}$	λ^2 为完全随机分布格局中发现被距离 r 分隔的两个点的概率；$\rho^{(2)}(x,y)\mathrm{d}x\mathrm{d}y$ 为实际观察窗口中发现两个点的概率
O-ring 统计	$O(r) = \lambda g(r)$	λ 为圆环上的点的概率密度；$g(r)$ 为双相关函数

4.2　现代生态学方法

森林结构指林木分布格局及其属性的空间排列形式（或配置形式）。传统森林结构研究方法将格局研究与其属性分布特征割裂开来，现代生态学方法将格局分析与种间关系等分析有机联系起来，力求全方位解译森林空间结构。

4.2.1　标记的点格局分析方法

点格局分析方法对林木的位置分布格局进行了描述，体现了林木位置随尺度变化的多样性。而在现实的林木位置空间排列分析中，被认为是点的林木除了位置坐标外还带有自身的一些属性，如每个林木具有树种、胸径、树高、冠幅、活立木和枯死等属性，将这些林木的自身属性"标记"在林木的位置上，这种具有属性的点在空间中的排列方式被称为标记的点格局（Gavrikov and Stoyan，1995；Pommerening et al.，2011；Wiegand and Moloney，2013）或标记二阶特征。标记点格局可根据点的属性特征分为定性和定量的标记点格局。在林木标记二阶特征分析时常用的标记特征函数有标记双相关函数（Penttinen et al.，1992）和标记变异函数（Pommerening and Särkkä，2013），这两个函数通用表达式为

$$\widehat{k}(r) = \frac{1}{c} \sum_{x_1, x_2 \in W}^{\neq} \frac{t(m_1, m_2) k_h(\parallel x_1 - x_2 \parallel - r)}{2\pi r A(W_{x_1} \cap W_{x_2})} \tag{4-7}$$

式中，x_1 和 x_2 为观察窗口 W 点格局中的任意点；k_h 是 Epanechnikov 核函数；$A(W_{x_1} \cap W_{x_2})$ 为整个观察窗口的面积；$t_1(m_1, m_2)$ 为测试函数；c 为标准化项。

标记双相关函数与标记变异函数的区别主要在于测试函数和标准化项不同（Pommerening and Särkkä, 2013）。运用标记双相关函数和标记变异函数可以对林木不同的定量或定性属性进行不同尺度上的变异描述，从而体现林木空间分布上的多样性，并能够对森林结构提供更多的生态学解释，但这些方法描述不同树种的相关性时只能进行成对比较，需要剔除其他树种，对于复杂的混交林而言，结果解释可能是片面的。Pommerening 等（2011）基于标记相关函数（Diggle, 2003；Illian et al., 2008）的二阶特征函数构造原理，以 von Gadow 和 Füldner（1993）提出的简单混交度及大小分化度分别作为测试函数，以林分期望混交度和期望大小分化度作为比较标准化项，构造了标记混交度二阶特征函数和标记大小化度函数（Pommerening et al., 2011；Hui and Pommerening, 2014）。标记混交二阶特征函数和标记大小分化二阶特征函数形式见式（4-8）和式（4-9）。

$$\widehat{\nu}(r) = \frac{1}{\text{EM}} \sum_{x_1, x_2 \in W}^{\neq} \frac{1[m(x_1) \neq m(x_2)] k_h(\parallel x_1 - x_2 \parallel - r)}{2\pi r A(W_{x_1} \cap W_{x_2})} \tag{4-8}$$

$$\widehat{\tau}(r) = \frac{1}{\text{ET}} \sum_{x_1, x_2 \in W}^{\neq} \frac{(1 - \min\{m(x_1), m(x_2)\}/\max\{m(x_1), m(x_2)\}) k_h(\parallel x_1 - x_2 \parallel - r)}{2\pi r A(W_{x_1} \cap W_{x_2})}$$

$$\tag{4-9}$$

式中，EM 和 ET 分别为期望混交度和期望大小分化度；x_1 和 x_2 为观察窗口内的任意两个点；k_h 为 Epanechnikov 核函数；$A(W_{x_1} \cap W_{x_2})$ 为 W_{x_1} 和 W_{x_2} 相交面积。

标记混交度和标记大小分化度二阶特征函数曲线实质反映了林分相应尺度上的标记指标的观察值与期望值的距离，结果可解释为林分中的不同树种和大小的林木随尺度变化的分布情况，同时可根据曲线远离期望值的程度判断相应尺度上树种或大小分布格局的强度，但从曲线上反映不出林分树种组成的丰富程度和林木大小变差的大小。标记函数因其对具体的生态学过程和假说具有一定的分析和解释能力，例如 Wang 等（2017）将樟子松天然林中的枯立木与活立木作为标记特征，利用标记二阶特征函数分析了二者的关系，并通过负密度效应解释这一格局形成的原因。

4.2.2 基于相邻木关系的分析方法

基于相邻木关系的林分空间结构量化方法（惠刚盈和克劳斯·冯佳多，2003）首先涉及林分空间结构单元，所谓空间结构单元就是指由林分内任意一株单木及其最近 4 株相邻木所构成的分析森林结构的基本单位（图4-4）。

基于林分空间结构单元可以系统构筑 4 个林分空间结构参数（表4-2），包括描述树种隔离程度的混交度（M_i）、体现林木分布均匀程度的角尺度（W_i）、反映林木优势程度的大小比数（U_i）和表达林木拥挤程度的密集度（C_i）。这 4 个结构参数精准定位了每株林

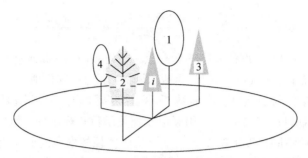

图 4-4 林分空间结构单元

木在群落内的自然状态，确切回答了周围的相邻木比其大或小、如何分布在周围、有多少与其同种、是否受到挤压等问题。4 个结构参数均有 5 种可能的取值，分别为 0、0.25、0.5、0.75、1，对应不同的林分状态，生物学意义直观明了。

表 4-2 结构参数取值示意

结构参数及说明	参数取值				
	0	0.25	0.5	0.75	1
角尺度 α. 观测角 α_0. 标准角	非常均匀	均匀	随机	聚集	非常聚集
混交度 不同树种	零度混交	弱度混交	中度混交	高度混交	完全混交
大小比数 不同胸径大小	优势	亚优势	中庸	劣势	绝对劣势
密集度 胸径 冠幅	非常稀疏	稀疏	中等密集	密集	非常密集

4.2.2.1　林分空间结构参数的零元分布（均值）

均值是统计学中最常用的统计量，用来表明资料中各观测值相对集中较多的中心位置。如果想了解林分整体的空间结构状况，如林分或种群分布格局、林分混交和密集程度，可采用结构参数的均值分析方法，即分别统计林分中每株林木的 4 个结构参数值，以每个结构参数的均值分别阐明林分结构特征的某一方面。基于相邻木关系的林分空间结构参数的零元分布描述林分整体结构所处的平均状态，以此判断林木分布格局、树种平均隔离程度（用修正的混交度表达）、林分平均密集度以及平均大小分化程度，其中，平均大小比数需要分树种计算，反映树种在林分中的优势程度（惠刚盈和克劳斯·冯佳多，2003）。

4.2.2.2　林分空间结构参数一元分布

研究变量的分布有助于对变量特征的深刻认识。如果试图分析林分中某一特征值的分布状况，如角尺度为 0.5 的林木在林分中所占比例，可采用结构参数的一元分布分析方法，即以每个结构参数的 5 个取值（0、0.25、0.5、0.75、1）为横坐标，以林分中每个取值等级的林木比例即相对频率为纵坐标画图，便得到结构参数的一元分布。基于相邻木关系的空间结构参数的单变量分布特征为林分空间结构参数的一元分布。一元分布描述了林分中具有某种结构特征林木的分布频率，对于参照树及其 4 株最近相邻木构成的结构单元来说，即为对应的空间结构参数 5 种可能取值的频率分布（图 4-5）。结构参数的一元分布能深刻刻画林分结构在某一方面的细微特征，如角尺度的一元分布精确解译了天然林与人工林格局水平空间结构的本质差异，这一发现有可能实现人工林培育或经营的创制。

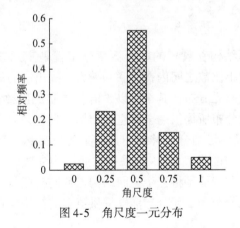

图 4-5　角尺度一元分布

4.2.2.3　林分空间结构参数二元分布

任意 2 个变量（空间结构参数）的联合概率分布就是二元分布。如果试图分析林分中不同优势度林木的混交情况、不同混交状况的林木分布特征或不同优势度林木的分布状况，可采用双变量联合概率分布，即结构参数的二元分布。二元分布描述的是双变量的联合概率分布。由于基于相邻木关系的空间结构参数混交度、角尺度、大小比数和密集度这4个参数之间是相互独立的，即这4个指标各自描述不同的林分空间属性，其每个结构参数均有相同的取值等级（0、0.25、0.5、0.75、1），这种变量独立和相同取值等级为它们形成数学上的多元联合分布提供了必要条件。Li 等（2012）首次进行了空间结构参数的二元分布研究（图 4-6），为同时刻画林分两种变量联合分布提供了方法。基于相邻木关系的林分空间结构参数二元分布特征能同时描述林分空间结构两方面特征，当然也可推导出对应的空间结构参数一元分布及其均值。

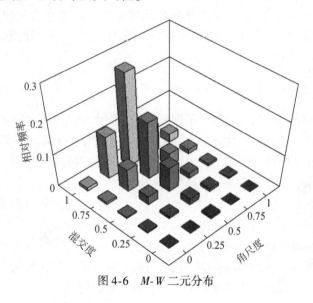

图 4-6　*M-W* 二元分布

4.2.2.4　林分空间结构参数三元分布

任意 3 个变量（空间结构参数）的联合概率分布就是三元分布。白超（2016）充分挖掘混交度、角尺度和大小比数之间内在关联和潜力，提出全面简洁表达空间结构特征的新方法——空间结构参数三元分布，其至少以 5 倍、25 倍的细致程度完全包含并超越了任何 2 个二元分布以及一元分布所提供的全部空间结构信息，并以堆叠三维柱状图形式展现研究结果（图 4-7）。如果想仔细分析林分中具有某类特征林木所占比例，如高质量林木特征（高度混交且随机分布的优势木），可采用空间结构参数的三元分布。基于相同的原理，林分空间结构三元分布特征是将三个空间结构参数同时联合，同时进行三个方面的空间结构特征描述，较一元分布和二元分布能够提供更多的结构信息。

4.2.2.5　林分空间结构参数四元分布

4 个变量（空间结构参数）的联合概率分布就是四元分布。如果想全方位详细精准地分析林分空间结构信息，注重研究空间结构多样性，可采用空间结构参数的四元分布。Zhang 等（2019）提出空间结构参数四元分布，并采用均值、一元分布、二元分布、三元分布、四元分布不同层次和角度描述林分空间结构特征，基于相邻木关系的林分空间结构

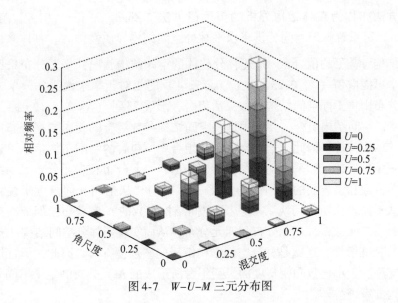

图 4-7　*W–U–M* 三元分布图

参数四元分布是将四个空间结构参数进行联合，完整地体现了林分的空间结构特征，*W-C-U-M* 四元分布一共有 625 个组合（图 4-8），信息量非常大，能全面反映森林空间结构多样性。

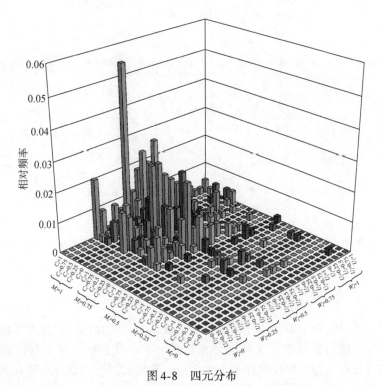

图 4-8　四元分布

此分析方法亦称为森林结构分析的望远镜方法（Zhang et al.，2019）。望远镜方法（即 N 元分布）可系统解译不同分辨率水平林分空间结构异质性信息。具体来说，零元分布借助空间结构参数平均值（$\overline{X}$）描述林分整体的空间结构状况；一元分布采用每个空间结构参数 5 个可能取值（0、0.25、0.5、0.75、1）的相对频率来说明林分单方面的结构特征；多元分布则将不同空间结构参数灵活组合，形成 25 种（$N=2$）、125 种（$N=3$）和 625 种（$N=4$）空间结构组合，并采用这些空间结构参数组合的相对频率分布同时描述林分多个方面的结构特征。因此，这些空间结构组合中所包含的空间结构信息可通过不同分辨率水平详细量化描述，即采用空间结构参数均值、一元分布和多元分布可系统量化描述林分整体、单方面和多方面的空间结构特征（图 4-9）。从空间几何角度来说，则是通过连续不断地从不同坐标轴"切块"，形成了空间结构参数的 N 元分布，即依次获得零元分布、一元分布、二元分布、三元分布和四元分布，从而实现了林分空间结构"点→线→面→体→超体"精准解译，这就是林分空间结构解译的望远镜方法。因此，望远镜方法借助角尺度、混交度、大小比数和密集度的灵活组合所形成的 N 元分布满足了不同分辨率水平林分空间结构的系统解译。

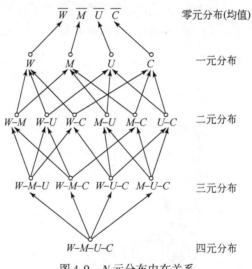

图 4-9　N 元分布内在关系

基于相邻木关系的分析方法也可以用于分析不同林木大小的空间特征，类似于空间结构参数的多元分布。

4.2.2.6　径阶–空间结构参数二元分布

森林群落是不同物种个体共同存在的总和，被认为是相互作用的林木个体网络。基于最近相邻木的空间结构参数表征了空间分布格局、大小优势度、混交状况或树冠密集状况，而林木直径分布可直观地反映林木个体大小的变化。因此，森林空间和大小结构的联合概率分布分析对于进一步认识和理解森林结构具有重要的意义（张岗岗，2020）。

径阶或树高（H）级可直观地反映林木粗细或高低的差异，通过径阶整化或树高级整化可将林分划分为若干林木大小等级。角尺度（W）、混交度（U）、大小比数（M）和密集度（C）4 个空间结构参数分别表征林木空间分布格局、优势度、混交状况和林木树冠竞争状态，且每个指标均有 5 个可能离散取值（0、0.25、0.5、0.75、1）。因此，林木大小等级和空间结构参数彼此独立，并且每个指标具有有限或可数取值等级，为离散随机变量的联合概率分布提供两个必要的数学条件（独立性和有限值）。对于随机向量（X，Y）或（X，Y，Z）分别由二元分布和三元分布的任意对（x_i，y_j）或（x_i，y_j，z_k）组成，联合概率质量函数是通过下式获得

$$p_{ij} = P\ (X=x_i,\ Y=y_j) \tag{4-10}$$

$$p_{ijk} = P\ (X=x_i,\ Y=y_j,\ Z=z_k) \tag{4-11}$$

X、Y 和 Z 中的一个是空间结构参数（即 W、U、M 和 C），另外一个或两个参数则为大小等级指标（即径阶或树高级，用 DBH 和 H 分别表示胸径和树高）。通过这些空间结构参数和大小等级指标的灵活恰当组合，可得到 8 个 X–Y 二元分布（即 DBH–W、DBH–U、DBH–M、DBH–C、H–W、H–U、H–M 和 H–C 二元分布）和 16 个 X–Y–Z 三元分布（即 DBH–H–W、DBH–H–U、DBH–H–M、DBH–H–C、DBH–W–M、DBH–W–U、DBH–W–C、DBH–M–U、DBH–C–M、DBH–U–C、H–W–M、H–W–U、H–W–C、H–M–U、H–C–M 和 H–U–C）（张岗岗，2020）。显然，这些多元分布具备两个属性 p_{ij}、$p_{ijk} \geq 0$ 和 $\sum_i \sum_j p_{ij}$、$\sum_i \sum_j \sum_k p_{ijk} = 1$。相比边际分布或条件分布，这些获得的多元耦合函数（耦合方法）可以同时表征空间和大小的结构异质性信息（图 4-10）。

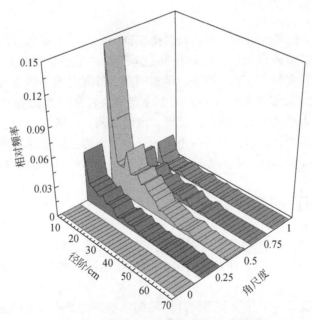

图 4-10 径阶和空间结构参数二元分布

|第5章| 　　森林状态测评

森林群落内部状态表征了森林的自然属性。森林群落通常既有疏密之分，也有长势之别，群落中的林木既有高矮、粗细之分，也有幼树幼苗、小树大树之别，更有树种、竞争能力和健康状况的差异，林木分布并非杂乱无章而是有其内在的分布规律，这就是人们对森林的直观认识。要阐明森林群落的种类组成、群落结构、种间相互关系、群落和环境相互关系以及群落生产、群落动态、类型划分和地理分布等，就必须首先从植被的野外调查做起，并对野外调查数据进行分析评价。

5.1　森林状态调查

野外调查首先面临的是森林群落地段的识别和调查面积的确定；其次就是确定进行何种方式（全面调查或抽样调查）的调查，就抽样调查而言，还要明确是采用无样地技术（点抽样）还是利用样地（样方）技术；最后还必须确定相应的调查内容。

5.1.1　森林群落的识别

在进行外业调查时首先面临的是植物群落识别问题。一个植物群落，第一应有大体均匀一致的种类组成，或者说植被的同质性和总体上的一致性；第二应有一致的外貌和结构，也就是说垂直层次结构一致，外貌、季相相同，群落内的小群落水平镶嵌相似；第三应占有大体一致的地形部位和相应一致的生境条件，包括一致的光、温、水和土壤等条件，以及相同的人为活动影响；第四应具备一定的面积，一株树木和它周围的低等植物并不能构成一个完整的森林群落，虽然由小型的草本植物为主构成的群落与以高大乔木为主构成的群落所需的面积不同，但总要有一个足以表现全部群落特征和维持其存在的面积。

5.1.2　群落调查的最小面积

植被生态学在研究群落种类组成时采用了植被的最小面积（minimal area）的概念。Mueller-Dombois 和 Ellenberg（1974）将最小面积定义为："在该面积里，群落的组成得以充分地表现"。

近来在一些地统计学中开始利用统计原理确定群落的最小面积。对于泊松分布来讲，如果有 m 个数值 X_1，…，X_m，平均值 μ 可用下式来估计

$$\hat{\mu} = \frac{1}{m} \sum_{i=1}^{m} X_i = \overline{X} \tag{5-1}$$

对于大量的数值 $m\overline{X}$ 来讲，在可靠性为 $1-\alpha$ 时估计平均数的有效置信区间为

$$\frac{1}{m}\left[\frac{z_{\alpha/2}}{2}-\sqrt{m\overline{X}}\right]^2 \leqslant \mu \leqslant \frac{1}{m}\left[\frac{z_{\alpha/2}}{2}+\sqrt{m\overline{X}+1}\right]^2 \tag{5-2}$$

在此，$z_{\alpha/2}$ 为标准正态分布变量，$z_{\alpha/2}=1.65$、1.96、2.58 分别对应于 $\alpha=0.10$、0.05、0.01。

这个置信区间可用来确定调查所需的最小面积。泊松分布仅依赖于参数 λ。λ 为平均点密度或称强度。如果它是已知的，其他变量均可求出。λ 可用最大似然法来估计

$$\hat{\lambda}=\frac{N(W)}{A(W)} \tag{5-3}$$

式中，W 表示域（窗口）；$N(W)$ 表示在此域中的点数；$A(W)$ 表示此域的面积。

λ 是遵从期望的并且随窗口面积的增大精度有提高的趋势。也可以用距离方法来估算 λ。

在此充分利用 $N(W)$ 是随机分布，其参数为 $\lambda A(W)$。按上面置信区间公式有

$$\left[\frac{z_{\alpha/2}}{2}-\sqrt{N(W)}\right]^2 \leqslant \lambda A(W) \leqslant \left[\frac{z_{\alpha/2}}{2}+\sqrt{N(W)+1}\right]^2 \tag{5-4}$$

这个置信区间就可以用来确定在给定的精度下的窗口（样地面积）$A(W)$ 的大小。如果事先给定的置信区间的允许幅度为 δ，那么，相应的 $A(W)$ 可由下式算出

$$\left\{\left[\frac{z_{\alpha/2}}{2}+\sqrt{\lambda A(W)}\right]^2-\left[\frac{z_{\alpha/2}}{2}-\sqrt{\lambda A(W)}\right]^2\right\}/A(W)=\delta \tag{5-5}$$

化简为

$$A(W)\approx\frac{4\lambda Z_{\alpha/2}^2}{\delta^2} \tag{5-6}$$

在这个公式中，只有参数 λ 是未知数。可通过事先调查或预研究解决此问题。

以图 5-1 林木随机分布的格局为例进行最小面积的估计方法如下：样地面积 $A(W)$ 为 144 m²，林木株数为 53 株，$N(W)=53$。

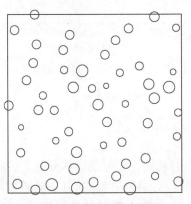

图 5-1　林木随机分布格局

根据此例，可估计出点密度或强度

$$\hat{\lambda} = \frac{N(W)}{A(W)} = \frac{53}{144} = 0.368 \ (\text{株}/\text{m}^2)$$

如果给定 $\alpha = 0.05$，允许幅度为 $\delta = 0.06$，那么需要的样地面积大小应为

$$A(W) \approx \frac{4\lambda Z_{\alpha/2}^2}{\delta^2} = \frac{4 \times 0.368 \times 1.96^2}{0.06^2} = 1570.8 \ (\text{m}^2)$$

所以，必须选择一个大小为 40 m×40 m 的样地进行调查。

可见，应用地统计方法确定群落最小调查面积的准确程度取决于群落的密度估计精度，也就是说要事先解决种群密度估计误差问题。

下面给出由密度和结构的异质性所决定的最小调查面积。

对林木分布的格局而言，随机分布的最小面积总是大于团状分布和均匀分布，换句话讲，用较小的面积上的调查数据就可以识别出整体林木的分布格局，这是由分布的定义所决定的。基于此认识，对随机分布的林分进行研究后发现，小的样地面积上得出的调查结果变动很大，角尺度均值时而落在团状分布的范围，时而落在均匀分布的范围；只有当样地面积扩大到一定的大小时，角尺度均值才趋于稳定（图 5-2），才能显示出该模拟林分的实际分布——随机分布。这种变化局势与密度级无关。当调查窗口的大小为 2500 m² 或以上时，正确表达率才能达到 95% 以上。可见，从分布格局的角度来看，2500 m² 为结构最小样地面积。

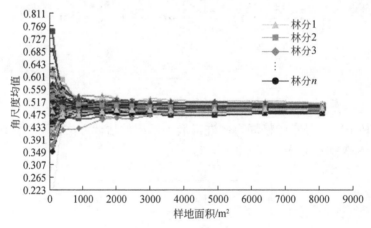

图 5-2 林分角尺度均值与调查窗口大小的关系

5.1.3 林分状态调查方法

数据信息是一切科研生产的基础，如何获得林分真实的状态信息，关键是调查内容和方法。结构化森林经营获得林分状态特征信息的方法灵活多样，可根据现实林分所处地段的地形特征以及调查目的、人力、物力等条件选择不同调查方法，主要方法包括大样地法、样方法和无样地法（点抽样）3 种。

5.1.3.1 大样地法

对研究区林分进行集中试验研究或长期定位监测时采用大样地法。

（1）样地面积和数量

面积至少在 2500 m² 以上的固定大样地 1 个。

（2）调查内容

长期固定监测样地调查因子除包括传统森林调查如土壤状况、林分郁闭度、林下更新等外，还要对胸径大于 5 cm 的林木进行每木编号定位，记录林木属性，如树种、胸径、树高、健康状况及相对水平位置坐标 (x, y)，以便计算非空间结构参数（如公顷断面积、蓄积量、直径分布）以及空间结构参数（如树种混交度、角尺度、大小比数、密集度、林层数等）。

（3）调查工具

主要调查工具包括皮卷尺、围尺、测高仪、全站仪、罗盘仪或森林结构多样性测度仪。

（4）调查方法

林分常规因子调查方法与传统调查方法相同，幼苗更新调查采用小样方法，样方面积取 10 m×10 m，样方数量为 5 个以上，并用测绳标出边界，调查因子有更新乔木树种的种类、高度级、起源、生长状况和更新株数等（对于植物名称不确定的种类，应采集标本，拴上标签，写明样地号及标本编号）。

林木的相对位置可使用全站仪、罗盘仪进行定位，对于矩形样地也可以通过采用网格法用皮卷尺进行每木定位。3 种方法简介如下：

1）全站仪每木定位：采用先进的 TOPCON 电脑型全站仪可以替代手工测量、记录的方法（图 5-3）。在全站仪中运行测量应用软件，采用激光反射原理自动测量并记录林分中林木位置，数据可直接传回计算机处理。定位时可同步输入该单木的其他相关信息如树种、胸径、树高、冠幅等，操作十分简单。该仪器全面融合了测量技术与计算机技术，使测量内外业一体化；将该仪器应用于林业野外调查，改变了原始的手工测量方式，实现了林业调查数据的采集和处理自动化，提高了数据准确度和工作效率，促进了传统林业向现代林业转变。

全站仪每木定位主要包括以下步骤：①建立合适的坐标系，包括选择坐标原点和设定坐标轴方向。坐标原点应尽量选在视野开阔、地势平坦、可以尽量多地观察到待测树木的地点。在没有任何已知点的情况下第一个测站点就可以作为坐标原点，坐标原点与坐标轴方向即为样地的起点与方向。从该点出发确定一个合适的方向作为后视方向，即 $N(X)$ 轴、$E(Y)$ 轴将自动产生。可以通过输入该方向上的一个已知点坐标或直接给定后视角确定后视方向。②测出前视点坐标，以备在迁站时将其作为新的测站点。选择前视点的原则与选择测站点的原则相同。③测量每棵树所在点的坐标，通过测站点和后视点的相对坐标计算各株树的位置坐标，并编号记录，同时输入该树的其他信息，如树种、胸径、健康状况等。④迁站。即从一个测站点向另一个测站点的搬移。迁站时仪器要关机，仪器自动保存测量数据。新的测站点坐标应已知，迁站时选择前视点作为新的测站点，上一个测站点则为新的后视点。以后再迁站时，前一个测站点都将作为新后视点，新测站点的位置另行测量。

图 5-3　全站仪每木定位

2）罗盘仪每木定位：对于圆形样地可采用极坐标测量。其方法是：以圆点中心为测点，以北向为基准，顺时针方向测定每株树的极角及到测点的距离（图 5-4）。

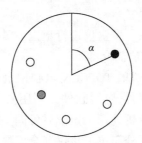

图 5-4　圆形标准样地树木定位图测定方法示意

将测量结果记入表 5-1 中。由表 5-1 可以绘制出树木位置图并可进一步计算出各个树木的位置坐标，计算公式为

$$x = l \times \sin\left(\alpha \times \frac{\pi}{180}\right) \tag{5-7}$$

$$y = l \times \cos\left(\alpha \times \frac{\pi}{180}\right) \tag{5-8}$$

任意两棵树之间的距离可用两点间距离公式计算，计算公式为

$$d = \sqrt{(x_2 - x_1)^2 + (y_2 - y_1)^2} \tag{5-9}$$

式中，l 为圆点到被测树的距离；(x_1, y_1)、(x_2, y_2) 为任意两棵树坐标位置。

表 5-1 极坐标法测量树木位置图记录表

样地号	树号	树种名	极角/（°）	圆点到被测树距离/m	胸径/cm	树高/m	备注

调查地点：　　　　　　　　调查人：　　　　　　　　调查日期：

3）皮卷尺每木定位：对于方形或矩形样地可以利用三角形原理进行测量（也可以用极坐标测量）。具体方法是以样地的边线端点为出发点用皮尺或测距仪量测到每株树的距离（图 5-5）。测量记录载入树木位置测量表（表 5-2）。

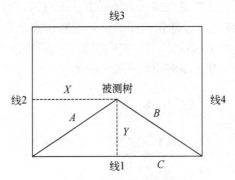

图 5-5　三角形原理测量示意

表 5-2 树木位置测量记录表

样地号	树号	树种名	样地边线号	左端点到被测树距离/m	右端点到被测树距离/m	胸径/cm	树高/m	备注

调查地点：　　　　　　　　调查人：　　　　　　　　调查日期：

被测树的 X、Y 坐标可通过下式计算：

$$X=\frac{A^2+C^2-B^2}{2C} \tag{5-10}$$

$$Y=\frac{1}{2C}\sqrt{2A^2C^2+2A^2B^2+2B^2C^2-A^4-B^4-C^4} \tag{5-11}$$

此外，对于矩形标准地也可采用网格法。此法是将标准地用网格等分，并按顺序编号。然后，依次量测各网格内的树木距网边的垂直距离即可。

（5）注意事项

在设置样地时，必须设置在同一林分中，不能跨越河沟、林道和伐开的调查线等特殊地形，且应远离林缘，划分出缓冲区。

调查中丛生林木的处理方法是：以林地地面为准，如果各林木基干已经明显分开，则视为孤立单株，与其他正常林木一样处理；如果各林木均出自同一个基干且基干高度在1.3 m以上，那么，只量测基干的位置坐标，记载平均属性大小（基干粗度相差特别悬殊的小树干可忽略不计）。

5.1.3.2　样方法

样方法在群落学调查中应用得较多，其特点是首先用主观的方法选择群落地段，然后在其中设置小样方，方式有随机或机械设置小样方、五点式、对角线式、棋盘式、平行线式以及"Z"形等；通过随机设置的相当多的小样方的调查结果，较精确地去估计这个群落地段，从而掌握该群落数量的特征。样方法在结构化森林经营林分特征调查中除传统的调查因子外，主要是增加了林分空间结构参数的调查。

（1）样方面积及数量

样方面积与样方数量关系如表5-3所示。

表5-3　样方面积与样方数量

样方面积/m²	10×10	15×15	20×20	25×25	30×30
样方数/个	36	25	12	9	4

（2）调查内容

除传统森林调查项目（如土壤状况、林分郁闭度、林下更新等）外，还要调查样方内胸径大于5 cm林木的树种、胸径、树高、健康状况，以及空间结构参数（包括树种混交度、角尺度、大小比数、密集度、林层数等）。

（3）调查工具

主要调查工具包括皮卷尺、围尺、测高仪、激光判角器、森林结构多样性测度仪。

（4）调查方法

将样方内所有胸径大于5 cm的林木分别作为参照树，记录每株参照树的林木属性，如树种、胸径、树高、健康状况等，并调查该株树与其最近4株相邻木组成的结构单元的空间结构参数。幼树幼苗更新调查根据所设置的样方大小和数量来确定，调查方法同大样地法。

由于树干本身有粗度，为避免误判，调查员可以站在参照树旁边利用圆周角相等的原理进行角度判别（图5-6）。

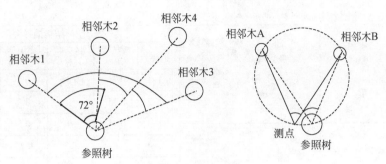

图 5-6　角尺度判定

5.1.3.3　无样地法（点抽样）

在进行林分状态调查时，并不是都需要设置固定典型样地进行长期监测，在大多数情况下，特别是对于一些地形条件较为复杂的研究区来说，设置典型大样地法不可行，只能抽取一部分进行研究，即所谓的抽样调查。无样地抽样调查——点抽样与典型样地法不同之处在于调查单位与面积无关，不需要测量样地面积，也不需要测量每棵树的位置坐标。

（1）抽样点数量

天然林抽样点数为 49 个以上，人工林结构较为简单，抽样点在 20 个以上。

（2）调查内容

林分土壤状况、林分郁闭度、林下更新、抽样点最近 4 株胸径大于 5 cm 林木的属性，包括树种、胸径、树高、健康状况及其与最近 4 株相邻木组成的结构单元的空间结构参数（包括树种混交度、角尺度、大小比数、密集度、林层数等）以及测量抽样点到最近第 4 株林木的距离。

（3）调查工具

主要调查工具包括皮尺、围尺、测高仪、测距仪或角规或森林结构多样性测度仪。

（4）调查方法

在林分中从一个随机点开始，在林分中走蛇形线路，每隔一定距离（以调查的参照树的最近 4 株相邻木不重复为原则）设立一个抽样点，先调查抽样点到最近第 4 株林木的距离，然后调查距抽样点最近 4 株胸径大于 5 cm 的单木的空间结构参数（包括角尺度、大小比数、混交度、密集度）及其属性（树种名称、胸径大小），同时调查参照树与最近 4 株相邻木构成的结构单元的成层性和树种数（图 5-7）。林分密度可通过所测的距离计算，如果没有测抽样点到最近第 4 株林木的距离，那么，林分断面积调查可采用角规方法，即在抽样点绕测 360°的方法进行调查，或在林分中随机选取 5 个以上的角规点绕测。

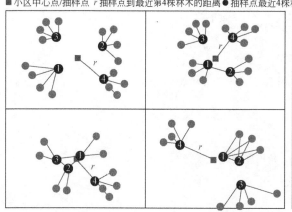

■ 小区中心点/抽样点 *r* 抽样点到最近第4株林木的距离 ● 抽样点最近4株林木

林分空间结构抽样调查表					
抽样点	角尺度 W	混交度 M	大小比数 U	密集度 C	r/m
1–1	0.75	0.25	0.5	0.25	
1–2	0.75	1	0.5	1	4.2
1–3	0.75	0	0.5	0.5	
1–4	1	0.5	0.25	0.25	
2–1	0	0.5	0.75	0.25	3.9
2–2	0.5	0.75	0.5	0	
……					

图 5-7　抽样调查过程与记录表格示意图

5.2　森林状态合理性

数据分析与评价是制订经营方案的基础。所以，首先要确保野外调查数据的正确性和完整性，进而要对数据再加工。视拥有数据的详细程度可进行不同层面的分析与评价。

5.2.1　林分水平上的合理性评价

5.2.1.1　描述林分状态的变量

森林群落内部状态可从森林空间结构（森林垂直结构和森林水平结构）、森林年龄结构、树种多样性、森林密度、森林长势、森林更新、林木健康等方面加以量化表达。

森林空间结构指构成森林的植物个体的水平分布及其属性的空间排列，包括垂直结构和水平结构。森林空间结构属于森林状态分析中最为重要的变量。森林年龄结构、树种多样性、森林密度、森林长势、森林更新、林木健康等虽属森林非空间结构指标，但对于描述森林状态而言也是非常重要的指标，因其反映了森林组成要素的构成规律。

5.2.1.2　林分状态指标取值标准

表达森林群落内部状态的指标复杂多样，既有定性指标也有定量指标，且每个指标的取值和单位差异很大。所以，首先要对所选的描述群落内在状态的指标进行赋值、标准化和正向处理（数值越大越好），使其变成 [0，1] 的无量纲数值。

（1）森林空间结构

森林空间结构用垂直结构和水平结构衡量。

森林垂直结构用林层数表达（惠刚盈等，2010）。林层数按树高分层。树高分层可参照国际林业研究组织联盟（IUFRO）的林分垂直分层标准（Kramer，1988），即以林分优势高为依据把林分划分为三个垂直层，上层为树高大于等于 2/3 优势高的林木，中层为树高介于 1/3～2/3 优势高的林木，下层为树高小于等于 1/3 优势高的林木（图5-8）。分层统计各层林木株数，如果各层的林木株数比例都大于等于 10%，则认为该林分林层数为 3，如果只有一层或两层的林木株数比例大于等于 10%，则林层数对应为 1 或 2。林层数为 3 表示多层，赋值为 1；林层数为 1 表示单层，赋值为 0；林层数为 2 表示复层，赋值 0.5。

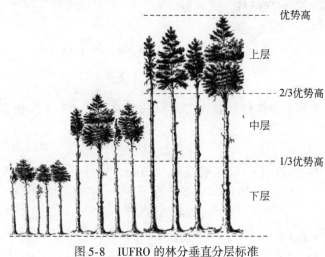

图 5-8　IUFRO 的林分垂直分层标准

森林水平结构通过林木点格局来表达（图 5-9），可采用距离法（Clark and Evans，1954）或 Voronoi 多边形（张弓乔和惠刚盈，2015）或角尺度（惠刚盈和克劳斯·冯佳多，2003）等方法来分析。随机分布［图 5-9（a）］赋值为 1；团状分布［图 5-9（b）］赋值为 0.5；均匀分布［图 5-9（c）］赋值为 0。

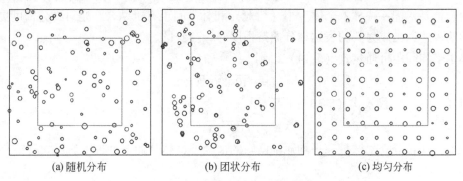

(a) 随机分布　　　　　　　(b) 团状分布　　　　　　　(c) 均匀分布

图 5-9　林木在水平地面上的分布

（2）森林年龄结构

森林年龄结构是植物种群统计的基本参数之一，从年龄金字塔的形状可辨识种群发展趋势，钟形是稳定型，赋值 1；正金字塔形是增长型，赋值 0.5；倒金字塔形是衰退型，赋值0。在进行乔木树种年龄结构研究时，由于许多树木材质坚硬，难以用生长锥确定树木的实际年龄，或者为了减少破坏性，常常用树木的直径结构代替年龄结构来分析种群的结构和动态（宋永昌，2001）。森林种群年龄结构的研究在森林生态学研究领域取得了许多成果，发现了许多规律，种群稳定的径级结构类似于稳定的年龄结构，天然异龄林分的典型直径分布是小径阶林木株数极多，频数随着直径的增大而下降，即株数按径级的分布呈倒 J 形（Meyer，1952）。倒 J 形表示典型异龄林，赋值为 1；单峰表示几乎为同龄林，赋值为 0；多峰表示不完整异龄林，赋值为 0.5。

（3）树种多样性

树种多样性用 Simpson 指数（λ）（Simpson，1949）来表达

$$\lambda = 1 - \sum_{i=1}^{s} (p_i)^2 \tag{5-12}$$

式中，s 树种数；p_i 为第 i 个树种株数占群落总株数的百分比；λ 的值为［0，1］，越大越好。

（4）森林密度

森林密度用林分拥挤度（K）（惠刚盈等，2016a）描述。林分拥挤度用来表达林木之间拥挤在一起的程度，用中上层的林木平均距离（L）与平均冠幅（CW）的比值表示

$$K = L / \mathrm{CW} \tag{5-13}$$

式（5-13）即为基于林木间距和冠幅的林分拥挤度综合变量。显然，当 $K>1$ 时表明林木之间有空隙，林冠没有完全覆盖林地，林木之间不拥挤；当 $K=1$ 时表明林木之间刚刚发生树冠接触；只有当 $K<1$ 时才表明林木之间发生拥挤，其拥挤程度取决于 K 值，K 越小越拥挤。

直观而言，人体无法穿越林间就意味着林木拥挤，其直观原因是树冠之间空隙较小。可见，林分拥挤度实质上反映了林分中林木在水平方向上树冠相互挤压的程度。冠幅和林木之间的距离与单位面积上的林木株数（N）有关，可见，林分拥挤度将林分密度影响最大的两个重要指标——林木个体大小（树冠）和林木间距有机结合，是对林分密度更为直观科学的表达，已成为新的表达林分拥挤程度的综合变量。

林木平均间距可通过式（5-14）得到

$$L = \sqrt{10\,000/N} \tag{5-14}$$

将式（5-14）代入式（5-13）得下式

$$K = \sqrt{10\,000/N} / \mathrm{CW} \tag{5-15}$$

综上，在林分立木株数和平均冠幅已知的情况下，林分拥挤度也可通过式（5-15）进行计算。

下面来分析 K 值的合理区间。假定林木大小相同（树冠为正圆）且方形配置，当林分平均冠幅等于林木平均间距时（图 5-10），虽然此时的林地覆盖（郁闭度 $P=0.785$）还没有达到最大，但各林木已经充分享用到共同自由生长时的最大空间，此时 $K=1.0$，林木下部枝条由于光线不足出现自然枯死，树冠上移变小，从而造成 K 值的波动。再当林分完全郁闭时（图 5-11），即 $P=1$，所对应的林分拥挤度值 $K=0.707$，此时林分中林木拥挤已

经达到极限位置，在树种和立地条件都相同的情况下，林分达到该极限状态的时间主要与林分密度有关，密度越大，到达该极限状态的时间越早；反之，时间越迟。但由于林木的生长是连续的，且需要经过一段时间的激烈竞争后林分才可能产生自然稀疏，因此，林木之间竞争进一步加剧，树冠在物理阻碍中挣扎生长，K 值略有减少，一旦林分自疏开始，林内出现自然死亡，林木间距变大，从而造成 K 值上升。可见，林分拥挤度能够恰当描述林分疏密的变化过程。

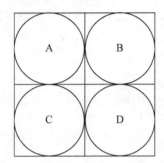

图 5-10　树冠刚开始接触时投影（$K=1$）

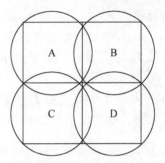

图 5-11　树冠完全重叠时投影（$K=0.707$）

因此，拥挤度 $K=1$ 可视为最理想林分环境条件下林木自由生长的林分密度，以 ±10% 的变幅构成允许变化区间，即林分拥挤度 K 值的范围 [0.9，1.1] 被视为林分合理拥挤的标准。$K=0.9$ 的直观解释是，如果林木冠幅为 2 m，密度适宜时的林木平均间距至少为 1.8 m。之所以将这个区间作为合理林分密度标准是基于以下分析：$K=0.9$（图 5-12）对应的林分郁闭度 $P \approx 0.86$；$K=1.1$（图 5-13）对应的林分郁闭度 $P \approx 0.71$，这与前面森林经营中人们对林分郁闭度的数字化概念相符。

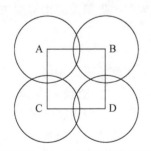

图 5-12　$K=0.9$ 时的树冠投影

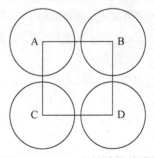

图 5-13　$K=1.1$ 时的树冠投影

因此，$K>1$，表明林木之间有空隙，林冠没有完全覆盖林地，林木之间不拥挤；$K=1$ 表明林木之间刚刚发生树冠接触；只有当 $K<1$ 时表明林木之间才发生拥挤，其程度取决于 K 值，K 越小越拥挤。林分拥挤度在 [0.9，1.1] 表示密度适中，赋值为 1；林分拥挤度在（0.7，0.9）为较密而在（1.1，1.3）为较稀，均赋值为 0.5；其他赋值为 0。

（5）森林长势

森林长势用林分疏密度表达（惠刚盈等，2016c）。林分疏密度是现实林分断面积与标

准林分断面积之比，鉴于"标准林分"在实际应用中的难度，所以本章用林分潜在疏密度替代传统意义上的林分密度，用下式来表示

$$B_0 = \bar{G}/G_{max} \tag{5-16}$$

式中，$\bar{G}$为林分断面积；G_{max}为林分的潜在最大断面积，这里将其定义为林分中80%较大个体的平均断面积与林分现有株数的积；林分潜在疏密度取值为［0，1］，愈大愈好。

（6）森林更新

森林更新采用《森林资源规划设计调查技术规程》（GB/T 26424—2010）来评价，即以苗高>50 cm的幼苗数量来衡量，若≥2500表示更新良好，赋值为1；<500表示更新不良，赋值为0；［500，2500）表示更新一般，赋值为0.5。

（7）林木健康

健康林木（没有病虫害且非断梢、弯曲、空心等）比例，≥90%，赋值1；处于70%~90%，赋值0.5；≤70%，赋值0。

5.2.1.3 林分状态综合评价

森林是一个复杂的生态系统，涉及方方面面的因素。所以对森林的评价通常采用多指标的综合评价方法，多指标综合评价的前提就是确定科学的评价指标体系。只有科学合理的评价指标体系，才有可能得出科学公正的综合评价结论（王宗军，1998）。

（1）评价原则

综合评价指标体系构造时必须注意全面性、科学性和可操作性原则。全面性即评价指标体系必须反映被评价问题的各个方面；科学性即整个综合评价指标体系从元素构成到结构，从每一个指标计算内容到计算方法都必须科学、合理、准确；可操作性即一个综合评价方案的真正价值只有在付诸现实才能够体现出来。这就要求指标体系中的每一个指标都必须是可操作的，必须能够及时收集到准确的数据，对于数据收集困难的指标应该是设法寻找替代指标、寻找统计估算的方法。

（2）评价方法

采用单位圆分析方法可以进行群落内在状态综合评价（惠刚盈等，2016c）。单位圆的绘制方法是：首先，画一个半径为1的圆（即单位圆）；其次，把顶点在圆心的周角（360°）等分成m个圆心角，即将此单位圆等分成m个扇形区，分别代表群落内部的m个状态指标，如森林空间结构（垂直结构、水平结构）、森林年龄结构、树种多样性、森林密度、森林长势、林木健康和森林更新等指标；再次，从圆心开始画各扇形区的角平分线并标明刻度（指标线）；最后，把现实林分的相应指标值用点标在角平分线上，并分别以各指标值作为圆弧半径计算各扇区的面积，所有指标的扇形面积之和就是对现实森林群落内部状态值的合理估计（图5-14）。显然，当所有群落内部状态指标的取值都为1时，各扇区组合就构成了完整的单位圆，其面积恒等于π，可视为最优群落内部状态的期望值。该期望值与群落内部状态指标有多少或指标是什么无关，这就是最优群落内部状态的π值法则（惠刚盈等，2016b）。所以，现实群落内部状态与最优群落内在状态值之比就是对现实群落内部状态好坏的相对测度，用公式表达为

$$\text{FIS}_i = \frac{\sum_{k=1}^{m} \dfrac{\pi R_k^2}{m}}{\pi R^2} = \frac{1}{m} \sum_{k=1}^{m} R_k^2 \tag{5-17}$$

式中，FIS_i 为现实群落内在状态值；m 为指标个数（$m \geqslant 1$）；R_k 为第 k 个指标值。

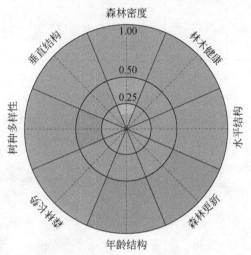

图 5-14 森林群落内部状态单位圆

FIS 值为 [0，1] 的数值，依据 FIS 值的大小可将现实林分分为 5 类：FIS>0.80，状态极佳；FIS 值为（0.60~0.80]，状态良好；FIS 值为（0.40~0.60]，状态一般；FIS 值为（0.20~0.40]，状态较差；FIS≤0.20，状态极差。

（3）评价示例

以秦岭中段火地塘林场华北落叶松人工林和秦岭西段小陇山林区天然锐齿槲栎阔叶混交林为例，采用基于单位圆的林分状态评价方法，对不同林分类型分析结果（表 5-4）表明：华北落叶松人工林为单层林，林分内林木呈轻微聚集分布，直径分布表现为单峰型，林内有 11 个树种，多样性中等，林分更新幼苗数量中等，更新一般且健康林木比例中等，经过长期的竞争和自疏，林木之间较为拥挤，但林分长势较好。天然锐齿槲栎阔叶混交林为复层林，林分内林木呈随机分布，直径分布符合典型异龄混交林倒 J 形分布特征，出现 33 个树种，多样性较高，更新幼苗幼树数量较多，且大多为健康林木，中上层林木之间较为拥挤，但整体上长势良好。

表 5-4　不同林分类型内部状态特征

林分类型	空间结构		年龄结构	林分组成	森林密度	森林长势	森林更新	林木健康
	垂直结构	水平结构	直径分布	树种多样性	拥挤度	疏密度	幼苗数量/株	健康林木比例/%
华北落叶松人工林	1/0	0.526/0.5	单峰/0	0.611	0.802/0.5	0.842	982/0.5	85.8/0.5

续表

林分类型	空间结构		年龄结构	林分组成	森林密度	森林长势	森林更新	林木健康
	垂直结构	水平结构	直径分布	树种多样性	拥挤度	疏密度	幼苗数量/株	健康林木比例/%
天然锐齿槲栎阔叶混交林	3/1	0.497/1	倒J形/1	0.889	0.663/0	0.814	8533/1	96.6/1

注："/"后数字为评价赋值。

综合分析结果（图5-15）表明，天然锐齿槲栎阔叶混交林林分内部状态优良，FIS高达0.807，而华北落叶松人工林较差，FIS仅为0.260，这与现地观测情况较为一致。

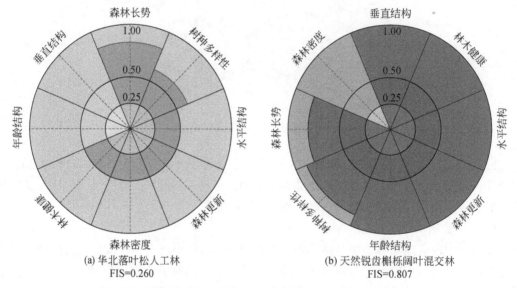

(a) 华北落叶松人工林
FIS=0.260

(b) 天然锐齿槲栎阔叶混交林
FIS=0.807

图5-15 华北落叶松人工林和天然锐齿槲栎阔叶混交林内部状态

5.2.2 单木水平上的合理性评价

5.2.2.1 单木大小

单木的高度（树高）、粗度（直径）和冠幅是最基本的反映林木大小的指标，肯定是越大越好。在数值标准化时可直接用林分中最大树高、最大直径以及最大冠幅作为比较基准，从而获得 [0, 1] 的数值。

5.2.2.2 健康状况

根据单木是否有病虫害或缺陷（断头、弯曲等）给予评价，可以将林木健康程度划分为健康、亚健康和不健康三等，赋以相应的值 1、0.5 和 0。

5.2.2.3 单木微环境

用单木在空间结构单元中所处的状况来描述，可直接采用基于相邻木关系的方法来分析，用角尺度、混交度、大小比数和密集度来量化。对一株单木而言，其角尺度和混交度的值是越大越好，其大小比数和密集度的值是越小越好。所以，对于大小比数和密集度的数值采用 1 减其值的方法实现数值正向化。

5.2.2.4 竞争状态

林木之间的竞争程度一般用竞争指数来表示。竞争指数是描述林木间竞争关系的一种数学表达式，反映林木所承受的竞争压力，取决于林木本身的状态（如胸径、树高和冠幅等）和林木所处的局部环境（邻近树木的状态）。虽然竞争指数在形式上是对树木间生存空间竞争关系的数学描述，但其实质则是反映树木生长对物理环境的需求与现实生境下树木对物理环境的占有量的矛盾。众所周知，林木的分布格局既是影响未来林木竞争的驱动因子，也是对前期竞争结果的体现，而不同树种具有不同的资源利用方式，因此同种或非同种林木相邻时竞争显然是不同的。然而，目前除了 SCI 竞争指数（Hui et al.，2018）外，绝大多数竞争指数都集中在林木间挤压和遮盖的分析上，忽略了竞争木分布和树种不同对竞争的影响，更谈不上竞争的结构效应。这里给出 SCI 竞争指数的推导过程。

在进行林木竞争分析时，若仅考虑上方的遮盖（如图 5-16 中树 a），则可通过空间结构参数大小比数（U_i）来表达。如果仅考虑林木挤压（如图 5-16 中树 b），则林木竞争可通过空间结构参数林木密集度 C_i 来表达。

图 5-16　生长空间的物理挤压和上方遮盖

显然，仅单方面考虑遮盖或挤压是不全面的，应同时考虑上方的遮盖和侧翼的挤压，则林木竞争（CI_i）可通过遮盖（U_i）和挤压（C_i）的算术均值［式（5-18）］或几何均值［式（5-19）］来表达

$$CI_i = (C_i + U_i)/2 \tag{5-18}$$

$$CI_i = \sqrt{C_i U_i} \tag{5-19}$$

然而，式（5-18）无法表达参照树（对象木）周围树木离参照树很远（树冠不接触）或树冠虽接触但都是小树的情况；而式（5-19）则能够表达这个情况。故式（5-19）是对均匀分布的纯林的遮盖和挤压的恰当表达。

下面进一步分析非均匀分布的混交林的竞争。非均匀分布混交林的结构特点是：树种不止一个且相邻木有可能没有均匀分布于参照树的四周。此时考虑挤压时，由于相邻木没有均匀分布于参照树的四周，从而对参照树的挤压程度有所减少，可见，此时若仅用林木密集度（C_i）来表达相邻木挤压是不合理的，需要修正密集度（C_i）。修正因子与角尺度有关，设为λ_{W_i}，故林木受到的挤压为$C_i\lambda_{W_i}$。考虑遮盖时，由于相邻木与参照树树种有可能不同，所以要顾及树种不同的影响，所以要修正大小比数（U_i）的影响，修正因子与混交度有关，设为λ_{M_i}，林木受到的遮盖为$U_i\lambda_{M_i}$。既考虑遮盖和挤压也要同时考虑格局和树种的影响时，参照式（5-19）的构建方法，则有

$$SCI = \sqrt{C_i\lambda_{W_i}U_i\lambda_{M_i}} \tag{5-20}$$

SCI 为构建的基于空间结构参数的林木竞争指数。该竞争指数的取值范围为 [0，1]，即林木所承受的最小竞争压力为 0，最大为 1。林木的竞争强度依次划分为极弱度 [0，0.2)、弱度 [0.2，0.4)、中度 [0.4，0.6)、强度 [0.6，0.8) 和极强度 [0.8，1]。

式（5-20）已明确表达了林木分布格局和树种对竞争的影响形式，下面来确定式（5-20）中的λ_{W_i}和λ_{M_i}，也就是竞争木分布及其树种不同对林木竞争的影响。

λ_{W_i}对竞争的影响是通过修正林木密集度的值来实现的，可以通过相邻木可能占据的方位数量来确定λ_{W_i}值的大小。据此有

$$\lambda_{W_i} = \begin{cases} 1, & \text{若}W_i=0 \\ 0.75, & \text{若}W_i=0.25 \\ 0.50, & \text{若}W_i=0.5 \\ 0.375, & \text{若}W_i=0.75 \\ 0.25, & \text{若}W_i=1 \end{cases}$$

λ_{M_i}的确定：由于空间竞争指数的取值范围为 [0，1]，即林木所承受的最小竞争压力为 0，最大为 1。0 表明林木之间互不干涉，保持自由生长，与是否混交无关，所以必须在存在竞争的前提下讨论树种混交的影响才有意义。所以，这里用极强度竞争范围 [0.8，1] 来确定λ_{M_i}。

对应极强度范围上限值 1 时的林木竞争状况只能是：相邻木均匀分布于参照树的周围（即$\lambda_{W_i=0}=1$）且均大于参照树（$U_i=1$）并与其树冠连接（$C_i=1$），将这些已知值代入式（5-20），有$\lambda_{M_i}=SCI_i^2=1$，由此得到，λ_{M_i}的最大值等于 1。而对应竞争极强度范围下限值 0.8 时上述各参数取值的组合形式只能是（1，1，0.75）或（1，0.75，1）或（0.75，1，1）其中之一，因为只有这样才能确保由式（5-20）计算出的结果处于极强度的范畴，从而有$\lambda_{M_i}=SCI_i^2/0.75=0.8^2/0.75\approx0.85$。由于不同树种具有不同的资源利用方式，因此同种或非同种林木相邻时，竞争压力不同，基于生态学种内竞争大于种间竞争的认识，可

知 $M_i = 0$ 时参照树的竞争压力远大于 $M_i = 1$ 的情况，所以有 $\lambda_{M_i=0} = 1$，$\lambda_{M_i=1} = 0.85$。用线型插值法可获得不同混交度所对应的 λ_{M_i}

$$\lambda_{M_i} = \begin{cases} 1, & 若 M_i = 0 \\ 0.97, & 若 M_i = 0.25 \\ 0.93, & 若 M_i = 0.5 \\ 0.89, & 若 M_i = 0.75 \\ 0.85, & 若 M_i = 1 \end{cases}$$

5.2.2.5 单木状态综合评价

对单木各项指标进行综合评价时同样可以采用单位圆方法，只是变量不同而已。对于同一变量，若有几个不同指标，则要把该变量所占扇形面积再按指标个数等分，然后再按照值的大小画图计算闭合图形面积（图 5-17）。

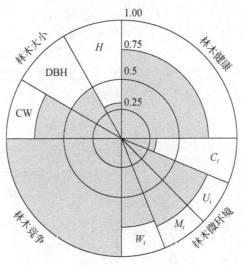

图 5-17 单木状态单位圆

5.3 森林经营迫切性

林分的经营迫切性反映了现实林分与健康林分状态的符合程度，利用经营迫切性评价确定森林经营方向，提出培育健康稳定森林的特征应该是异龄、混交、复层和优质，并从这些特征出发，充分考虑林分的结构特点和经营措施的可操作性，从林分空间特征和非空间特征两个方面来分析判定林分是否需要经营，为什么要经营，调整哪些不合理的林分指标能使林分向健康稳定的方向发展。

5.3.1 评价指标

林分经营迫切性指标的选择应当遵循以下原则：一是科学性原则，即经营迫切性评价指标应当客观、真实地反映森林的状态特征，并能体现出不同的林分类型或处于不同演替阶段的森林群落间的差别；二是具有可操作性，即经营迫切性评价指标内容应该简单明了，含义明确，易于量化，数据易于获取，指标值易于计算，便于操作，对于经营单位或有关评价部门易于测度和度量，简单实用。根据以上原则，以培育健康稳定、优质高效的森林为终极目标，其状态特征主要体现在其异龄性、混交性、复层性、优质性几个方面。异龄性考虑森林中林木个体的年龄结构；混交性主要考虑森林的树种组成和多样性；复层性指森林的垂直结构，包括其成层性及天然更新情况；优质性则体现森林整体的生产力和个体的健康状况，包括林木个体分布格局、健康状况、林分长势及目的树种的竞争、林分整体的拥挤程度及林木个体的密集程度等方面。图 5-18 给出了森林经营迫切性评价指标，从四个方面进行评价，共包括 11 个指标。在这里需要表明的是，在对人工林进行经营迫切性评价时，要充分考虑人工林的经营目标，也就是说，如果人工林是短周期工业用材，而不是异龄、复层、混交的健康稳定的森林生态系统时，该评价系统并不适用；而对于培育目标从用材林转变为健康稳定的森林生态系统的人工林完全可用该评价系统，在评价时可能大多数指标需要调整，这符合人工林的现状，因为人工林本身结构比较简单。

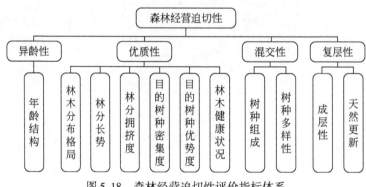

图 5-18　森林经营迫切性评价指标体系

5.3.2 评价标准

表 5-5 为林分经营迫切性评价森林空间结构和非空间结构指标取值标准。

表 5-5　经营迫切性指标评价标准

评价指标	直径分布	成层性	天然更新	林木分布格局	林分长势	目的树种（组）优势度	健康林木比例	树种组成	树种多样性	林木拥挤程度	目的树种密集度
取值标准	$q \in [1.2, 1.7]$	林层数 ≥ 2	更新等级 $\geq$ 中等	是否随机	>0.5	≥ 0.5	$\geq 90\%$	组成系数 ≥ 3 项	≥ 0.5	$[0.9, 1.1]$	≤ 0.5

注：q 为相邻径级株数之比，其计算公式见第 3 章式 (3-3)。

5.3.3　迫切性等级

表 5-6 为划分的经营迫切性等级（7 个）。

表 5-6　林分经营迫切性等级划分

迫切性等级	迫切性描述	迫切性指数值
0	评价指标均满足取值标准，为健康稳定的森林，不需要经营	0
1	评价指标大多数符合取值标准，只有 1 个因子需要调整，可以经营	0.1
2	有 2 个结构因子不符合取值标准，应该经营	0.2
3	有 3 个评价指标不符合取值标准，需要经营	0.3
4	有 4 个评价指标不符合取值标准，十分需要经营	0.4
5	有一半评价指标不符合取值标准，林分远离健康稳定的森林的特征，特别需要经营	0.5
6	林分绝大多数的评价指标都不符合取值标准，林分远离健康稳定森林的结构特征，必须经营	≥ 0.6

|第6章| 结构化森林经营策略

确定森林经营的目标和措施要因地制宜，合理的经营方案必然基于对森林所处地理位置及状况（如海拔、坡度、坡位和生态重要性）的全面分析。通常而言，对于非生态敏感区地势平缓的林地，人们可以期望未来在生物多样性保护、生物量固碳、大径级木材生产等方面具有积极的作用，因为所在的立地条件允许人们期望多样的森林价值。而对于生长在陡坡上的森林，由于立地质量不良，水土流失严重，土层较薄，加之森林经营和采伐收获不便，经营成本太高，林木的蓄积增长较慢，物种多样性低，其主要的经营目的并不是以积累蓄积和生物量为主。坡度较陡的林地多为生态脆弱地带（如陡坡、石质山坡或山脊等），而位于这一地段的森林具有较强的水土保持、水源涵养、防风固沙等生态功能。因此，必须从地理区域或景观层面对所在地的森林进行经营诊断和经营决策，甚至对具体林分经营迫切性进行评价并给出具体的经营处方，以便于生产应用，这是首要方面；另一方面，森林经营是百年大计，既是系统工程又是跨世纪规划。所以，经营单位要针对具体林分（基于林分状态）按优化经营模式开展系列经营活动。

6.1 经营类型

结构化森林经营根据森林所处的生态敏感程度（如立地条件、区位重要性等）对森林进行经营模式划分，以生态敏感程度确定经营类型。生态敏感性指生态系统对人类活动反应的敏感程度，用来反映产生生态失衡与生态环境问题的可能性大小。可以以此确定生态环境影响最敏感的地区和最具有保护价值的地区，为生态功能区划提供依据。敏感性一般分为5级：极敏感、高度敏感、中度敏感、轻度敏感、不敏感。

根据生态敏感程度，将森林的经营分为以下三大类。

（1）封山育林型

对于生态高度敏感地带，如江河水库等，尤其是坡度大于35°急险坡，林地不适合经营，以水土保持、水源涵养、保护自然植被为目的，进行全面封育。

（2）适度经营型

对于生态中等敏感地带，如城镇周围，尤其坡度大于等于26°而小于35°时，以自然恢复为主要经营目的，通过人工补植和封育相结合，提高林分郁闭度，维护林分的健康稳定，提高林分的多样性，可进行轻度经营。

（3）集约经营型

对于生态非敏感地带，如广大丘陵山地且非江河源头，尤其坡度在26°以下的森林可根据林分郁闭度采取相应的经营措施，以提高森林质量、充分发挥其生产功能为目标，进

80

行集约经营。

这样划分的目的是减少由于含糊的经营目的而造成对森林的破坏，降低对高度敏感区域森林的干扰，保护和提高森林的生态功能。而对于非生态敏感区，如较缓坡度（<26°）的林地，森林立地条件良好，林地生产力较高，可以通过集约的森林经营，期望得到更多的森林价值，加快森林的正向演替，使森林的结构趋于合理。由于过去人们对森林的干扰和利用程度严重，位于缓坡的森林质量分化较大，主要区别在于林分郁闭度的差异，干扰程度较小的森林依然具有稳定的森林结构，植被覆盖率较高，林分已达郁闭状态。而对于长期受干扰严重的缓坡地带森林，森林的基本结构已经破坏，植被组成中以灌木或小径级林木为主要组成部分，林分郁闭程度较低，甚至没有达到郁闭而存在大面积裸露的土壤。因此，对于非生态敏感区如缓坡林地的经营要以森林的郁闭度因子为依据采取合理的经营措施，调整森林结构。对于郁闭度低的森林要进行补植促进更新；对于郁闭度较高的森林进行结构优化，以促进正向演替，尽早形成高质量的森林。对于非生态敏感区如缓坡而言，根据森林的郁闭度因子特征，划分森林经营的模式以及制订相应的措施（图6-1）。

1）郁闭度 $P \geq 0.7$，林分植被生长良好，以培育健康稳定的高质量天然林为目的，针对主要建群树种或稀有树种调节其林木的空间生长优势度，增加林分的树种多样性，使林木在林地中分布更为合理。

2）郁闭度范围在 $0.3 \leq P < 0.7$ 时，受干扰严重，尚未达到郁闭，以主要珍贵阔叶树种的实生苗进行人工栽植，并且进行结构优化，使林分向着天然以及良好状态的方向正向演替。

3）郁闭度 $P < 0.3$ 时，林地土壤裸露严重，处于森林形成的初级阶段，通过人工全面造林的方式种植和建立混交林。

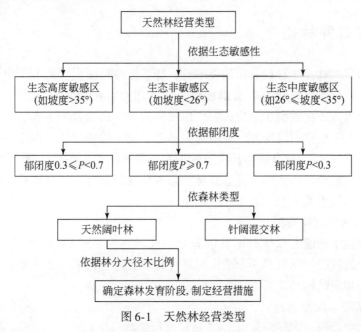

图 6-1　天然林经营类型

6.2 经营策略

针对非生态高度敏感区的植被而言的，依据森林类型特征可将森林划分为三大类（图6-2），即灌木林、人工乔林（包括由外来树种组成的人工纯林、由外来树种与乡土树种混交形成或仅由乡土树种组成的人工纯林、由乡土树种组成的人工混交林）和天然乔林［包括次生林（先锋树种次生林、顶极树种次生林）和原始林］。

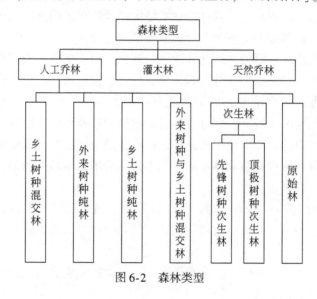

图 6-2　森林类型

6.2.1　灌木林乔林化

这里所指的灌木林是非自然分布的灌木林，特指在各种次生裸地上发生退化演替的森林群落，其乔木层遭到严重破坏，衰退成几乎无乔木存在的灌木林状态。由于受到持续的、强度极大的人为干扰或由于遭受火灾、风灾、雪灾、病虫鼠害等自然灾害的破坏，地带性植被群落或人工栽植而成的林分被破坏殆尽后形成的植被状态，由单一乔木树种组成且郁闭度小（小于0.3），林分内生长大量的灌木、草本和藤本植物，林分垂直层次简单，林相残破，迹地生境特征还依稀可见，森林状态多呈现灌木林、疏林或残次林。对于此类森林状态除特殊地段外通常采取人工恢复的途径。

（1）全面清理、更换树种

全面清理林地中的灌木和生长不良的非目的树种，对目的树种的幼树、幼苗进行保留，并根据适地适树的原则选择多个适生树种进行混交造林；采用的主要技术措施包括补植、重新造林和加强幼树幼苗抚育等。

（2）带状清理、割灌造林

在灌木林地中每隔一定的宽度（3～5 m）进行带状（8～10 m）割草除灌，割灌时保留天然阔叶幼树，穴状整地按一定的密度栽植乡土适生树种。此法最适合坡度较大，立地条件较好的灌木林地。

（3）封山育林、自然恢复

对于立地条件较差，坡度较陡，人为不合理的开发利用、过度放牧等人为活动频繁造成植被严重破坏、植被稀疏、地表裸露、水土流失严重、水源涵养功能减弱的林地，适宜采用封山育林、自然恢复的方法。

6.2.2 人工乔林近自然化

人工乔林是采用种植的方法和技术措施营造培育而成的森林。人工栽植的林分通常由单一树种组成，多为同龄林，林层结构简单，多为单层林，树种隔离程度小，多样性很低，林木点分布格局为均匀分布。按栽植的树种是否为乡土树种及其组成，可分三种林分状态：由外来树种组成的人工纯林状态、由外来树种与乡土树种形成的混交林状态或由乡土树种组成的人工纯林状态、由乡土树种组成的混交林状态等，针对不同状态人工林进行合乎自然的森林经营。

（1）伐大留小、更新树种

对外来树种纯林或外来树种与乡土树种混交的林分进行近自然化转变时，通过采伐外来树种大径木，保留小径木和乡土树种，削弱外来树种的优势并使其逐渐退出群落。同时，将人工林的分布格局由均匀分布向随机分布或轻微的团状分布调节；此外，还要引入其他乡土树种，增加林分的混交程度，并保证林分能够形成持续的天然更新能力，逐步诱导林分向异龄混交复层林发展。对此类人工林近自然化转变时，可以采用大强度抚育，但应保持在合理的密度范围之内（郁闭度不能低于0.6）。

（2）伐小留大、伐密留稀，多树种混交

对于以乡土树种为主的人工纯林进行近自然化转变时，要在充分考虑森林的演替规律的基础上，根据林分的立地条件及所处的气候区来确定林分树种的构成，采用"伐小留大、伐密留稀"的方法调整林分树种组成，即保留干形完满通直、生长健康、直径较大的林木，采伐生长差、不良干型的林木。在林冠、林隙中栽植其他适生的乡土树种，并促进林下更新，逐渐形成多树种混交的状态。

（3）采劣留优、优化结构，促进天然更新

对于火烧迹地或采伐迹地上以人为播种或栽植乡土树种为主形成的乡土树种混交人工林分进行近自然化转变时，经营方法采用"采劣留优、优化结构，促进天然更新"的经营方法，即伐除林分中生长缓慢、干型差、不健壮的林木和非目的树种，保留干型通直饱满、生长健康、生态价值和经济价值高的林木，选用天然更新和人工促进天然更新相结合的措施，诱导林分向能实现自我繁衍的健康稳定方向发展。

6.2.3 天然乔林结构优化

天然乔林状态主要是以天然乔木树种为主的森林。其林分特征与人工林显著不同，表现为树种组成以地带性乡土树种为主；林分成层型明显，通常具有 2 ~ 3 个垂直层次；林木水平分布通常为团状分布或随机分布；年龄结构通常为异龄；林分具有良好的天然更新能力，等等。天然乔林状态依据人为干扰程度可划分为天然次生林状态和原始林状态。

6.2.3.1 天然次生林

天然次生林是原始林受到干扰（轻度或重度）后自然恢复的林分，有较明显的原始林空间结构特征和树种组成。依据干扰强度和树种组成可将天然次生林分为以先锋树种为主的次生林和以顶极树种为主的次生林。先锋树种次生林为重度干扰的次生林，林分多为单层同龄林，有少量的顶极树种存在，林木以团状分布格局居多，树种多样性及隔离程度不是很高，林下更新一般。以顶极树种为主的天然次生林也叫原生性次生林，它是原始林受到轻度干扰后形成的天然林，属于原始林与次生林之间的过渡状态，树种组成以顶极树种为主，有少量先锋树种，多为复层异龄林，林木分布格局多为轻微团状分布或随机分布，树种多样性及隔离程度较高，有少量枯立（倒）木，林下更新良好。针对处于先锋树种次生林状态和原生性次生林状态的林分经营时，应注重改善森林的空间结构状态，以调节林分内顶极树种和主要伴生树种的中、大径木的空间结构为主，保持建群树种的生长优势并减少其竞争压力，促进林分健康生长。

（1）培植修复型

树种组成以先锋树种和伴生树种为主，偶见顶极树种，林分密度较低（郁闭度小于0.7），但仍保持有原始林生境特征的林分，必须通过人工种植的方法，见缝插针，栽植乡土树种，使补植林木的最近 4 株邻体随机分布（以使补植林木两面受光），改变现有林分的树种组成，诱导林分逐步形成以乡土树种为主、具有自我更新能力、多树种混交的异龄复层林，提升林分的整体功能。

（2）结构调整型

林分密度较大（郁闭度大于等于0.7），主要以乡土树种或地带性顶极树种组成为主的处于幼龄发育阶段（林木个体小，林分中几乎没有大径木）的次生林分，通过林分空间结构调整来达到密度调节和目的树种培育的目的。按照结构化森林经营的原则，保留干型饱满通直、生长健康的建群树种和主要伴生种的中大径木，伐除生长不良、没有培育前途的林木，围绕培育对象，优先采伐与培育对象同种的林木，优先采伐分布在培育对象一侧的林木，优先采伐影响培育对象生长的林木，优先采伐遮盖和挤压培育对象的林木。充分利用天然更新或人工促进天然更新的措施提高林分的更新能力，促进林分空间结构向健康稳定森林结构逼近。

（3）采伐利用型

林分密度较大（郁闭度大于等于0.7），树种组成以地带性顶极树种为主（原生性次生林状态），林分更新较好，林内有较多成熟林木个体。这类林分由于原始林受轻度的外界干扰或次生林得到了长时间较好的恢复后形成，森林生态系统具有一定的自我恢复能力，当外界干扰一旦消失，就会恢复到健康稳定的状态，因此，对于此类林分主要以低强度目标直径单株利用为主，要及时采伐利用部分群团状分布的成熟林木个体和对顶极树种构成竞争的主要伴生树种的大径木，但决不允许在树高1倍范围内同时采伐两个及以上虽达到目标直径的林木，择伐强度要控制在林分蓄积的15%以内。

6.2.3.2 原始林

原始林是在不同的原生裸地上长期受当地气候条件的作用，逐渐演替而形成的最适合当地环境的森林生态系统。处于原始林状态的林分几乎没有受到人为干扰，树种组成以稳定的地带性顶极树种和主要伴生树种为主，偶见先锋树种，郁闭度在0.7以上，林分为复层异龄林结构，顶极树种居于上层，林木点格局为随机分布，树种多样性及隔离程度较高，林内有大量的枯立（倒）木，林下更新良好。我国原始林已很少，多位于人迹罕至、交通不便的偏远地区。因此，针对我国的具体情况，将处于原始林状态的林分，需尽可能地保护，除进行必要的科学研究外，原始林区内实施严格的封育，不应有人为干扰活动。

6.3 经营模式

我国北方地区森林类型主要分为针叶林、针阔混交林和落叶阔叶林三大类，其中，针叶林主要由云（冷）杉、落叶松、红松、油松和华山松等树种组成；针阔混交林主要由上述针叶林树种与栎类、杨、桦、水曲柳、胡桃楸等阔叶树种混交；落叶阔叶林主要组成树种有栎、桦、椴、椴、杨等种类。以现有林内胸径达到26 cm的林木比例，确定北方地区主要天然林类型的经营模式。

6.3.1 天然针叶林经营模式

天然针叶林，树种隔离程度较低，弱度混交；主要树种的大小分化差异明显，种群分布格局为随机分布；林下更新状况不良，枯枝落叶很厚，林分密度大，拥挤程度较高。根据针叶树种和林木径级大小的不同，分为两大类3种经营模式（图6-3）。

6.3.1.1 林分中小树（DBH<26 cm）比例超过70%时

首先进行小树拥挤度调整，可进行2次小强度（间距增10%~15%，对应株数强度17%~24%）干涉，间隔期20~25年。在经历了第2次抚育间伐后，在已形成的林隙中清除地被物，5年后可连续3年进行每年2次的更新抚育。10~15年后进行一次更新幼树开敞度调整和地力维护（适当割灌、松土、清理地被物等）；20~25年后进入单株树经营阶段，即利用结构化森林经营技术，同时进行目的树种林木分布格局、优势度、密集度以及混交度调节。再经历20~25年后进行第2次单木经营；20年后有望进入目标直径单株利用的复层异龄阶段。

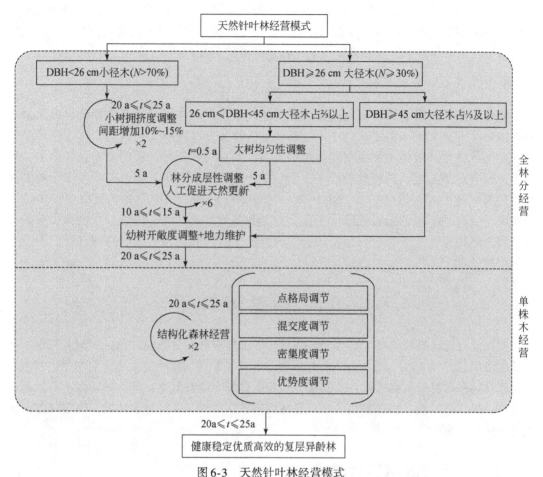

图 6-3　天然针叶林经营模式

注：DBH 为林木胸径；*N* 为株数比例；*t* 为间隔期；a 为年。图 6-4 和图 6-5 同

6.3.1.2　林分中大树（DBH≥26 cm）比例大于等于 30％ 时

（1）其中胸径为 26～45 cm 的林木占 2/3 以上时

首先针对林分中的大树（DBH≥26 cm）进行均匀性调节，伐除聚集在一起的大树，人工制造林窗，促进形成更新的光照条件，同时在已形成的林隙中清除地被物，以激活土壤中的种子库。5 年后开始进行林分成层性调节，人工促进天然更新，增加林分的成层性，每年进行 2 次，连续实施 3 年；间隔 10～15 年后，开展幼树开敞度调节，并进行地力维护；再经历 20～25 年的生长，进入单株经营阶段，运用结构化森林经营技术调节单木微环境，主要进行点格局调整、混交度调整、密集度调节和培育树种优势度调节；再经历 20～25 年后进行第 2 次单木经营；20 年后有望达到健康稳定、优质高效的复层异龄林。

（2）其中胸径≥45 cm 的林木占 1/3 及以上时

直接进行幼树开敞度调整和地力维护，然后经历 20～25 年的生长进入单株经营阶段，运用结构化森林经营技术调节单木微环境，主要进行点格局调整、混交度调整、密集度调节和培育树种优势度调节;再经历 20~25 年后进行第 2 次单木经营;20 年后有望达到健康稳定、优质高效的复层异龄林。

6.3.2 天然阔叶林经营模式

天然阔叶林多为大强度采伐破坏后自然恢复的林分,群落树种组成丰富,树种多样性和隔离程度高,多为强度混交;林分密度大,林木拥挤,林内卫生条件差,萌生株多,林木大小分化明显,分布格局多为团状分布;林层结构复杂;林下腐殖质层较厚,幼苗更新中等,不健康林木比例相对较高。根据林木胸径大小和天然更新状况的不同,分为两大类3 种经营模式(图 6-4)。

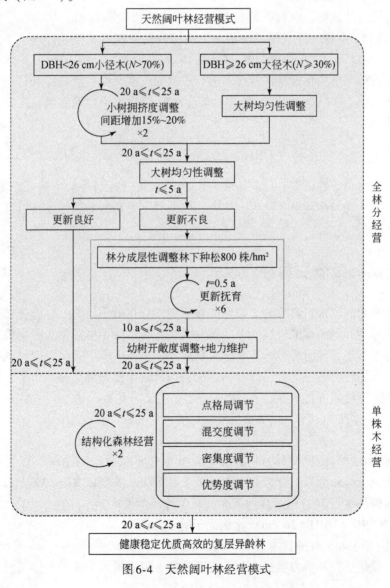

图 6-4 天然阔叶林经营模式

6.3.2.1 林分中小树（DBH<26 cm）比例超过70%时

首先进行拥挤度调整，小强度2次下层抚育间伐，使林木间距增10%～15%（相当于株数间伐强度的17%～24%），间隔期20～25年；然后进行大树均匀性调整；随后5年内，根据林下更新是否良好的不同状态制订经营措施。

（1）对于更新良好的林分

经历20～25年后，直接进入单株经营阶段，运用结构化森林经营技术进行点格局、混交度、密集度和目的树种优势度调节；再经历20～25年后进行第2次单木经营；20年后有望达到健康稳定、优质高效的复层异龄林状态。

（2）对于更新不良的林分

首先进行成层性调整，在林下栽植当地耐阴针叶树（如红松、华山松、云杉、冷杉等），栽植密度为800株/hm²；然后对于人工栽植的松树连续3年进行每年2次的幼林抚育；间隔10～15年后，进行栽植幼树开敞度调节和地力维护；再经历20～25年后，进入单株经营阶段，运用结构化森林经营技术进行点格局、混交度、密集度和目的树种优势度调节；再经历20～25年后进行第2次单木经营；20年后有望达到健康稳定、优质高效的复层异龄林状态。

6.3.2.2 林分中大树（DBH≥26 cm）比例大于等于30%时

首先进行大树均匀性调整，伐除聚集在一起的大树，特别是萌生株；经历20～25年后再进行1次大树均匀性调整；随后5年内，根据林下更新情况制订经营措施（具体参见6.3.2.1部分）。

6.3.3 天然针阔混交林经营模式

针阔混交林为北方地区典型的地带性植被类型，分布范围较广，经营基础好。林分密度大，树种多样性和隔离程度较高，多为强度混交；林木分布格局多为随机分布或轻微的团状分布，林木大小分化明显，林下腐殖质层较厚，更新中等。针阔混交林依据优势树种所占的比例可分为针叶树占优势、阔叶树占优势和针阔均衡型混交林3大类，根据林木大小可分为7种经营模式（图6-5）。

6.3.3.1 以针叶树为主的针阔混交林

以针叶树为主的针阔混交林是指林分中针叶类林木株数比例占60%以上的针阔混交林。以林木胸径26 cm为界，分为林木胸径大于等于26 cm的林木占30%及以上和林木胸径小于26 cm的林木占70%以上两种情况，有3种经营模式。

1. 林分中大树（DBH≥26 cm）比例大于等于30%时

（1）其中胸径≥45cm的林木占1/3及以上时

首先进行促进更新和地力维护，人工制造林窗，促进形成更新的光照条件，同时激活

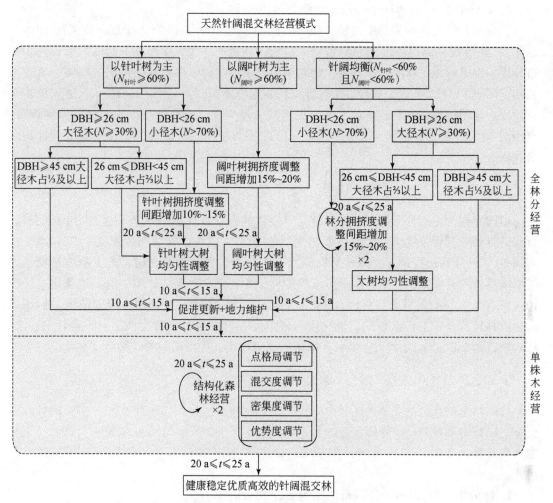

图 6-5 针阔混交林经营模式

土壤中的种子库,在已形成的林隙中清除地被物;再经历 10 ~ 15 年后,进入单木经营阶段,即运用结构化森林经营技术进行点格局、混交度、密集度和目的树种优势度调节;再经历 20 ~ 25 年后进行第 2 次单木经营;20 年后有望达到健康稳定、优质高效的针阔混交林状态。

(2)其中胸径为 26 ~ 45 cm 的林木占 2/3 以上时

首先对林分中的针叶树大树进行均匀性调整,伐除聚集在一起的大树,人工制造林窗,促进形成更新的光照条件,同时激活土壤中的种子库,在已形成的林隙中清除地被物;间隔 10 ~ 15 年后,进行一次促进更新和地力维护;再经历 10 ~ 15 年,进入单木经营阶段,运用结构化森林经营技术进行点格局、混交度、密集度和目的树种优势度调节;再经历 20 ~ 25 年后进行第 2 次单木经营;20 年后有望达到健康稳定、优质高效的针阔混交林状态。

2. 林分中小树（DBH<26 cm）比例超过70％时

首先进行针叶树的拥挤度调整，使林木间距增加10％~15％（株数间伐强度17％~24％）；经历20~25年后，进行针叶树大树均匀性调整，伐除聚集在一起的大树，人工制造林窗，促进形成更新的光照条件，同时激活土壤中的种子库，在已形成的林隙中清除地被物；间隔10~15年后，进行一次促进更新和地力维护；再经历10~15年，进入单木经营阶段，运用结构化森林经营技术进行点格局、混交度、密集度和目的树种优势度调节；再经历20~25年后进行第2次单木经营；20年后有望达到健康稳定、优质高效的针阔混交林状态。

6.3.3.2　以阔叶树为主的针阔混交林

以阔叶树为主的针阔混交林是指林分中阔叶林木株数比例占60％以上的针阔混交林。首先进行阔叶树拥挤度调整，使林木间距增加10％~15％（株数间伐强度17％~24％）；间隔20~25年后进行阔叶大树均匀性调整，伐除聚集在一起的大树，人工制造林窗，促进形成更新的光照条件，同时激活土壤中的种子库，在已形成的林隙中清除地被物；经历10~15年后，进行促进更新和地力维护；再经过20~25年，进入单木经营阶段，运用结构化森林经营技术进行点格局、混交度、密集度和目的树种优势度调节；再经历20~25年后进行第2次单木经营；20年后有望达到健康稳定、优质高效的针阔混交林状态。

6.3.3.3　针阔均衡的针阔混交林

针阔均衡的针阔混交林是指林分中针叶、阔叶树林木株数比例都不大于60％的针阔混交林。以林木胸径26 cm为界，分为林木胸径大于等于26 cm的林木占30％及以上（视林木大小又分为2类）和林木胸径小于26 cm的林木占70％以上两种情况，共3种经营模式。

1. 林分中小树（DBH<26 cm）比例超过70％时

首先进行林分的拥挤度调整，间隔20~25年后进行第2次林分拥挤度调节，使林木间距增加10％~15％（株数间伐强度17％~24％）；经历10~15年后，进行一次促进更新和地力维护，人工制造林窗，促进形成更新的光照条件，同时激活土壤中的种子库，在已形成的林隙中清除地被物；再经历10~15年后，进入单木经营阶段，运用结构化森林经营技术进行点格局、混交度、密集度和目的树种优势度调节；再经历20~25年后进行第2次单木经营；20年后有望达到健康稳定、优质高效的针阔混交林状态。

2. 林分中大树（DBH≥26 cm）比例大于等于30％时

（1）其中胸径为26~45 cm的林木占2/3以上时

首先对林分中的大树均匀性进行调整，伐除聚集在一起的大树，人工制造林窗，促进形成更新的光照条件，同时激活土壤中的种子库，在已形成的林隙中清除地被物；间隔10~15年后，进行一次促进更新和地力维护；再经历10~15年，进入单木经营阶段，运用结构化森林经营技术进行点格局、混交度、密集度和目的树种优势度调节；再经历20~25年后进行第2次单木经营；20年后有望达到健康稳定、优质高效的针阔混交林状态。

（2）其中胸径≥45 cm 的林木占 1/3 及以上时

首先进行促进更新和地力维护，人工制造林窗，促进形成更新的光照条件，同时激活
壤中的种子库，在已形成的林隙中清除地被物；再经历 10～15 年后，进行单木经营阶
运用结构化森林经营技术进行点格局、混交度、密集度和目的树种优势度调节；再
～25 年后进行第 2 次单木经营；20 年后有望达到健康稳定、优质高效的针阔混交

6.4　经营处方

多样，在实践中经常会遇到措施选择问题，例如，针对单一不合理的林
选择最有效的经营措施；而针对两个及以上不合理的林分状态经营问
分状态问题的措施选择问题，更存在许多经营措施优先执行顺序的
营策略是优先选用既能有针对性地解决单一经营问题，又能同时
施。虽说解决单一经营问题的途径选择是进行经营措施优先性
以上不合理的林分状态经营问题而选择的经营措施绝不是解
经营措施的简单叠加。

营问题，国内外已进行了大量的长期经营对比试验研
技术。例如，改善林分成层性或年龄结构最有效的手
结构化森林经营中针对幼树微环境调节技术；调节
竞争问题，优先选择结构化森林经营中针对目的树
分更新问题，需要在制造林窗的同时，促进天
或人工播种、种植目的树种，必要时可采取
展更新抚育；解决树种组成问题，需要采
或更换树种；对于林分密度问题，需要
需要进行目标树培育或结构化森林经
（如割灌、松土、施肥、灌溉、栽
要时进行有害生物防治。

所考察的全部 8 个林分状态因
的树种竞争、更新和林木健
不存在不合理因子的组合
8 个因子中有 2 个及以
地才有必要进行经营措
高效的森林，因此必须
8 个林分状态因子中有
人工重建。基于此，仅

有 21 种可能的林分状态组
状态组合。研究对所有可能的
状态组合，分析其经营措施优
的 2 例，分析其经营措施优
所考察的全部林分状态因子中有
采取针对林分群体的解决密度问
合的经营措施优先性

表6-1 2~5个因子不合理时的林分状态组合

林分状态	组合数	雷达图
2个林分状态指标不合理	$C_7^2 = \dfrac{7!}{2! \cdot (7-2)!} = \dfrac{7 \cdot 6 \cdot 5 \cdot 4 \cdot 3 \cdot 2 \cdot 1}{(2 \cdot 1) \cdot (5 \cdot 4 \cdot 3 \cdot 2 \cdot 1)} = 21$	
3个林分状态指标不合理	$C_7^3 = \dfrac{7!}{3! \cdot (7-3)!} = \dfrac{7 \cdot 6 \cdot 5 \cdot 4 \cdot 3 \cdot 2 \cdot 1}{(3 \cdot 2 \cdot 1) \cdot (4 \cdot 3 \cdot 2 \cdot 1)} = 35$	
4个林分状态指标不合理	$C_7^4 = \dfrac{7!}{4! \cdot (7-4)!} = \dfrac{7 \cdot 6 \cdot 5 \cdot 4 \cdot 3 \cdot 2 \cdot 1}{(4 \cdot 3 \cdot 2 \cdot 1) \cdot (3 \cdot 2 \cdot 1)} = 35$	
5个林分状态指标不合理	$C_7^5 = \dfrac{7!}{5! \cdot (7-5)!} = \dfrac{7 \cdot 6 \cdot 5 \cdot 4 \cdot 3 \cdot 2 \cdot 1}{(5 \cdot 4 \cdot 3 \cdot 2 \cdot 1) \cdot (2 \cdot 1)} = 21$	

由表6-1可以看出，2个或5个林分状态因子不合理时各有35种可能的林分状态组合；3个或4个林分状态因子不合理时各有35种可能的林分状态组合逐一进行了分析，但限于篇幅，下面仅列举每种组合先性。

1）林分空间结构与密度2个指标仅仅需要比较，是优先绝大部分是合理的，在这个前提下仅仅需要比较，是优先题的方法，还是针对林分空间结构优化的林分结构调节方法。如果优先采取调整密度的抚育方法，虽然能解决密度问题但实现不了结构优化。可见，解决林分空间结构与林分密度指标同时不合理时的优先经营措施是，采用针对目标树进行微环境调节的结构化森林经营技术。

2）林分空间结构与更新 2 个因子不合理。造成林分更新不良可能的两个主要原因：一个是林内光照不足；另一个是土壤种子库问题。由于林分密度等其他指标合理，意味着更新问题并非密度所致。林分空间结构不合理，表明成层性或水平结构出了问题。更新不良直接导致空间结构中的垂直结构（林层数）不合理。而在林分密度、组成和年龄结构等指标合理时，解决林层问题最有效的途径莫过于促成更新层的形成。而林分水平结构问题只有通过结构化森林经营得到解决。所以解决林分空间结构与林分更新指标同时不合理时的优先经营措施是采用结构化森林经营中针对林木分布格局的调节技术，并进行促进天然更新的措施如适当割灌、松土、地被物清除等。

3）林分空间结构、年龄结构和更新 3 个因子不合理。林分长势、密度和组成等指标合理，表明林分为多树种混交林，具有直径分布单峰、林层单一的"双单结构"或格局非随机的单峰直径分布问题。密度适中而更新不良，明示了土壤种子库存在问题，原因很可能是由于草灌引起的。更新问题的解决是解决林龄和成层性问题的关键。可见，解决"双单结构"需要考虑更新促进或幼树开敞度调节。而如果是分布格局问题就需要采用结构化森林经营。所以优先采用结构化森林经营中针对林木分布格局的调节技术，并进行促进天然更新的措施如适当割灌、松土、清除地被物等。

4）林分长势、顶极种竞争和林分密度 3 个因子不合理。这种境况可分为林分密度太小和林分密度太大两种。对于密度太小的情形，通过栽植目的树种即可。这里仅对密度太大的林分进行分析。林分组成和空间结构等指标合理，表明林分为多树种密集生长的混交异龄林。林分长势和顶极种竞争同时有问题，表明立地条件差、大径木少而小径木多。所以需要进行目标树培育并进行地力维护如割灌、松土、施肥、栽植豆科植物等，必要时栽植目的树种。

5）林分空间结构、年龄结构、长势和顶极种竞争 4 个因子不合理。林分密度和组成没有问题，意味着林分为多树种密度适中的混交林。空间结构和林龄结构不合理，表明林分具有直径分布单峰、林层单一的"双单结构"或分布格局非随机的单峰直径分布问题。生长不良，表明立地条件差、大径木少而小径木多。更新良好而空间结构有问题，说明更新幼树在进入林冠层时受到阻碍，需要进行幼树开敞度调节，而解决分布格局非随机性需要结构化森林经营。开敞度调节虽能解决幼树生长问题但解决不了分布格局问题，而针对幼树促进的结构化森林经营既可以解决结构问题又可以解决幼树开敞度问题。所以要优先采用结构化森林经营技术中针对顶极种和幼树竞争微环境及林木分布格局的调节技术，同时维护地力如割灌、松土、施肥、栽植豆科植物等。

6）林分空间结构、年龄结构、长势和更新 4 个因子不合理。林分密度和组成合理，表明林分为多树种混交林。空间结构和林龄结构不合理，表明林分具有直径分布单峰、林层单一的"双单结构"或分布格局非随机的单峰直径分布问题。顶极种竞争合理而生长不良，表明林内大径级林木比例少而小径木多。造成"双单结构"的主要原因是更新不良，而更新不良的原因在土壤种子库。解决非随机的单峰直径分布林分的问题需要采用结构化森林经营。所以要优先采用结构化森林经营中针对中、大径木分布格局的调节技术，同时进行适当割灌、松土、清除地被物的促进天然更新措施。

7）林分空间结构、年龄结构、长势、顶极种竞争和林分更新5个因子不合理。林分密度和组成等指标合理，表明这是一个顶极种不占优势的多树种混交林。造成更新不良的主要原因是土壤种子库出了问题，而更新不良造成了林分年龄结构指标不合理。林分空间结构不合理，表明成层性或水平结构出了问题，成层性问题可以通过促进更新而得到恢复，而水平结构只有通过结构化森林经营得到解决。林分长势和顶极种竞争指标都不合理，一方面反映立地条件差，另一方面说明林内大径木少、小径木多。所以需要优先采用结构化森林经营中针对顶极种竞争微环境及林木分布格局的调节技术，并进行促进天然更新和维护地力的措施如割灌、松土、施肥、清除地被物、栽植豆科植物等。

8）林分空间结构、年龄结构、长势、顶极种竞争和林分组成5个因子不合理。这是一个顶极种不占优势的单优树种天然混交林。更新良好而林分年龄结构出了问题，表明直径分布单峰右偏，进界株数少，部分更新幼树在进入林冠层时受到阻碍。林分空间结构不合理，表明成层性或水平结构出了问题，成层性问题可以通过促进更新而得到恢复，而水平结构只有通过结构化森林经营得到解决。林分长势和顶极种竞争指标都不合理，一方面反映立地条件差，另一方面说明林内大径木少、小径木多。所以需要优先采用结构化森林经营中针对稀少种、幼树和顶极种微环境及林木分布格局的调节技术，并进行地力维护如割灌、松土、施肥、栽植豆科植物等。

|第 7 章|　结构化森林经营技术

结构化森林经营是基于最近 4 株相邻木空间关系的优化森林结构的理论与方法，在世界森林经营陷入迷茫之际，独树一帜，为实现培育健康稳定森林的现代森林经营目标提供了具体理论和方法。它涉及内容非常广泛，既包括经营理念、目标原则和经营理论（结构的重要性和可解析性以及健康稳定森林结构的已知性），也包含森林经营的战略战术以及经营实践等。本章着重介绍结构化森林经营面向问题的专项具体经营措施，包括垂直断层修复、密度格局调节和水平结构重建以及系统结构优化。

7.1　垂直断层修复

健康稳定天然林的成层性非常明显，除了可分为乔木层、灌木层和草本层外，仅乔木层最少也有中上层和中下层之分；而受干扰严重（退化或大面积干扰）、经历多次过度采伐利用后所形成的次生林，植被覆盖度低，林层和树种单一，通常缺乏中下层，从而造成林分垂直结构断层。这就亟须进行垂直断层生态修复，要聚焦促进更新和进界木的复壮培优；也可通过冠下造林和更新复壮修复断层，增加森林的垂直成层性和树种的多样性，优化退化次生林的结构状态。

7.1.1　人工促进更新

面对林下更新困难的问题，需要伐除林分中生长缓慢，干型、材质差，病腐的林木和非目的树种，制造林窗，实行促进天然更新的措施，包括在林窗处进行割灌除草，松动地表，甚至补植目的树种等。当然，面对这个问题，必要的时候要结合生态系统综合管理，通过林区狩猎来控制野猪数量密度，以减少野猪对实生更新幼树的危害。

7.1.2　幼树开敞度调节

如果林下有一定更新幼树，但林分中又缺乏进界木，这时就需要进行幼树开敞度调节。

幼树开敞度是描述幼树光环境的指标，反映上方或周围的相邻木对更新起来的幼树或小树的影响程度，用公式表示为

$$O_i = \frac{1}{4}\sum_{i=1}^{n} t_{ij} \tag{7-1}$$

式中，t_{ij} 为一个离散性的变量，当 $l_{ij}>h_j-h_i$ 时，$t_{ij}=1$；反之，$t_{ij}=0$。h_i 为幼树 i 的树高；h_j 为相邻木 j 的树高；l_{ij} 为幼树 i 与相邻木 j 的水平距离。

由开敞度 O_i 的定义可知，当幼树与相邻木的水平距离大于两者的高差时，即便相邻木的高度比幼树高，相邻木难以遮盖幼树，视为开敞，反之视为遮挡。该参数的取值有 5 个：0、0.25、0.5、0.75 和 1，对应的含义分别为幼树所处的光环境为完全遮挡、遮挡、一般开敞、开敞和非常开敞。

图 7-1 中幼树 i 的最近 4 株相邻木中只有第 2 株低于该幼树，其他 3 株都高于该幼树，通过比较水平距离和高差的关系可知，第 2、3、4 株最近相邻木与该幼树的水平距离大于彼此的高差，因此，该株幼树的 O_i 为 0.75，其所处的光环境比较开敞。具体的计算过程见表 7-1。

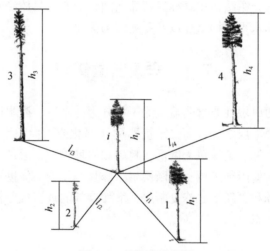

图 7-1　开敞度示意图

表 7-1　开敞度的计算

幼树树高 h_i	相邻木编号	相邻木树高 h_j	h_j-h_i	水平距离 l_{ij}	t_{ij}
3.65	1	5.63	1.98	1.82	0
	2	2.65	−1	2.7	1
	3	5.3	1.65	4.62	1
	4	7.29	3.64	5	1
开敞度 O_i	0.75				

O_i 取值处于 0~1，取值越大，幼树所处光环境越好，生存压力越小。当 O_i 的值小于 0.5 时，为促进林中幼树或小树的生长，必须伐除对其产生不利影响的 1 株最近相邻木。

7.2　密度格局调节

无论是天然次生林的密林，还是人工密植的中幼人工林，传统的经营措施都是林分密度调节，如经典的机械抚育、下层抚育、上层抚育以及综合抚育。以往研究尤其注重人工林的合理密度研究，在规则造林的前提下，得出的普遍结论是：在一定的密度范围内，中幼林阶段，林分密度与林分生产力成正相关关系，即密度越大，林分生产力越高；近成熟林阶段，无论密度高低，林分总产量几乎恒定，但林分中中大径木的比例不同，且低密度能生产出更多的大径材。那么相同密度下，能否进一步提高人工林的生产力，并获得更多的大径材呢？对这个问题研究甚少。

7.2.1　调节原理

对天然林和人工林的结构进行大量研究后发现，无论天然林整体是何种分布，其中处于随机分布微环境的林木数量最多。由于规则栽植的缘故，人工林几乎所有单株林木都处于均匀分布的环境之中。如此看来，人工林不稳定的根源在于栽植的"人为均匀性"，这与稳定天然林的随机性形成了鲜明的对照。

众所周知，随机是一种自然现象，指林木个体的分布相互间没有联系，每个个体的出现都有同等的机会，与其他个体是否存在无关，林木之间既不相互吸引也不相互排斥。与完全均衡资源分配的均匀分布相比，随机分布能使林木获得不完全非均衡的资源分配，可以最大限度地实现格局多样性，而多样性是稳定性和生产力形成的重要基础。

基于以上分析，这里假设：①如果给予原本优势的林木以更加优越的微环境，那么其优势将会得到显著放大；②如果仿照天然林的随机结构，在现有人工林中构造随机体就可获得比传统经营方式更大的生产力和稳定性。

7.2.2　随机化经营

为验证上述假设，这里给出了密度格局调整方法，即随机化经营（图7-2），具体方法是：沿等高线方向每 5～8 m 划成一个带，在该带中选出 10% 株数的中大径木，在每株中大径木的 8 株最近邻体中，留选 4 株能构成随机体的、相对较大且健康的邻体，伐除不健康邻体和影响随机结构体的其他邻体，确保调整后该大径木为随机体。

密度格局调节原则如下。

（1）中大径木选择原则

沿等高线方向每行或每 5～8 m 带选出 10% 株数或 15% 株数的中大径木，在每株中大径木的 8 株最近邻体中，留选 4 株能构成随机体的、相对较大且健康的邻体，伐除不健康邻体和影响随机结构体的其他邻体，确保调整后该大径木的角尺度取值为 0.5。

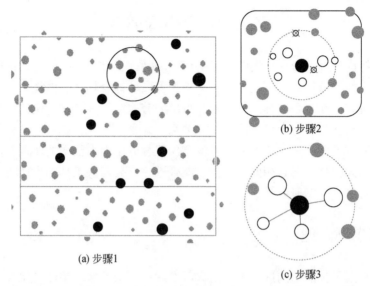

(a) 步骤1

(b) 步骤2

(c) 步骤3

图 7-2　中大径木邻体随机化经营方法示意图

注：(a) 经营林分内所选择出的若干株中大径木，用黑色圆表示；(b) 展示了其中一株中大径木的 8 株最近邻体，
两株林木由于不健康需要伐除，用"×"号表示，白色圆表示可能作为邻体而暂时保留的林木；(c) 伐除
不健康林木后，选取了较大且能组成随机邻体的 4 株林木，用白色圆表示，其余灰色林木不做处理

（2）中大径木均匀分布原则

选择的中大径木要均匀分布于林地内，如果 2 个中大径木相邻，仅选择其中之一作为
经营对象。

（3）邻体随机分布优先原则

如果所选中大径木的最近 4 株较大邻体已随机分布于该中大径木周围，则不需要再构
造新的随机体；如果所选中大径木的 8 株邻体中无法选出 4 株构成随机体，需替换该中大
径木。

（4）最小干扰原则

多选择大邻体构成随机体，伐除小邻体；或选择公用邻体，避免多伐树。

（5）树种多样性原则

如果邻体中偶有其他树种邻体，则优先将其作为保留邻体。

7.3　水平结构重建

对于残次林要采用人工种植目的树种的手段，人工重建森林。重建森林相对比较复
杂：第一，涉及树种选择，在此，适地适树的原则非常重要；第二，涉及混交，采用近自
然的方式营造混交林，然而人为种植不同树种的混交林实属不易；第三，更为重要的是栽
多少如何栽。

7.3.1　合理的造林密度

本着既有利于林木个体生长发育，又不造成不必要的空间浪费的原则，从营养空间利用角度，我们提出林分最优空间利用时的造林密度。

树冠是树木进行光合、呼吸等生理作用的重要部位，其大小和形状直接影响树木的生长活力（Maguire and Hann，1990；Weiskittel and Maguire，2006；Russell et al.，2014；Sharma et al.，2016）、竞争效果（唐守正和杜纪山，1999）、木材材质（Fahey et al.，1991；Kuprevicius et al.，2013），其垂直投影在很大程度上不仅可以反映林木营养面积的大小，也可以反映树冠重叠程度和潜在生长空间大小。多数情况下，自由生长的林木树冠投影为圆形（图7-3），林木个体不受周围最近相邻木的影响，其占有的营养面积为正圆形面积，随着林木的不断生长，林冠之间会发生接触、重叠，林木发生自然整枝现象，继续生长林分则会发生自疏。

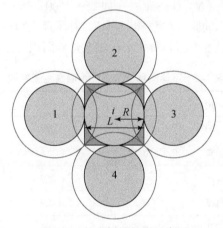

图 7-3　林木树冠投影示意图

对于图 7-3 中冠径为 R 的立木 i 而言，当其与周围林木树冠发生充分重叠后，其所占有的实际有效面积就由正圆形转变为正方形（郑勇平等，1991），主要是由于林冠充分重叠和完全郁闭后，林冠重叠最深部分通常受上部枝条和周围林木树冠的遮挡，不能直接照射阳光，仅能靠微弱的散射或透射光维持生理活动，其净光合效率较低，对树木机体生长贡献很小（王迪生和宋新民，1994）。因此，该林木最大有效营养面积为此正方形面积（S_q），此正方形面积大小决定了光合作用生产潜力。这个正方形既是林木自由生长时的最大树冠圆的外接四边形，又是树冠充分重叠后可能形成的最大树冠圆的内接四边形，而这个内接四边形的面积大小恰好也是林分完全郁闭（郁闭度等于1）后林木所均分到的林地面积。实际上，树冠相切时这个正方形的面积由两部分组成：一部分是林木自由生长最大时的圆形面积（S_R），一部分是圆形面积之外、方形以内，即树冠接触至充分重叠过程中在四角填充的有效林冠空隙（ΔS），可用方形面积减去圆形面积之差表达，即 $\Delta S = S_q - S_R$，这里将 ΔS 称为林木潜在的营养空间。对于林分整体而言，树冠相切的圆形树冠投影面积的大小是对林分整体现状（自由生长极限时）的测度，也就是说，林木的圆形树冠投影面积越大，造林株数就越少，达到如此大的树冠则需要更长的生长年限；而林冠空隙大小则是树冠相切后林木生长潜力的度量，树冠空隙越大，越有利于个体生长。当然，造林密度（N）越大，这个空隙就越小，越不利于林木个体生长。

林木个体有足够的营养空间必然生长快，但如果单位面积上的林木株数过少，势必就会造成空间浪费。在林木树冠相切之前（$0<R<L/2$），林木个体小，每株林木都有充足的营养空间，但林分整体对空间的利用程度低，主要原因在于群体数量的严重不足。随着造林密度或树木年龄的增加，林木个体营养空间会随之减少，但林分整体利用空间的能力得到增强，直到密度增加到一定程度，林木个体营养空间的变化才会变缓，此时如果继续增大造林密度，则会限制林木个体生长，林分整体对空间的利用程度并没有因为株数优势而得以充分体现。可见，林木个体所需营养空间和林分整体空间利用程度达平衡状态时的造林密度就是合适的密度，此时既有利于林木个体发展，也有利于林分群体效能的充分发挥。

首先计算不同造林密度（N，株/hm²）（如 250、500、750、1000、2000、3000、……、9000、10 000）所对应的林木间距（L）、树冠相切时林木最大冠径（R）、每株树的潜在方形面积（S_q）和圆形面积（S_R），并求得林木个体潜在营养面积（ΔS）（表7-2）。

表7-2 不同造林密度的林木潜在生长空间

造林密度/（株/hm²）	L/m	R/m	S_q/m²	S_R/m²	ΔS/m²
10 000	1.000	0.500	1.000	0.785	0.215
9 000	1.054	0.527	1.111	0.873	0.238
8 000	1.118	0.559	1.250	0.982	0.268
7 000	1.195	0.598	1.429	1.122	0.307
6 000	1.291	0.645	1.667	1.309	0.358
5 000	1.414	0.707	2.000	1.571	0.429
4 000	1.581	0.791	2.500	1.963	0.537
3 000	1.826	0.913	3.333	2.618	0.715
2 146	2.159	1.079	4.660	3.660	1.000
2 000	2.236	1.118	5.000	3.927	1.073
1 073	3.053	1.526	9.320	7.320	2.000
1 000	3.162	1.581	10.000	7.854	2.146
750	3.651	1.826	13.333	10.472	2.861
500	4.472	2.236	20.000	15.708	4.292
250	6.325	3.162	40.000	31.416	8.584

　　由表7-2可见，随造林密度的减少，林木间距、树冠相切时的最大冠径以及树冠投影面积（方形或圆形）都按照各自的函数方式在增大，而树冠相切时的林木潜在营养面积（ΔS）与造林密度（N）则成反比例关系（图7-4）。

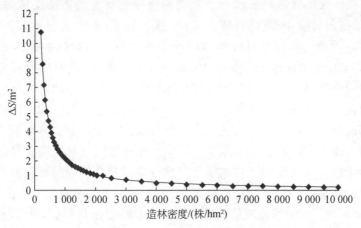

图7-4　不同造林密度（N）与林木潜在营养面积（ΔS）的关系

　　因此，林木潜在营养面积（ΔS）随造林密度（N）的变化规律可精确表述为

$$\Delta S = S_q - S_R = \frac{10\,000}{N} - \pi\left(\frac{\sqrt{10\,000/N}}{2}\right)^2 = \frac{10\,000\,(1-\pi/4)}{N} \approx \frac{2146}{N} \qquad (7\text{-}2)$$

式中，$\Delta S \neq 0$；$N \neq 0$ 且为整数。

　　从林木群体生长发育理论可知，林木快速生长期通常在幼中龄阶段。在林木生长的前期快速生长阶段如果没有留够足够的空间，则会造成速生期缩短，过早分化，甚至严重影响林木后期的生长质量。生长好的林分通常具有足够大的林木生长空间，并且林分整体不存在较大的空间浪费，所以，可以认为，具有这样空间的林分将具有更大的生产潜能。林木树冠相切时，林木冠幅自由生长达最大值，此时林分郁闭度 $C_c = \pi/4 \approx 0.7854$，这时每公顷林分中还留存 $10\,000\,(1-\pi/4) \approx 2146\ m^2$ 的空隙，这意味着林木自由生长最大时，林分空间利用率虽然达到78.54%，但并没有全部占满林地所有空间。

　　从式（7-2）的形式来看，树冠相切时林木潜在营养面积（ΔS）与造林密度（N）为反比例函数关系，即因变量随自变量的增大而减少，且以各自的量按相同的比例变化。林木潜在营养面积（ΔS）成倍增大时，造林密度（N）将会等倍减少。下面利用该反比例函数的这个特性并结合其生物学意义分析确定适宜的造林密度。从数学的角度，N 可以取任意整数，但从生物学角度，N 只能为正整数，可见，N 的最小取值为 1 株/hm^2，此时由式（7-2）可以计算得到最大的 ΔS，即 $\Delta S_{max} = 2146\ m^2$，意味着 1 公顷的林地上仅 1 株林木，而独木不成林，显然 $N=1$ 株/hm^2 已失去林学意义。当 $N \geqslant 10\,000$ 株/hm^2 时，分配到每一株林木的潜在营养空间为 $\Delta S \leqslant 0.2146\ m^2$，不足 1 个非零自然数，实际上距 1 这个非零自然数还相差甚远，仅为非零自然数的零头，由此可见，每公顷 10 000 株及其以上的造林密度会造成林木过于密集。由于高密度所对应的 ΔS 的基数太小，从而导致造林密度在成倍减少时，例如造林密度由每公顷 10 000 株减少到 5000 株或由 8000 株减少到 4000 株，ΔS 的变化虽按等比例有所增大，但其值变化甚微（图 7-4），仅以纯小数的形式变化，没有出现量级变化，ΔS 的变化范围受限于最小非零自然数 1 以内，无法保障每株树有充足的营养空间；当造林密度从每公顷 5000 株再降到 2500 株或由每公顷 4000 株再降到 2000 株，ΔS 的变化依旧不大，ΔS 的变化幅度还是小于 1 m^2，可见，高密度林分株数的成倍减少不会引起林木个体 ΔS 的明显改观。实际上，在 $\Delta S \leqslant 1$ m^2 的前提下，如果 ΔS 太小（接近零），造林密度肯定很大，意味着林木在很短时间里就能达到树冠相切而过早地结束自由生长，此时大部分林木在很大程度上还处于快速生长的幼中龄阶段，本该予以更大的营养生长空间，但由于此时林分中林木个体过多而使得单株可利用生长空间十分有限，致使林木个体在幼中龄阶段快速生长的时限缩短，即大大缩短了林木速生期时间，使林木闪过林木生长最旺盛的时期而过早的进入竞争阶段，从而影响了林木质量和林分整体光合效能的充分发挥。

从林木潜在营养面积（ΔS）与造林密度（N）的关系（图 7-4）来看，造林密度大约从 2000 株/hm^2 开始，如果继续成倍缩减，每株林木的潜在营养空间将以最小非零自然数的方式成倍增长，而非纯小数的方式。通过式（7-2）精确计算 $N_{\Delta S=1} = 2146$ 株/hm^2，此时林分中每株林木潜在营养面积已达最小非零自然数，由纯小数质变到最小非零自然数，从而实现了量级水平的飞跃。若 ΔS 再按自然数的方式成倍增长，即 $\Delta S = 2$ m^2，每株林木的潜在营养空间按非零自然数水平成倍大幅增加，这种跨越式增长显然能为每株树创造足够大的营养空间，虽然引起造林密度缩减一半，即 $N_{\Delta S=2} = 1073$ 株/hm^2，但其仍处于同一数量级水平。而当 $\Delta S = 3$ m^2 时，对应的 $N_{\Delta S=3} = 715$ 株/hm^2，致使造林密度发生了从千位数到百位数的量级变化，虽能为每株林木创造巨大的潜在营养空间，但势必导致林木自由生长达最大前林地长期大面积空间浪费，接近形成林隙的最小面积 4 m^2（Lawton and Putz，1988；臧润国等，1999），按照密度制约法则（Yoda et al.，1963），也必然导致林分整体光合产量降低。可见，在步入最小非零自然数 $\Delta S = 1$ m^2 后，造林密度的成倍缩减将会造成 ΔS 的剧增，而 $N = 2146$ 株/hm^2 已成为能确保林分中每株林木潜在营养面积达到最小非零自然数的最大造林密度，$\Delta S = 2$ m^2 所对应的造林密度 1073 株/hm^2 则成为能确保造林密度不会发生量级水平变化的最小造林密度（图 7-5）。

从生物学角度看，如果 $\Delta S \gg 1$ m^2，意味着林冠相切后虽能确保林分中每株林木具有足够大的营养空间，但每株林木树冠相切后赢得这种足够大的的空间是在经历了相对较长的树冠生长过程后方可实现的。也就是说，$\Delta S \gg 1$ m^2 的林分肯定属于造林密度较稀的林分，远比其他 $\Delta S \leqslant 1$ m^2 的高密度林分达到树冠相切需要的时间更长，将有更大的概率步入老龄阶段（近、成过熟阶段），而此时林木并不需要更大的空间来满足生长需要，从而造成空间浪费。而我们期望的合理密度应该是既能使每株林木的潜在营养面积尽量大，又能确保林分内有相对多的林木株数。

下面给出以上推理过程和结果的数学证明。

根据反比例函数的特性，采用面积关系寻找最优解。不妨用 S_0、S_1、S_2 代表三个面积变量，其中，S_0 表示图形上任意两点 [（x_1，y_1）和（x_2，y_2）] 到坐标轴 X、Y 的垂线分别与坐标原点构成的面积的交叉部分（公共面积）；S_1 表示图形上任意一点（x_1，y_1）到坐标轴 X、Y 的垂线和坐标原点构成的面积与公共面积之差；S_2 表示图形上任意一点（x_2，y_2）到坐标轴 X、Y 的垂线和坐标原点构成的面积与公共面积之差（图 7-6）。本书的优化目标是如何成倍增大或减少 x、y 值能确保 S_0、S_1、S_2 的均衡态势，尽量减少 x 或 y 单方面过大或过小而造成失衡。

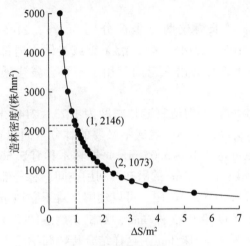

图 7-5　最佳造林密度区间

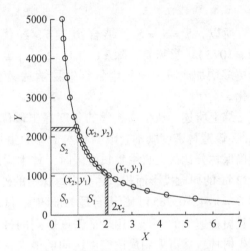

图 7-6　曲线 $y=2146/x$ 的几何分析

在曲线 $y=2146/x$ 上（图 7-6），$x \in (0，\infty)$，任取两点（x_1，y_1）、（x_2，y_2），则有

$$S_0 + S_1 = x_1 y_1 = 2146$$
$$S_0 + S_2 = x_2 y_2 = 2146$$
$$S_0 = x_2 y_1$$
$$S_1 = x_1 y_1 - x_2 y_1$$
$$S_2 = x_2 y_2 - x_2 y_1$$

取 $F = (S_1 - S_0)^2 + (S_2 - S_0)^2$。将 S_0、S_1、S_2 代入可得

$$\begin{aligned} F(x_1，x_2，y_1，y_2) &= (x_1 y_1 - x_2 y_1 - x_2 y_1)^2 + (x_2 y_2 - x_2 y_1 - x_2 y_1)^2 \\ &= [(x_1 - 2x_2) y_1]^2 + [x_2 (y_2 - 2y_1)]^2 \end{aligned}$$

于是有如下优化问题：

$$\min F(x_1，x_2，y_1，y_2)$$
$$\text{s. t.}$$
$$x_1 y_1 = x_2 y_2 = 2146$$
$$x_1，x_2 > 0$$
$$y_1，y_2 \in N^+$$
$$x_1 \neq x_2$$

很明显，有

$$F \geqslant 0 \Rightarrow \min F = 0$$

这意味着$[(x_1-2x_2)y_1]^2+[x_2(y_2-2y_1)]^2=0$，即

$$\begin{cases}(x_1-2x_2)y_1=0 \\ x_2(y_2-2y_1)=0\end{cases}$$

根据约束条件可知

$$\begin{cases}x_1=2x_2 \\ y_2=2y_1\end{cases}$$

所以，$S_0=S_1=S_2$，结合图7-6，经优化可求得这两点坐标分别为（1，2146）、（2，1073）。意味着，除$x\in[1,2]$，$y\in[1073,2146]$外，沿X轴或Y轴方向都不能更多增加或减少面积增量。生物学意义在于，林分潜在空间利用率不再会发生质的变化。

综上所述，从生物数学的角度提出最优空间利用的适宜造林密度为1073～2146株/hm²，该造林密度既不会限制林木个体的生长发育，又不会造成不必要的林分空间浪费，能确保林分达最大自由生长极限时，林木间距可达2.16～3.05 m，每株林木具有3.66～7.32 m²的树冠投影面积，林分内每株树的外围还有1～2 m²的潜在可利用空间，林分郁闭度$C_c=\pi/4\approx0.7854$，位于合适的郁闭度$[0.71,0.86]$范围。可以理解，对于立地条件好且树种速生的，可采用最适密度区间的最小密度即1073株/hm²，对于立地条件差且非速生树种自然可采用最适密度区间的最大密度为2146株/hm²。这样结合传统归纳法进行不同立地、不同树种的造林密度研究更富有成效。

7.3.2　顺应自然的造林方式

截至目前，人工林的种植皆采用规则均匀配置的方法。均匀栽植适合短周期工业用材林或能源林的培育，能满足人的意愿"每棵树都拥有相同的物理空间，且实现林地最大限度地空间利用"，而把这一均匀栽植的方法当作普遍的真理应用于广大地域的人工林培育显然有待商榷。迄今为止全球范围内所造的人工林，几乎没有一块林分中所有最初栽植的树都能长成参天大树！对于需要完整生命周期才能实现人类培育目标的人工林而言，在有限的空间资源条件下，对称性的竞争加剧了相互干扰，阻碍了健壮个体的生长发育，导致自残，两败俱伤。所以，一块林地均匀满负荷栽植，并不是科学合理的造林方式，并不意味着每株林木都能获得适宜的生长空间，而长成参天大树的必有其得天独厚的自身条件和优越的生存环境。

为有效进行近自然的森林恢复，需要首先向自然学习，学习天然林的组成和结构。基于对不同气候带天然林长期定位监测样地的角尺度研究发现，天然林随机木（角尺度为0.5）在林分中占绝对优势，达到50%以上，而均匀木和聚集木比例大致相同，只有10%～30%，人工林与天然林的最大差异表现在格局的分布上（图7-7）。

7.3.2.1　完全随机化造林（飞播模式）

利用Winkelmass或其他计算机软件按照每公顷造林株数产生一个完全随机分布的林分

（模仿自然），再按一定大小如10 m画方格，按林木在方格中出现的位置进行种植（图7-8）。

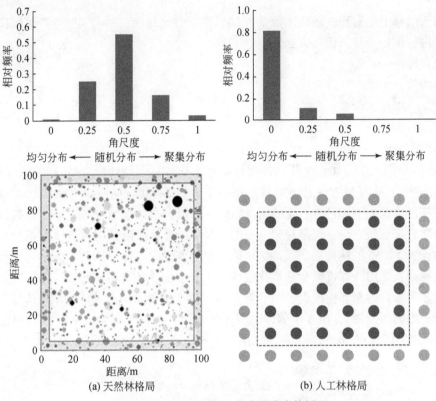

(a) 天然林格局　　　　　　　　(b) 人工林格局

图7-7　天然林与人工林水平分布格局

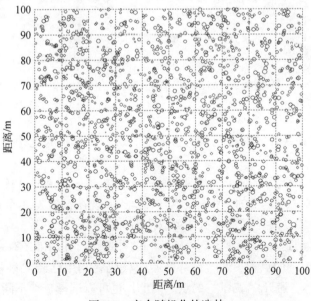

图7-8　完全随机化的造林

7.3.2.2　人工重建模式（控位造林模式）

依据天然林中观察到的随机木数量占50%这一普遍规律，结合实际生产可操作性，运用计算机进行优化设计。优化方法如下。

优化目标：$\max N_{W_i=0.5}$

约束条件：

1）$N_{W_i=0.5} \geqslant 0.5N$；

2）$N \geqslant 0.5N_0$；

3）规则分布。

式中，$N_{W_i=0.5}$指随机木占比；N_0指满额配置下林木株数，即种植点个数。例如，行间距为1 m×1 m，则1 hm² 样地 $N_0 = 10\ 000$ 株。第一个约束条件确保随机木个数在50%以上；第二个约束条件确保人工林具有一定的密度以防止形成过多的空隙；第三个约束条件要求符合生产习惯，保证新方法下也是规则分布的。为了避免林缘附近树木造成的系统误差，在地块周边设置了1 m的缓冲区。缓冲区中的树只当作潜在邻体计算而不能作为参照树。

优化规则：运用计算机完全随机化设计，从一个3×3的种植点开始，其中包括中心种植点及其8个最近的相邻种植点，编号为1~8。这9株林木可能形成的结构体如图7-9所示，位于中心的参照树i，由8个邻体包围。对于其中4个种植点，共有13种可能的分布格局：5种均匀体（$W_i < 0.5$），7种随机体（$W_i = 0.5$）和1种聚集体（$W_i > 0.5$）。

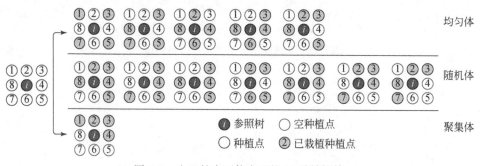

图7-9　人工林中可能出现的13种结构体

优化步骤：

1）标记不位于地块外缘的种植点为参照树。对于所选定的这株参照树，它周围有8个最近的空种植点。

2）代码将找到8个点中的4个点来构建一个随机体，并在这4个点上标记"种植"树木；剩余的4个种植点是空的，将标记为"破坏"。现在，前3×3种植点填充了一个个体。根据图7-9，有7种不同的随机体可以使用。

3）代码自动移动到下一个没有被"破坏"的种植点，其周围还有8个最近的种植点，包括一些已被"种植"的点和一些"破坏"点。代码将利用已经"种植"的点和空种植点构建第二个随机体，避开"破坏"的点。同上，也可以选择7种不同的随机体。该程序将逐行进行遍历所有种植点。图 7-10 显示了一个生成种植模式的示例。

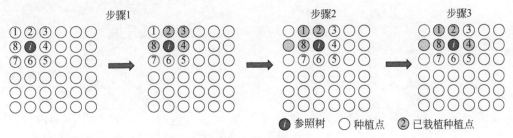

图 7-10　生成种植模式的示例

算法中有一些特殊的情况：①当下一个点在第 2 步或第 3 步中已经被"破坏"，代码将忽略该点并移动至下下一个点；②如果没有足够的已"种植"的点或空种植点来创建结构体，将忽略该点并移动至另一个下一个点；③如果点周围有超过 4 个"种植"点，代码将忽略此点并转到新的下一点；④代码将优先寻找相同类型的随机体，其次是不同类型的随机体。

根据以上优化设计，优化出了 5 种近自然造林模式，每种模式随机体的最低比例为 50%。这 5 种模式代表了操作方便性和不对称性的规律性组合（图 7-11）。这实际上是一种折中的方案，即介于完全随机造林和规则造林中间的一种造林设计，它克服了完全随机造林（除飞播外）在实际应用中的困难性，并发挥了规则造林在生产中的简便性优势。

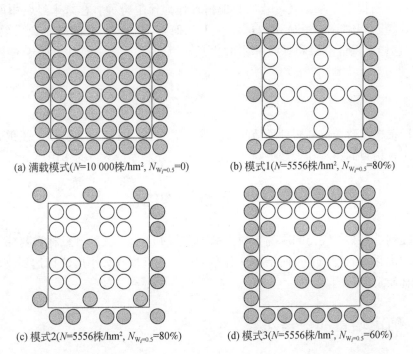

(a) 满载模式(N=10 000株/hm², $N_{W_i=0.5}$=0)　　　(b) 模式1(N=5556株/hm², $N_{W_i=0.5}$=80%)

(c) 模式2(N=5556株/hm², $N_{W_i=0.5}$=80%)　　　(d) 模式3(N=5556株/hm², $N_{W_i=0.5}$=60%)

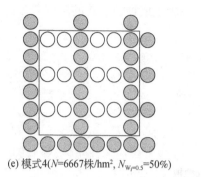 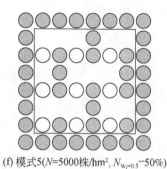

(e) 模式4(N=6667株/hm², $N_{W_f=0.5}$=50%)   (f) 模式5(N=5000株/hm², $N_{W_f=0.5}$=50%)

图 7-11   优化出的 5 种控位造林模式

7.3.2.3   巢式造林

欧洲针对橡树（栎类）的特点，采用巢式造林方法。巢式造林将林木成团栽植，每公顷 200 个巢，每个巢内均匀栽植 37 个林木，其中，外围一圈可栽植其他树种，也可栽植栎类，林木株行距 1 m×1 m 或 1 m×0.5 m，若干个栽植的丛团在林地中均匀地分布，大大减少了造林的成本，林地的其他区域以天然更新为主，不同树种的更新提高了林分的树种多样性，而丛团内的栽植模式同时可以提高目的树种和个体的生长质量。以栎类林木为目的树种和培育目标，丛团中心栽植的林木即为未来经营的目标，丛团外围林木对中心林木的生长有促进作用，外围林木可为栽植的栎类林木，以作为未来经营过程中选择目标树提供参考，又可栽植其他树种作为伴生树种，在未来经营中间伐可获取木材。在栽植过程中，不论丛团内部的林木如何配置，丛团之间的距离大约设置为 10 m×10 m，这样以保证丛团间栎类林木的生长相互不受干扰，同时也便于对簇生林木的经营管理。

7.3.2.4   稀密度造林

可采用稀密度营造单一树种种植的方法形成混交林，其原理类似于上述巢式造林，有机地将人工种植目的树种和天然更新结合起来，充分发挥自然力的作用。

7.4   系统结构优化

前面提到针对某一突出问题的专项技术措施。实际上，大部分森林需要综合措施，进行系统结构优化，通过调节空间结构（分布格局、混交度和大小比数）达到改善林木竞争并提升森林质量的目的。

7.4.1   确定培育和保留对象

1）稀有种、濒危种和散布在林分中的古树。为了保护林分的多样性和稳定性，禁止对这些树种的林木进行采伐利用。例如在红松针阔混交林区，黄菠萝是国家二级保护植物，属于濒危物种，林分中数量较少；在小陇山锐齿槲栎天然林区，刺楸、武当玉兰、四照花、铁橡树、领春木等均为珍贵濒危树种。对于珍贵濒危树种应着重保护和培育，严格禁止采伐利用；在一些天然林分中，散布着少量树龄高达百年甚至几百年的古树，从森林景观及森林文化内涵的角度来说，这些古树应该严格保护，禁止采伐利用。

2）顶极树种中具有生长优势和培育价值的所有林木。具有生长优势是指生长健康，干形通直完满，生长潜力旺盛；具有培育价值是指同树种单木竞争中占优势种地位。不同地区有不同类型的森林群落分布，同一地区因局部环境的不同也会有不同的群落类型，每种类型森林群落的演替过程中优势种的变化也有区别。所以在判断经营林分的顶极树种时，必须根据《中国植被》或描述该地区森林类型特征的相关著作，了解经营区的森林群落类型和顶极植被。例如在东北红松针阔混交林区，红松、沙冷杉等针叶树种为该地区的顶极树种；在小陇山天然林区是以锐齿槲栎和辽东栎为主的天然林；而处于亚热带的贵州省原始森林植被为典型的常绿阔叶林，顶极树种以钩栲、罗浮栲、青冈栎、米槠、甜槠、贵州栲等为主。因此，确定顶极树种是确定保留和培育的对象的关键环节。

3）其他主要伴生树种的中大径木。主要伴生树种与顶极树种保持着密切的共生互利关系，是群落演替过程中不可缺少的物种；有些树种虽然经济价值不高，但对于维持森林群落的稳定和生物多样性具有重要的意义。例如在东北红松针阔混交林区，伴生树种主要包括水曲柳、核桃楸、色木槭、千金榆、白牛槭、青楷槭、裂叶榆、白皮榆、椴树等；水曲柳、核桃楸和珍贵树种黄菠萝这三种阔叶树，材质坚硬，色泽美观，为优良材中的上品，是重要的经济树木，在东北林区一直享有"三大硬阔"的美称，是重点培育的对象；而其他几个树种为中、小乔木，经济价值也不是很高，但保留和培育一部分中大径木对维持群落生物多样性具有一定的意义。

7.4.2　选择可采伐利用的林木

1）除稀有种、濒危种及古树外的所有病腐木、断梢木及特别弯曲的林木。林分中顶极树种、主要伴生树种中单株林木出现病腐现象，为防止病菌滋生和蔓延，应立即伐除病腐木，改善林分的卫生状况；对于断梢木和特别弯曲的个体，由于已失去了生长优势和培育前途，在经营时也可采伐，不仅可以促进林下更新，而且还可以产生一定的经济效益，当然这也许会增加一些抚育成本，但从长远来看，获得的效益还是远大于投入的成本。

2）达到自然成熟（目标直径）的树种单木。结构化森林经营并不排斥木材生产，而是一种既要有效保护森林，又能对其进行合理经营利用，具有保护性而不是保守性的经营方法。林分中的单株林木都要经历幼苗、幼树、成熟、衰老、逐渐枯萎死亡的过程；在林木进入自然成熟后，林木生长势下降、高生长停滞、生长量减少、梢头干枯，甚至出现心腐现象，因此，结构化森林经营技术要求在林木个体达到自然成熟时，对顶极树种、主要伴生树种的培育目标树进行采伐利用。对于不同的树种来说，由于生物学特性的不同，达到自然成熟的年龄和直径不同；对于不同的地区来说，由于立地条件的不同，相同的树种在不同的地区达到自然成熟的年龄可能也不同。确定单株林木的自然成熟通常可以从树木的形态上来判断，或根据树种的特性及立地条件来确定。例如在东北红松针阔混交林区，将顶极树种红松、沙冷杉等的目标胸径确定为大于80 cm，而主要伴生树种的培育目标胸径为大于65 cm。

3）影响（树冠受到挤压的）顶极树种及稀有种、濒危种生长发育的其他树种的林木，尽量使保留的中大径木的竞争大小比数不大于0.25，即应使保留木处于优势地位或不受到遮盖、挤压威胁，使培育目标树尽可能地获得生长空间。

4）影响其他主要建群种中大径木生长发育的林木，尽量使采伐后保留木最近4株相邻木的角尺度不大于0.5（即该4株林木不挤在一个角或同一侧），为提高混交度和物种多样性，优先采伐与保留木同树种的林木，也就是说，在调整培育目标树最近4株相邻木时，综合考虑林木的分布格局和混交情况，尽量伐除挤在同侧且与保留木或目标树为同树种的林木。

7.4.3　空间结构参数指导森林结构调整

在进行林分或小班经营时，可沿等高线方向走蛇形路线，针对培育对象周围邻体的属性标记采伐木（图7-12）。

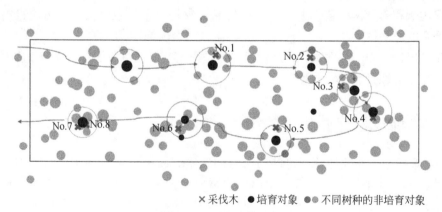

╳采伐木　●培育对象　●●不同树种的非培育对象

图7-12　现地经营示意

用空间结构参数指导森林结构调整方法示意见图7-13。为增加林木分布的随机性，用角尺度进行分布格局调整，使林分中目的树种周围的最近4株相邻木呈随机分布，维护林分整体的角尺度分布为正态分布；为增加树种多样性，用混交度进行树种组成调节，使目的树种周围的最近相邻木尽量为其他树种；为增加目的树种林木的优势度，用大小比数进行竞争调节，使目的树种一面到两面受光；为增加目的树种林木的营养空间，用密集度进行营养空间调节，使目的树种有充分的生长空间。在生产实践中，贯彻"五优先"，即优先伐除生长不良、没有培育前途的林木；优先采伐与培育对象同树种的林木；优先采伐分布在培育对象一侧的林木；优先采伐影响培育对象生长的林木；优先采伐遮盖和挤压培育对象的林木。并充分利用天然更新或人工促进天然更新的措施提高林分的更新能力，促进林分空间结构向健康稳定森林结构逼近。

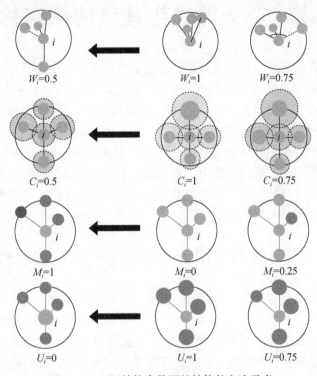

图 7-13   空间结构参数调整结构的方法示意

| 第 8 章 |　　天然次生林结构化森林经营

结构化森林经营在研发过程中自始至终遵循了"理论研究密切结合生产实际"的应用基础研究准则。坚信"事实胜于雄辩",积极开展试验示范。经过 20 年的研究和应用实践,目前结构化森林经营已经形成了以森林可持续经营为指导,以森林空间结构量化分析方法为基础,以培育健康稳定的森林为目标,包含了林分调查、状态分析、结构调整和经营效果评价等完整的理论与技术体系。这一体系已被证实是一种有效的可持续经营途径,已在我国不同类型的天然次生林经营中得到应用。本章重点列举结构化森林经营在我国东北吉林蛟河红松针阔混交林区、辽宁蒙古栎混交林区、西北甘肃西秦岭小陇山松栎混交林区以及西南贵州常绿阔叶林区的经营实践。

8.1　吉林蛟河红松针阔混交林结构化森林经营

吉林蛟河属于结构化森林经营研发的始发地,红松针阔混交林属于结构化森林经营中第一个天然林研究对象(图 8-1)。1999 年国家"948"项目"天然林恢复和经营模式技术引进"(99-4-1)最早资助了该项研究。研究经历了从引进消化吸收德国近自然森林经营技术到实现我国森林经营的创新,也经历了从临时样地(600 m²)调查到建立长期定位监测大样地(1 hm²)的过程。这期间还得到国家林业局推广项目、"十一五"科技支撑项目专题的资助,目前还得到"十三五"国家重点研发计划"区域森林生态系统多目标平衡恢复、重建技术研究与示范"(2017YFC050400501)项目的资助。本节重点介绍长期定位监测结果。

图 8-1　东北吉林蛟河红松针阔混交林

8.1.1　试验区概况

红松针阔混交林在我国东北温带针阔混交林类型中占有重要地位，在环境保护、水土保持、生物多样性保护等多方面起着不可替代的作用。试验示范区位于吉林省蛟河林业实验局东大坡经营区内，地理坐标为 127°35′E ~ 127°51′E，43°51′N ~ 44°05′N。该区东北部山高坡陡，西南部地势平缓，相对海拔在 800 m 以下。该区气候属温带大陆性季风山地气候，主要森林类型有红松针阔混交、云冷杉林和硬阔叶林等天然林。本区的主要针叶树种有：红松（*Pinus koraiensis* Sieb. et Zucc.）和杉松（*Abies holophylla* Maxim.）等；主要阔叶树种有：水曲柳（*Fraxinus mandshurica* Rupr.）、核桃楸（*Juglans mandshurica* Maxim.）、白牛槭（*Acer mandshurica* Maxim.）、色木槭（*Acer mono* Maxim.）；常见的下木有：胡枝子（*Lespedeza bicolor* Turcz）、楔叶绣线菊窄叶变种（*Spiraea canescens* D. Don var. *oblanceollata* Rehd.）、刺五加〔*Acanthopanax senticossus*（Rupr. & Maxim）Harms〕等；主要草本植物有：蕨类（*Adiantum* spp.）、苔草（*Carex* spp.）、蚊子草（*Filipendula* spp.）、山茄子（*Brachybotrys paridiformis* Maxim.）、小叶芹（*Aegopodum alpestre*）等。

8.1.2　样地的设置与调查

从 2004 年开始，陆续在吉林蛟河林业实验局东大坡经营区 52 林班内、53 林班内及 54 林班内分别设立了 6 块面积为 100 m×100 m 的每木定位调查样地。所有样地皆是用全站仪（TOPCON-GTS-602AF）对样地内胸径大于等于 5 cm 的每株树进行定位，并对它们进行检尺和标记，记录树种名称、林木胸径、树高、冠幅，测算空间结构参数等相关数据。根据立地条件、林分结构、林木状态等指标的差异，将这 6 块样地分为 3 大组：1 块近目标样地、4 块经营样地和 1 块对照样地。近目标样地和对照样地未实施任何的人为干扰，前者代表了当时研究区内发育良好的针阔混交林，视为此地的经营目标林分；后者与施加经营之前的经营样地代表了当下的一般水平，2004 年初次调查后对经营样地实施结构化森林经营。样地设置至今，对样地内胸径大于等于 5 cm 的树木进行了多次全面复测，详细记录林木的胸径、树高、冠幅等相关数据，并对各样地的林木更新情况进行了调查和记录。本章选取 2012 年 9 月（1 期）和 2018 年 5 月（2 期）两次测量的数据进行对比分析（陈明辉等，2019）。

8.1.3　试验结果分析

8.1.3.1　结构化森林经营对林分生产力的影响

（1）对林木平均胸径生长的影响

由图 8-2 可知，实施结构化森林经营后，由于采伐掉一些没有培养前途和不健康的小径木，经营林分平均胸径较经营前有所上升。各林分经过几年的生长，平均胸径都较初期有所增加。1 期数据中，目标林分平均胸径年均生长量与生长率最大，对照林分的平均胸径生长量和生长率最低，经营林分（均值）在二者之间；2 期数据中，经营林分（均值）与目标林分的平均胸径年均生长量和生长率几乎一致，而对照林分却明显高出目标林分和经营林分（均值）。造成这一现象的原因是，对照林分在两期之间，由于自然损耗速度较快，出现了大量的死亡木，而株数的减少，导致林分平均胸径上升。

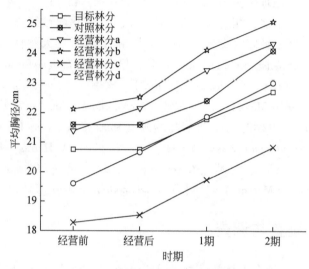

图 8-2　各样地林分平均胸径变化

（2）对林分蓄积量的影响

结构化经营有针对性地采伐掉了部分林木，导致经营林分经营后的蓄积量有所降低（图 8-3）。1 期数据中，目标林分年均蓄积增加最为显著，经营林分（均值）落后于目标林分，但却明显高于对照林分。经营林分较对照林分蓄积量年均生长量高 1.1 m³，高出 84.62%；对照林分的年均蓄积增量小，增速缓，与平均直径情况相似，也是由于自然枯损较多，出现了更多的死亡木，导致这一现象的出现；2 期数据中，经营林分年均蓄积生长量（均值）比对照林分高 0.5 m³，经营林分的生长趋势已经接近目标林分，蓄积量年均生长量和增速加快，差距逐渐缩小（图 8-3）。

8.1.3.2　结构化森林经营对林分结构的影响

红松、杉松、鱼鳞松和臭冷杉作为东北林区重要的针叶树种，对群落结构和群落环境有明显的主导作用，是红松针阔混交林顶极群落中的主要建群树种。而水曲柳、核桃楸、黄菠萝以及椴树等阔叶树种在群落里不仅频繁出现，而且非常稳定地与针叶树种混交在一起，是主要的伴生树种。因此，本节在分析结构化经营对林分结构的影响时，从全林分、针叶树种和主要阔叶树种三个层次进行对比分析。

（1）对树种优势度的影响

红松针阔混交林经营林分在经过结构化经营措施后，针叶树种的优势度有明显的提高，主要阔叶树种的优势度也得到了提升（图 8-4）。通过两期数据对比可以看出，各林分针叶树

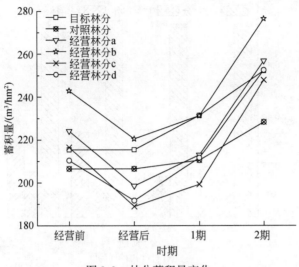

图 8-3　林分蓄积量变化

种与主要阔叶树种优势度变化幅度都很小，基本维持在一个比较稳定的水平，这说明自然生长改变种优势度是一个非常缓慢的过程。林分经过结构化森林经营，能够加速提高目的树种的优势度，并在长时间内保持稳定，且与目标林分发展趋势一致，这说明结构化经营措施的实施，对减少树种的受压状态、恢复并保持针叶树种在群落中的优势地位是有效的。

（2）对直径分布的影响

大多数天然林的直径分布为倒 J 形，本次结构化森林经营后的林木直径分布也保持了这种统计特性。如图 8-5 所示，目标林分为典型的倒 J 形曲线，对照林分与经营林分为近似的倒 J 形。

（3）对林分空间结构的影响

结构化森林经营对林木的分布格局和树种隔离程度产生了一定的影响。通过对角尺度的分析（图 8-6）可知，所有林分分布格局中随机分布的结构体所占比例最多，同时各林分每期的角尺度均值也显示出目标林分均为随机分布且维持稳定，经营后林分与目标林分角尺度分布趋势相近，随机分布状态较为理想；对照林分属于团状分布，是非理想的林分水平格局。混交度分析可知，所有林分的树种混交度均维持在一个较高的水平。经营后林分的混交度得到明显提升。通过两期数据对比，目标林分和对照林分混交度也都属于上升趋势，但对照林分上升趋势不明显，且混交水平低于目标林分和经营林分，这说明结构化经营措施对提高林分树种隔离程度效果明显。

角尺度-混交度的二元分布能体现林分中单木微环境处于最佳状态（最佳结构体）的比例。林分角尺度-混交度的二元联合概率分布显示，目标林分的高混交且随机分布的最佳结构体和低混交且非随机分布的结构体比例基本维持在一个稳定的水平，随时间推移整体呈现前者增加、后者减少的趋势，但数量变化不剧烈；经营林分最佳结构体的比例整体维持在一个较高的水平，明显高于目标林分和对照林分，而劣势结构体的比例却要低于目标林分和对照林分。经营林分的发展趋势与目标林分一致。

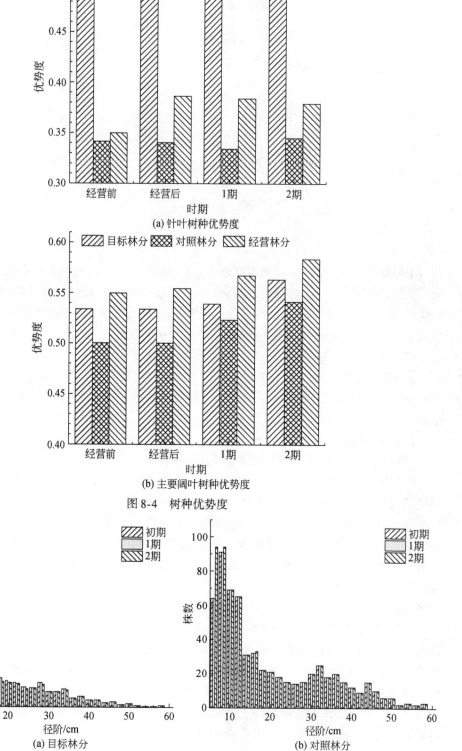

(a) 针叶树种优势度

(b) 主要阔叶树种优势度

图 8-4　树种优势度

(a) 目标林分

(b) 对照林分

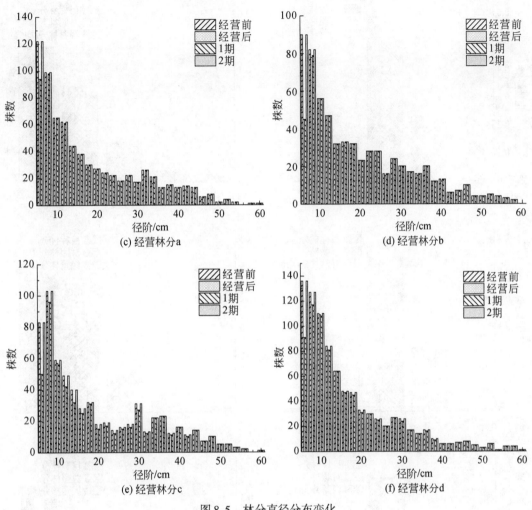

(c) 经营林分a

(d) 经营林分b

(e) 经营林分c

(f) 经营林分d

图 8-5　林分直径分布变化

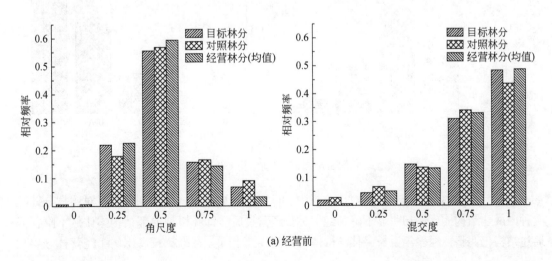

(a) 经营前

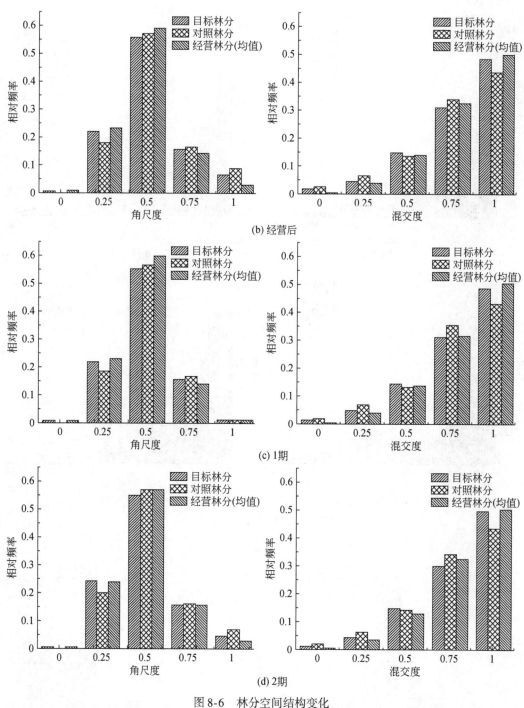

图 8-6　林分空间结构变化

在针叶树种内最佳结构体的对比分析中，目标林分最佳结构体逐期上升；对照林分针叶树种内最佳结构体比例却明显下降；经营林分经营过后，针叶树种内部结构体比例下降，但通过结构化调整，经多年生长最佳结构体的比例逐期上升，且维持较高比例。经营林分生长趋势与目标林分趋于一致,经营对维持和调整林木微环境有明显的正向推动(图8-7)。

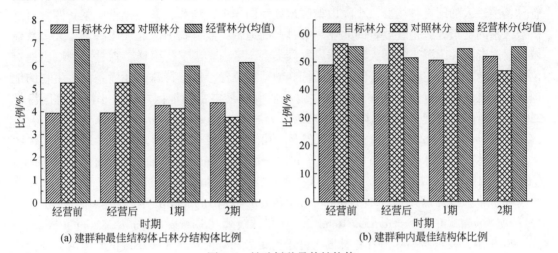

(a) 建群种最佳结构体占林分结构体比例   (b) 建群种内最佳结构体比例

图 8-7　针叶树种最佳结构体

8.2　甘肃小陇山松栎混交林结构化森林经营

甘肃小陇山既属于结构化森林经营进一步发展完善的重要之地,也是大面积成功推广示范之地。经历了从国家林业局科技成果推广项目"基于空间结构优化的森林经营技术推广"(〔2012〕-9)试验性推广,到"十二五"国家科技支撑项目"西北华北森林可持续经营技术研究与示范"(2012BAD22B03)课题的大力资助。由中国林业科学研究院林业研究所与甘肃省小陇山林业实验局林业科学研究所及百花林场共同创建了甘肃小陇山大干子沟森林可持续试验示范基地(图8-8),目前已经吸引了来自全国各地的观摩团100余个1000余人次到此参观学习结构化森林经营。本节详细介绍系统对比试验结果。

图 8-8　甘肃小陇山松栎混交林

8.2.1　试验区及林分基本概况

甘肃小陇山林区位于我国秦岭山脉西端,甘肃省的东南部,地理坐标 104°22′E ~

106°43′E，33°30′N～34°49′N，东西长 212.5 km，南北宽 146.5 km，是全国 4600 多个国有林场中最大的国有林场群。小陇山林区地处我国华中、华北、喜马拉雅、蒙新四大自然植被区系的交汇处，是暖温带向北亚热带过渡的地带，兼有我国南北气候特点，大多数地域属暖温湿润—中温半湿润大陆性季风气候类型，区内土壤变化多样，森林土壤以山地棕色土和山地褐土为主。由于小陇山林区特殊的地理位置，加上特殊的环境条件，生物的地理成分、区系成分复杂多样，是甘肃生物种质资源最丰富的地区之一。小陇山林区海拔 2200 m 以下主要是以锐齿槲栎（*Quercus aliena* var. *acuteserrata* Maxim.）和辽东栎（*Quercus wutaishanica* Mayr.）为主的天然林；由于长期破坏和不合理利用，形成了多代萌生的灌木林，在栎林带内分布华山松（*Pinus armandii* Franch.）、油松（*Pinus tabulaeformis* Carr.）、山杨（*Populus davidiana* Dode）、漆（*Toxicodendron verniciflum* F. A. Berkl.）等乔木树种，灌木有美丽胡枝子（*Lespedeza thunbergii* subsp. *formosa*）、粉花绣线菊光叶变种（*Spiraea japonica* L. f. var. *fortunei* Rehd.）、中华绣线菊（*Spiraea chinensis* Maxim.）等。

2013 年，在甘肃小陇山百花林场大杆子沟锐齿槲栎天然林 3 号小班试验地内，进行不同经营方式的森林经营试验。经营模式分别为近自然经营（A）、结构化经营（B）、未经营（C）（对照 CK）和次生林综合培育（D）。每种经营模式均设置 4 个重复（依次为 A1、A2、A3、A4，B1、B2、B3、B4，C1、C2、C3、C4，D1、D2、D3、D4），总计 16 个小区；每个小区面积均为 20 m×20 m（图 8-9），海拔约为 1700 m，具有相同的立地条件，土壤类型为山地褐色土。利用全站仪（TOPCON-GTS-602AF）对每个样地内胸径大于 5 cm 的每株林木定位，并进行调查（调查内容包括树种名称、胸径、冠幅、树高以及坐标信息，并挂牌标记）。样地基本信息见表 8-1。2017 年 9 月，对所有样地进行复测，调查所有保留木的胸径、树高、冠幅等因子。

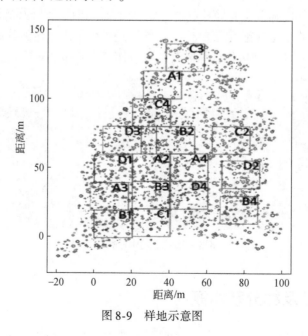

图 8-9　样地示意图

表 8-1　不同经营措施样地基本情况

样地	海拔 /m	坡度 / (°)	坡向	坡位	密度/ (株/hm²)	平均胸径 /cm	平均树高 /m	断面积 / (m²/hm²)	经营方式
A1	1749	27	东	上	1550	14.40	10.90	25.00	近自然经营
A2	1727	34	东	中	2375	12.50	11.60	31.00	近自然经营
A3	1699	35	东	下	2700	11.40	11.90	27.75	近自然经营
A4	1709	35	东	中	2300	12.70	11.90	29.00	近自然经营
B1	1664	36	东	下	2075	13.80	11.70	33.25	结构化经营
B2	1727	37	东	中	2675	11.50	10.80	27.75	结构化经营
B3	1686	37	东	下	2550	11.80	12.20	28.00	结构化经营
B4	1680	35	东	下	2400	12.70	11.90	30.25	结构化经营
C1	1663	36	东	下	1775	13.10	11.80	23.75	未经营
C2	1717	35	东	中	1800	13.80	10.90	26.75	未经营
C3	1760	36	东	上	1550	13.90	11.30	23.50	未经营
C4	1735	34	东	上	2875	13.10	11.80	38.75	未经营
D1	1711	36	东	中	2425	12.70	12.10	30.50	次生林综合培育
D2	1700	36	东	下	2400	13.10	11.30	32.50	次生林综合培育
D3	1728	37	东	中	2625	11.50	11.80	24.25	次生林综合培育
D4	1683	37	东	下	1550	11.90	11.80	26.50	次生林综合培育

8.2.2　试验设计

（1）近自然经营（A）

以培育大径木为主，按目标树经营进行设计。

1）将林分中的所有林木按照林木分级，并确定目的树种、目标树、干扰树、特殊目标树和一般林木。确定方法为：①目的树种：锐齿槲栎、辽东栎、油松等；②目标树：在Ⅰ、Ⅱ级林木中选择的具有生命力、干型通直的健壮林木；③干扰树：影响目标树生长的林木（树冠遮盖、挤压目标树的林木）；④特殊目标树：珍贵树种、濒危种、稀有种、古树等；⑤一般林木：除①、②、③和④外的其他林木。

2）目标树的数量定为每公顷250株，目标树株距7 m，按三角形均匀配置。

3）伐除影响目标树和特殊目标树生长的干扰树（树冠挤压、遮盖目标树的林木），在特殊目标树与目标树发生冲突时，优先保留特殊目标树。

A1～A4 样地中实际采伐株数依次分别为：8 株、9 株、16 株和 10 株，采伐强度依次分别为：6.3%、15.9%、16.6%和 20.4%。

（2）结构化经营（B）

以培育健康稳定森林为目的，进行林分结构优化。

1）保留林分中的珍贵树种、稀有种和濒危树种，针对顶极树种华山松和油松的所有个体（包括 DHB≥5 cm 的更新幼树），锐齿槲栎的中、大径木及珍贵、濒危树种进行竞争调节。

2）优先采伐干形不良、病虫危害、树干（根茎）腐朽、丛生的林木，以保持林分健康；优先伐除对保留木不利的竞争树，至少使保留木两侧不受到遮盖或挤压，并促进林分异龄化；优先采伐分布在保留木一侧且与保留木树种相同的林木，以减少聚集性并增加混交；优先伐除达到目标直径的栎类林木个体（DHB≥45 cm），但一倍树高范围内不允许连续采伐，以增加林分的木材生产、促进林分的价值生长并为天然更新创造条件；采伐蓄积强度不允许超过 20%。

B1～B4 实际采伐株数为：23 株、32 株、28 株和 24 株，采伐强度依次为：16.6%、17.6%、18.1%和 12.1%。

（3）未经营（C）

不实施任何人为干扰或经营措施，让其自然生长；在本研究中作为对照（CK）。

（4）次生林综合培育（D）

以木材利用为主，进行选择性采伐。作业时遵循"五砍五不砍"，即："砍双不砍单、砍老不砍幼、砍病不砍健、砍密不砍稀、砍弯不砍直"。具体做法如下。

1）采伐不健康林木；

2）胸径在 12 cm 以下的林木，砍密不砍疏，不能出现天窗；

3）胸径 12～20 cm 的林木，作为矿柱用材，采伐双生或萌生株；

4）胸径 20～26 cm 的林木，因没有市场，所以保留；

5）胸径 26 cm 以上的林木进行采伐，不能出现天窗。

D1～D4 实际采伐株数为：29 株、15 株、22 株和 24 株，采伐强度依次为：18.4%、11.3%、18.8%和 16.0%。

8.2.3　不同经营模式效果评价

在林分生长 4 年后，从林分的生长动态、林分结构和林分稳定性等方面对不同经营方式进行比较分析（万盼，2018）。林分的生长动态主要计算每个样地林分经营前、经营后和经营后 4 年的林分平均胸径、平均树高和平均冠幅，并且计算经营后 4 年期间林木的平均增长量；采用二元材积表计算林分的蓄积量，林分生物量是通过相应的单木生物量估算模型来计算。林分结构主要分析林木的大小分布特征，包括直径与树高的一元分布、二元分布及空间结构特征（角尺度、混交度和大小比数）。林分的稳定性采用最优林分状态的 π 值法进行评价。

8.2.3.1 对林木胸径、树高和冠幅生长的影响

(1) 林木胸径

不同经营方式经营 4 年后林木胸径的变化（表 8-2）表明，结构化经营和次生林综合培育实施后林分平均胸径均较经营前有所增加，而近自然经营实施后林分平均胸径较经营前所有降低，但它们这种差异均未达到显著水平（$P>0.05$），说明经营措施的实施对林分平均胸径影响不明显。任何经营方式下，经营后生长 4 年的林分平均胸径较经营后有所增加，且结构化经营的林分平均胸径增加显著（$P<0.05$）。通过计算经营后 4 年间的林木胸径变化发现，不同经营方式下林木的胸径平均生长量不同，即结构化经营（1.07 cm）>近自然经营（0.96 cm）>次生林综合培育（0.80 cm）>对照（0.79 cm），结构化经营下林木的平均胸径增长量最高；同时，结构化经营与近自然经营下林分的增长量与对照差异均达到显著水平（$P<0.05$），而次生林综合培育与对照差异未达到显著水平（$P>0.05$）。通过年均生长率计算得出，结构化经营的林分林木胸径年均生长率为 2.13%，近自然经营的林分林木胸径年均生长率为 2.05%，未经营林分（对照）林木胸径年均生长率为 1.50%，次生林综合培育下林木的胸径年均生长率为 1.60%，可见，结构化经营下林木胸径年均生长率也为最高，同样，结构化经营与近自然经营下林木的胸径增长率与对照差异也均达到显著水平（$P<0.05$）。

表 8-2　不同经营方式下林分平均胸径

经营方式	2013 年经营前平均胸径/cm	2013 年经营后平均胸径/cm	2017 年经营后4 年平均胸径/cm	4 年林木胸径平均生长量/cm	林木胸径年均生长率/%
A	11.47±0.57a	11.33±0.86a	12.22±0.90a	0.96±0.24A	2.05±0.36A
B	11.25±0.78a	11.86±0.68a	12.98±0.32b	1.07±0.12A	2.13±0.15A
C	11.86±0.16a	11.86±0.26a	12.08±0.26a	0.79±0.22B	1.50±0.54B
D	11.12±0.73a	11.62±0.93a	12.13±0.96a	0.80±0.06AB	1.60±0.12AB

注：小写字母（a、b）表示经营后 4 年、经营后及经营前之间的差异显著性；大写字母（A、B）表示不同经营方式之间的差异显著性；相同字母表示差异不显著（$P>0.05$），不同字母表示差异显著（$P<0.05$）。表 8-3 和表 8-4 同。

(2) 平均树高

由不同经营模式经营 4 年后林木平均树高变化（表 8-3）可知，任何经营方式下，经营后生长 4 年的林分平均树高较经营后有所增加，且这种差异均达到显著水平（$P<0.05$）。同样，通过计算经营后 4 年间的林木树高变化发现，不同经营模式下林木的树高平均生长量不同，即近自然经营（0.99 m）>结构化经营（0.90 m）>次生林综合培育（0.89 m）>未经营（0.87 m），可以看出，结构化经营下林木的平均树高增长量小于近自然经营，但它们之间的差异不显著（$P>0.05$）。通过年均生长率计算得出，结构化经营的林分林木树高年均生长率为 1.81%，近自然经营的林分林木树高年均生长率为 2.01%，未经营林分（对照）林木树高年均生长率为 1.68%，次生林综合培育下林木树高年均生长率为 1.71%，可见，结构化经营下林木树高年均生长率也低于近自然经营，大于对照和

次生林综合培育，但各经营方式之间差异未达显著水平（$P>0.05$）。

表 8-3　不同经营方式下林分平均树高

经营方式	2013 年经营前平均树高/m	2013 年经营后平均树高/m	2017 年经营 4 年后平均树高/m	4 年林木树高平均生长量/m	林木树高年均生长率/%
A	11.58±0.48a	11.67±0.40a	12.54±0.30b	0.99±0.02A	2.01±0.09A
B	11.65±0.59a	11.78±0.49a	12.58±0.34b	0.90±0.14A	1.81±0.36A
C	11.69±0.43a	11.69±0.43a	12.33±0.43b	0.87±0.14A	1.68±0.39A
D	11.75±0.32a	11.84±0.46a	12.58±0.36b	0.89±0.22A	1.71±0.64A

（3）平均冠幅

由不同经营方式对林分平均冠幅生长的影响可以（表 8-4）看出，任何经营模式下，经营后生长 4 年的林分平均冠幅较经营后有所增加，但这种差异未达到显著水平（$P>0.05$）。通过计算经营后 4 年间的林木冠幅变化发现，不同经营方式下林木的冠幅平均生长量不同，即近自然经营（0.19 m）>次生林综合培育（0.14 m）>未经营（0.11 cm）>结构化经营（0.1 m），可以看出，结构化经营下林木的平均冠幅增长量最低，但各经营方式之间差异仍未达到显著水平（$P>0.05$）。通过年均生长率计算得出，结构化经营的林分林木冠幅年均生长率为 0.76%，近自然经营的林分林木冠幅年均生长率为 1.08%，未经营林分（对照）林木冠幅年均生长率为 0.86%，次生林综合培育下林木的冠幅年均生长率为 1.02%，即结构化经营下林木冠幅年均生长率也为最低；冠幅年均生长率在各经营方式之间差异仍未达到显著水平（$P>0.05$）。

表 8-4　不同经营方式对林分平均冠幅生长的影响

经营方式	2013 年经营前平均冠幅/m	2013 年经营后平均冠幅/m	2017 年经营 4 年后平均冠幅/m	4 年林木冠幅平均生长量/m	林木冠幅年均生长/%
A	4.58±0.53a	4.55±0.44a	4.73±0.26a	0.19±0.06A	1.08±0.10A
B	4.52±0.61a	4.92±0.42a	5.02±0.32a	0.10±0.04A	0.76±0.20A
C	4.88±0.68a	4.88±0.68a	5.08±0.71a	0.11±0.06A	0.86±0.12A
D	4.46±0.89a	4.65±0.74a	4.73±0.62a	0.14±0.03A	1.02±0.16A

8.2.3.2　对林分蓄积量、乔木层生物量及碳储量的影响

（1）林分蓄积量

由经营前各样地林分蓄积量（表 8-5）可以看出，C4 样地林分蓄积量明显大于对照中的其他样地林分蓄积量，被认为是异常值，因此 C4 样地不参与林分蓄积量分析。任何经营方式实施后林分蓄积量均较经营前有所降低，这是由于经营减少了部分林木所致。分析林分蓄积量年均增长量得出，近自然经营各样地的 4 年林分蓄积生长量分别高出对照（均值）1.39 m³/hm²、0.40 m³/hm²、−1.63 m³/hm² 和 0.18 m³/hm²，平均比对

照高 0.085 m³/hm²；结构化经营各样地的 4 年林分蓄积生长量分别高出对照（均值）
1.50 m³/hm²、1.38 m³/hm²、−0.22 m³/hm² 和 1.22 m³/hm²，平均比对照高 0.97 m³/hm²；
次生林综合培育各样地的 4 年林分蓄积生长量分别高出对照（均值）1.20 m³/hm²、
−0.87 m³/hm²、−1.44 m³/hm² 和 −0.56 m³/hm²，平均比对照高 −0.42 m³/hm²。分析蓄
积量年均生长率得出，近自然经营各样地的年均生长率分别高出对照（均值）
27.80%、0.81%、−19.01% 和 6.78%，平均比对照高 4.09%；结构化经营各样地的年
均生长率分别高出对照（均值）25.78%、29.54%、1.87% 和 11.58%，平均比对照高
17.19%；次生林综合培育各样地的年均生长率分别高出对照（均值）19.31%、
−18.03%、−11.71% 和 1.31%，平均比对照高 −2.28%。

表 8-5　不同经营模式下林分蓄积量

样地	2013 年经营前蓄积量/（m³/hm²）	2013 年经营后蓄积量/（m³/hm²）	2017 年经营 4 年后蓄积量/（m³/hm²）	4 年林分蓄积生长量/（m³/hm²）	林分蓄积量年均生长率/%
A1	142.76	133.69	163.97	30.28	5.09
A2	179.61	150.94	177.28	26.34	4.01
A3	158.38	131.99	150.18	18.19	3.22
A4	172.11	136.93	162.37	25.44	4.25
B1	166.29	138.63	169.48	30.85	5.01
B2	159.95	131.65	161.93	30.27	5.16
B3	164.85	135.01	158.84	23.83	4.05
B4	172.76	151.89	181.50	29.61	4.44
C1	130.88	130.88	156.89	26.01	4.52
C2	159.36	159.36	181.66	22.31	3.27
C3	142.28	142.28	168.17	25.89	4.17
C4	218.99	218.99	256.74	37.75	3.97
D1	172.56	140.66	170.18	29.52	4.75
D2	173.28	153.69	175.14	21.46	3.26
D3	154.60	125.39	144.35	18.96	3.51
D4	152.32	127.92	150.37	22.44	4.03

（2）乔木层生物量

由不同经营模式经营前各样地生物量（表 8-6）可以看出，C4 样地乔木层生物量明
显大于对照中的其他样地，被认为是异常值，因此 C4 样地不参与乔木层生物量分析。
与林分蓄积量变化一致，经营 4 年后，近自然经营各样地的 4 年乔木层生物量增长量分
别高出对照（均值）2.73 t/hm²、−0.53 t/hm²、−4.73 t/hm² 和 −0.11 t/hm²，平均比对
照高 −0.66 t/hm²；结构化经营各样地的 4 年乔木层生物量增长量分别高出对照（均值）
1.56 t/hm²、1.39 t/hm²、0.04 t/hm² 和 −0.19 t/hm²，平均比对照高 2.80 t/hm²；次生林综合

培育各样地的 4 年乔木层生物量增长量分别高出对照（均值）0.43 t/hm²、−3.92 t/hm²、−0.31 t/hm²和−0.92 t/hm²，平均比对照高−1.18 t/hm²。分析乔木层生物量年均增长率得出，近自然经营各样地的乔木层生物量年均增长率分别高出对照（均值）54.16%、−9.02%、−72.46%和 7.50%，平均比对照高−4.95%；结构化经营各样地的乔木层生物量年均增长率分别高出对照（均值）25.76%、39.43%、15.53%和−4.59%，平均比对照高 19.03%；次生林综合培育各样地的乔木层生物量年均增长率分别高出对照（均值）15.03%、−64.70%、11.59%和 5.06%，平均比对照高−8.25%。可见，结构化经营措施能有效提高乔木层生物量的增长量和年均增长率。

表 8-6　不同经营模式下林分乔木层生物量

样地	2013 年经营前生物量/（t/hm²）	2013 年经营后生物量/（t/hm²）	2017 年经营 4 年后生物量/（t/hm²）	4 年乔木层生物量增长量/（t/hm²）	乔木层生物量年均增长率/%
A1	130.7751	116.6756	152.3432	35.6675	6.63
A2	157.0309	132.9713	155.5449	22.5735	3.91
A3	137.3821	119.3729	125.1642	5.7913	1.18
A4	148.7561	119.2527	143.5488	24.2960	4.62
B1	149.4298	127.7241	158.7048	30.9807	5.41
B2	132.6884	111.1555	141.4468	30.2913	6.00
B3	136.8034	112.856	137.7559	24.8999	4.97
B4	150.5224	133.9821	157.9344	23.9522	4.10
C1	114.5774	114.5774	139.456	24.8786	4.90
C2	140.126	140.126	179.3593	39.2333	6.14
C3	130.0898	130.0898	140.225	10.1352	1.87
C4	182.3718	182.3718	216.7675	34.3957	4.31
D1	147.9728	120.4286	146.8721	26.4435	4.95
D2	162.224	144.0323	153.0489	9.0166	1.52
D3	137.8246	110.5851	134.0654	23.4803	4.80
D4	126.9594	105.906	126.9454	21.0394	4.52

（3）乔木层碳储量

通过乔木层生物量乘以含碳系数，便可得到乔木层碳储量，其不同经营方式下碳储量均表现出与乔木层生物量相同的变化规律。由经营前各样地碳储量（表 8-7）可以看出，C4 样地碳储量明显大于对照中其他样地碳储量，被认为是异常值，因此 C4 样地不参与碳储量分析。经营 4 年后，近自然经营各样地的 4 年乔木层碳储量增长量分别高出对照（均值）1.32 t/hm²、−0.25 t/hm²、−2.26 t/hm²和−0.04 t/hm²，平均比对照高−0.31 t/hm²；结构化经营各样地的 4 年乔木层碳储量增长量分别高出对照（均值）0.75 t/hm²、0.67 t/hm²、0.03 t/hm²和−0.08 t/hm²，平均比对照高 0.34 t/hm²；次生林综合培育各样地的 4 年乔木层碳储量增长量分别高出对照（均值）0.21 t/hm²，-1.87 t/hm²、-0.14 t/hm²和-0.43 t/hm²；平均比对照高-0.55 t/hm²。分析碳储量年均增长率得出，近自然经营各样地的乔木层碳储量年均增长率分别高出对照（均值）54.16%、-9.02%、-72.46%和7.50%，平均比对照高-4.95%；结构化经营各样地的乔木层碳储量年均增长率分别高出对照（均值）25.76%、39.43%、15.53%和-4.59%，平均比对照高19.03%；次生林综合培育各样地的乔木层碳储量年均增长率分别高出对照（均值）15.03%、-64.70%、11.59%和5.06%，平均比对照高-8.25%。由上可以得出，结构化经营措施能有效提高林分乔木层碳储量的增长量和年均增长率。

表 8-7　不同经营模式下林分乔木层碳储量

样地	2013 年经营前碳储量／（t/hm²）	2013 年经营后碳储量／（t/hm²）	2017 年经营4年后碳储量／（t/hm²）	4 年乔木层碳储量增长量／（t/hm²）	乔木层碳储量年均增长率/%
A1	62.7720	56.0043	73.1247	17.1204	6.6292
A2	75.3748	63.8262	74.6615	10.8353	3.9120
A3	65.9434	57.2990	60.0788	2.7798	1.1841
A4	71.4029	57.2413	68.9034	11.6621	4.6225
B1	71.7263	61.3076	76.1783	14.8707	5.4081
B2	63.6904	53.3547	67.8945	14.5398	5.9958
B3	65.6656	54.1709	66.1228	11.9519	4.9678
B4	72.2507	64.3114	75.8085	11.4971	4.1026
C1	54.9972	54.9972	66.9389	11.9417	4.8967
C2	67.2605	67.2605	86.0924	18.8320	6.1401
C3	62.4431	62.4431	67.3080	4.8649	1.8747
C4	87.5385	87.5385	104.0484	16.5100	4.3087
D1	71.0269	57.8057	70.4986	12.6929	4.9464
D2	77.8675	69.1355	73.4635	4.3280	1.5175
D3	66.1558	53.0808	64.3514	11.2706	4.7987
D4	60.9405	50.8349	60.9338	10.0989	4.5178

8.2.3.3　对林分进界株数和死亡率的影响

通过计算不同经营模式下林分4年的进界株数和死亡率（表8-8）得出，近自然经营各样地林分的进界株数分别比对照（均值）高-100%、460%、220%和540%，平均比对照高280%；结构化经营各样地林分的进界株数分别比对照（均值）高220%、300%、540%和60%，平均比对照高280%；次生林综合培育各样地林分的进界株数分别比对照（均值）高60%、300%、620%和380%，平均比对照高340%。分析林分林木死亡率得出，近自然经营各样地林分的死亡率分别比对照（均值）高-56.69%、31.17%、114.66%和20.45%，平均比对照高55.74%；结构化经营各样地林分的死亡率分别比对照（均值）高−76.44%、−5.07%、128.77%和17.48%，平均比对照高16.18%；次生林综合培育各样地林分的死亡率分别比对照（均值）高−79.26%、143.72%、69.95%和37.09%，平均比对照高42.87%。可见，近自然经营和结构化经营方式下林分进界株数相当，但结构化经营方式下林分林木死亡率最低。

表8-8 不同经营方式下林分进界株数与死亡率

样地	林分进界株数/（株/hm²）	林分林木死亡率/%
A1	0	11.11
A2	175	9.30
A3	100	15.22
A4	200	8.54
B1	100	1.67
B2	125	6.73
B3	200	16.22
B4	50	8.33
C1	75	4.23
C2	50	9.72
C3	0	4.84
C4	0	9.57
D1	50	1.47
D2	125	17.28
D3	225	12.05
D4	150	9.72

8.2.3.4 对林分结构的影响

（1）对林木大小分布的影响

由锐齿槲栎天然林经营前后的林分直径分布（图8-10）可知，不同经营样地锐齿槲栎天然林在经营前林分直径分布基本均为倒J型结构，而经营后及经营4年后的林分直径分布中均出现了多峰分布。采用近自然经营的林分，在经营前林分平均胸径为11.39 cm，经营后为11.43 cm；变异系数在经营前为50.9%，经营后为50.4%。经营4年后，林分平均胸径为11.98 cm，变异系数为51.4%。林分平均胸径在经营4年后增加，中、小径级林木增加，直径分布曲线更陡峭，直径变异系数增大。采用结构化经营的林分，在经营前林分平均胸径为11.19 cm，经营后为12.05 cm；变异系数在经营前为47.4%，经营后为47.0%；结构化经营措施使林分平均胸径增加，减少了林分中小径级林木。经营4年后，林分平均胸径为 12.95 cm；变异系数为 48.2%。结构化经营措施实施后，林分平均胸径在经营 4 年后增加，林分中、大径级林木增加，直径分布曲线平缓，直径变异系数增大。未经营林分，在经营前林分平均胸径为 11.84 cm，变异系数为 53.5%；自然生长 4 年后，林分平均胸径为 12.81 cm，变异系数为 53.1%。林分自然生长 4 年平均胸径增加，林分中小径级林木较多，分布曲线均呈尖顶峰度（尖顶曲线），直径分布曲线稍平缓，直径变异系数在自然生长的 4 年期间基本无变化。采用次生林综合培育措施的林分，在经营前林分平均胸径为 11.10 cm，经营后为 11.57 cm；变异系数在经营前为 47.3%，经营后为46.8%。次生林综合培育措施对林分平均胸径影响不大，经营后林分中小径级林木减少，分布曲线呈尖顶峰度（尖顶曲线），林木直径变异系数降低。经营 4 年后，林分平均胸径为 12.04 cm，变异系数为 48.4%。实施次生林综合培育措施 4 年后，林分平均胸径增加，林分中中、小径级林木较多，直径分布基本没有变化，分布曲线呈尖顶峰度（尖顶曲线），林木直径变异系数增加。

由以上分析可知，各经营方式实施 4 年后，林分平均胸径均较经营后有所增加，分别为结构化经营（0.90 cm）>近自然经营（0.55 cm）>次生林综合培育（0.47 cm），但均小于未经营林分（0.97 cm）；结构化森林经营提高了林分中大径的比例，中大径木比例为52.92%，中大径木的增加幅度是对照的 6 倍多，中大径木的比例比对照高出约 34%。

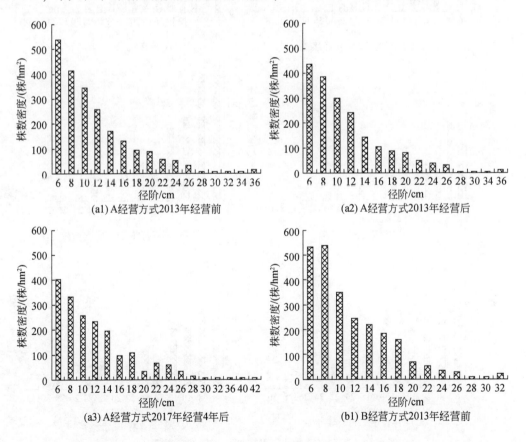

(a1) A经营方式2013年经营前
(a2) A经营方式2013年经营后
(a3) A经营方式2017年经营4年后
(b1) B经营方式2013年经营前

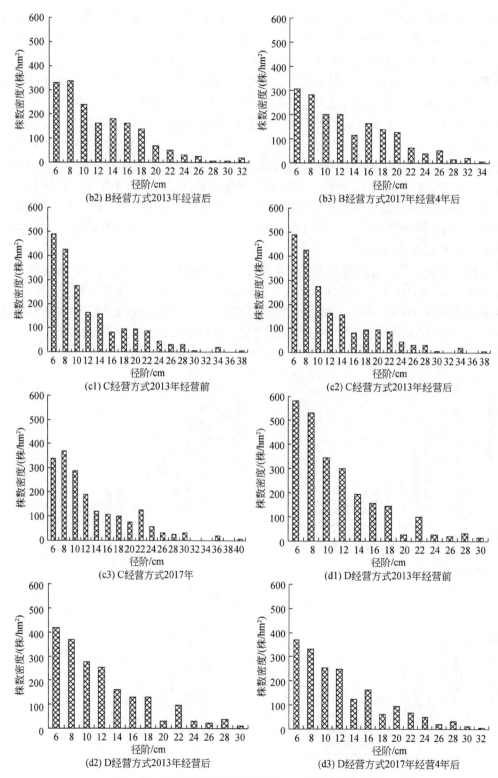

图 8-10　不同经营方式下及经营 4 年后林分直径分布

近自然经营的林分经营前、经营后及经营 4 年后林分胸径–树高联合分布均为多个聚集分布 [图 8-11 (a1 ~ a3)]，经营前林分大径级林木比例占绝大多数，而近自然经营措施对林分影响不明显，同样是大径级林木比例占绝大多数；而经营 4 年后林分中大径级林木比例有所减少、小径级林木比例有所增加。结构化经营林分经营前、经营后及经营 4 年后林分胸径–树高联合分布也均为多个聚集分布 [图 8-11 (b1 ~ b3)]，经营前林分小径级林木比例占绝大多数，而结构化经营措施的实施使林分中小径级林木比例减少；而经营 4 年后林分中大径级林木比例大幅度增加、小径级林木比例减少。4 年前和 4 年后未经营林分胸径–树高联合分布也均为多个聚集分布 [图 8-11 (c1 ~ c3)]，经营前林分小径级林木比例占绝大多数，而自然生长 4 年后，林分中也是小径级林木占多数，大小径级林木比例变化不明显。次生林综合培育的林分在经营前、经营后及经营 4 年后林分胸径–树高联合分布也均为多个聚集分布 [图 8-11 (d1 ~ d3)]，经营前林分大径级林木比例占绝大多数，经营后林分中小径级林木比例降低；而经营 4 年后林分中小径级林木比例增加。

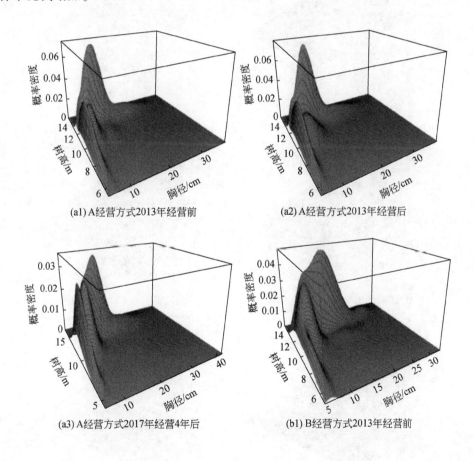

(a1) A 经营方式 2013 年经营前　　　　　(a2) A 经营方式 2013 年经营后

(a3) A 经营方式 2017 年经营 4 年后　　　　(b1) B 经营方式 2013 年经营前

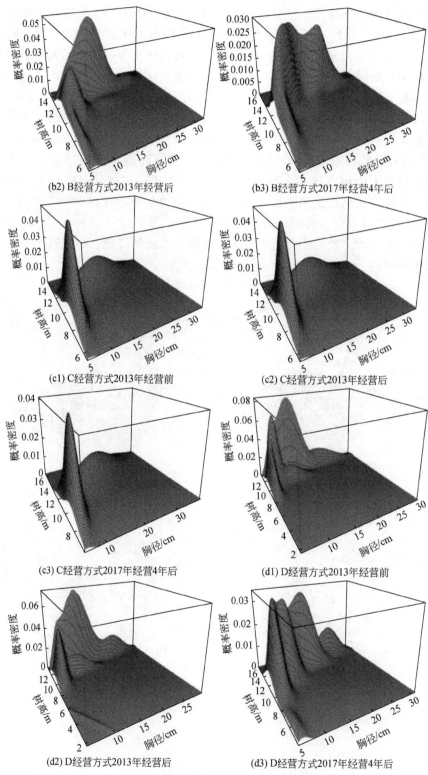

(b2) B经营方式2013年经营后 　　　　(b3) B经营方式2017年经营4年后

(c1) C经营方式2013年经营前 　　　　(c2) C经营方式2013年经营后

(c3) C经营方式2017年经营4年后 　　　　(d1) D经营方式2013年经营前

(d2) D经营方式2013年经营后 　　　　(d3) D经营方式2017年经营4年后

图 8-11　不同经营方式及经营 4 年后直径–树高双变量联合分布三维图

（2）对林木分布格局的影响

由各试验样地经营前、经营后及经营4年后林分的平均角尺度和各样地角尺度分布图可知（表8-9，图8-12），实施近自然经营的各样地林分在经营前平均角尺度分别为0.509、0.521、0.524和0.542，大部分属于团状分布；经营措施实施后林分平均角尺度分别为0.555、0.494、0.532和0.533，大部分也属于团状分布；说明近自然经营实施未使林分角尺度改变为合理的林木分布格局；经营4年后的林分平均角尺度分别为0.534、0.507、0.533和0.539，可以看出，近自然经营后生长4年的林分整体仍属于团状分布，属于不合理的分布格局。从经营后生长了4年的林分来看，相应的林分角尺度的不同取值较经营后也发生了变化，但各样地变化也不一致，整体变化表现为角尺度为0.25、0.5和0.75的林木比例下降（图8-12）。实施结构化经营的各样地林分在经营前平均角尺度分别为0.551、0.516、0.526和0.514，属于随机到团状分布过渡阶段或团状分布，整体属于不合理的分布格局；经营实施后林分平均角尺度分别为0.495、0.468、0.493和0.492，基本属于随机分布；说明结构化经营实施使林分角尺度改变为合理的林木分布格局；经营4年后的林分分别为0.495、0.479、0.512和0.504，可以看出，结构化经营后生长4年的林分仍属于随机分布，仍保持着合理的林木分布格局。从经营后生长了4年的林分来看，相应的林分角尺度的不同取值较经营后也发生了变化，各样地变化较一致，表现为角尺度为0.25和0.75的林木比例下降，而角尺度为0.5的林木比例上升（图8-12）。未经营林分的各样地林分在4年前平均角尺度分别0.540、0.546、0.524和0.518，均属于团状分布，而生长4年后平均角尺度分别0.560、0.552、0.515和0.511，属于团状分布或者团状分布到随机分布过渡阶段，整体为不合理的林木分布格局。从不同角尺度的相对频率来看，未经营林分在生长4年后，整体变化为角尺度为0.25和0.75林木比例下降，而角尺度为0.5和1的林木比例上升（图8-12）。实施次生林综合培育的各样地林分在经营前平均角尺度分别为0.565、0.478、0.538和0.494，多数属于团状分布或者均匀分布到随机分布过渡阶段；经营实施后林分平均角尺度分别为0.488、0.474、0.546和0.476，整体仍不属于理想的格局分布；说明次生林综合培育实施并未使林分角尺度改变为合理的林木分布格局；经营4年后的林分角尺度分别为0.488、0.496、0.518和0.488，可以看出，次生林综合培育后生长4年的林分分布格局整体基本合理。经营4年后较经营后也发生变化，角尺度为1的林木比例上升（图8-12）。对比各经营方式经营4年后林分的角尺度发现，结构化经营林分的林木为合理的随机分布格局，而其他经营方式和对照林分均非合理的随机分布水平。

表8-9　不同经营方式及经营4年后林分的平均角尺度

经营方式	样地	2013 年经营前	2013 年经营后	2017 年经营 4 年后
A	A1	0.509	0.555	0.534
	A2	0.521	0.494	0.507
	A3	0.524	0.532	0.533
	A4	0.542	0.533	0.539

经营方式	样地	2013 年经营前	2013 年经营后	2017 年经营 4 年后
B	B1	0.551	0.495	0.495
	B2	0.516	0.468	0.479
	B3	0.526	0.493	0.512
	B4	0.514	0.492	0.504
C	C1	0.540	0.540	0.560
	C2	0.546	0.546	0.552
	C3	0.524	0.524	0.515
	C4	0.518	0.518	0.511
D	D1	0.565	0.488	0.488
	D2	0.478	0.474	0.496
	D3	0.538	0.546	0.518
	D4	0.494	0.476	0.488

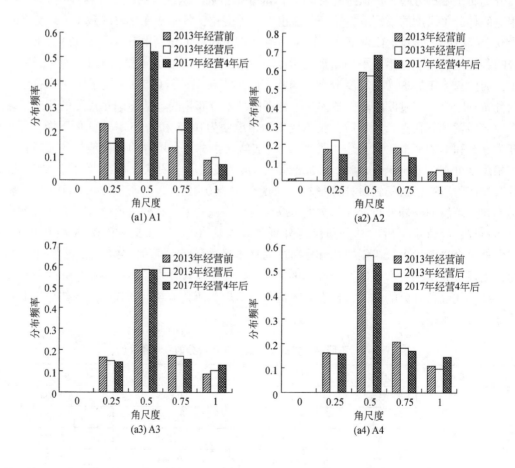

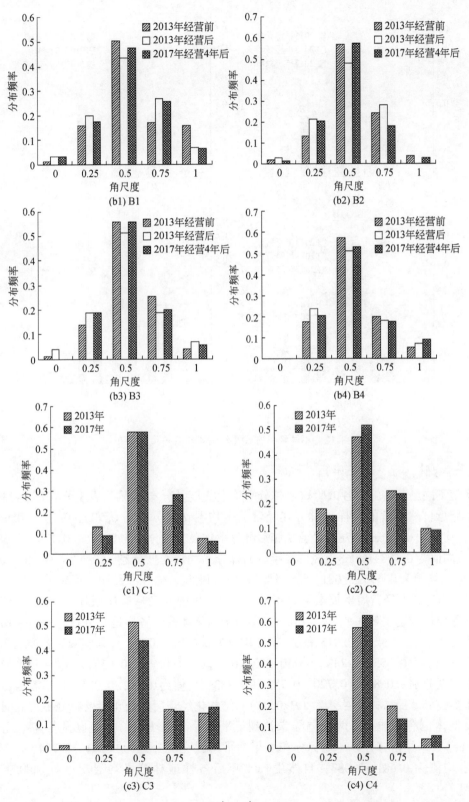

(b1) B1

(b2) B2

(b3) B3

(b4) B4

(c1) C1

(c2) C2

(c3) C3

(c4) C4

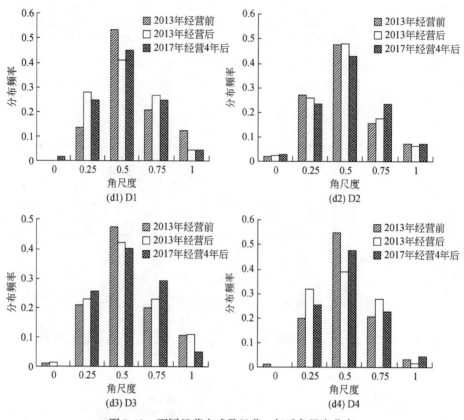

图 8-12　不同经营方式及经营 4 年后角尺度分布

（3）对林分混交度的影响

实施不同经营措施后各试验样地林分平均混交度及分布情况（表 8-10，图 8-13）可知，实施近自然经营的各样地林分在经营前平均混交度分别为 0.720、0.788、0.642 和 0.615，均值为 0.691±0.078；经营实施后林分平均混交度分别为 0.655、0.779、0.682 和 0.623，均值为 0.683±0.068；经营 4 年后的林分平均混交度分别为 0.625、0.812、0.682 和 0.661，均值为 0.695±0.081。近自然经营实施降低了林分混交度，但差异未达显著水平（$P>0.05$），而经营后生长 4 年的林分平均混交度较经营后有所增加，也高于经营前，但之间差异均未达显著水平（$P>0.05$）。实施结构化经营的各样地林分在经营前平均混交度分别为 0.678、0.626、0.645 和 0.730，均值为 0.669±0.045；经营实施后各样地林分平均混交度分别为 0.855、0.738、0.750 和 0.816，均值为 0.789±0.055；经营 4 年后的林分平均混交度分别为 0.863、0.720、0.783 和 0.883，均值为 0.812±0.075。可以看出，结构化经营实施显著提高林分混交度（$P<0.05$），结构化经营后生长 4 年的林分平均混交度较经营后整体也有增加，但两者差异未达到显著水平（$P>0.05$），但也显著高于经营前（$P<0.05$）。未经营林分各样地林分在 4 年前平均混交度分别为 0.591、0.754、0.759 和 0.621，均值为 0.681±0.087；自然生长 4 年后各样地林分平均混交度分别为 0.611、

0.712、0.770 和 0.621，均值为 0.678±0.076。可知，未经营林分在 4 年期间林分平均混交度变化不明显（$P>0.05$）。从不同混交度的分布频率来看，混交度为 0.5 的分布频率下降，其他混交度的分布频率变化无规律。实施次生林综合培育的各样地林分在经营前平均混交度分别为 0.694、0.744、0.731 和 0.609，均值为 0.694±0.060；经营实施后林分平均混交度分别为 0.791、0.739、0.810 和 0.625，均值为 0.741±0.083；经营 4 年后的林分分别为 0.794、0.785、0.790 和 0.676，均值为 0.761±0.056。可以看出，次生林综合培育实施也提高林分混交度，但差异未达到显著水平（$P>0.05$），同样，次生林综合培育后生长 4 年的林分平均混交度较经营后也有增加，同样，无显著差异（$P>0.05$），也与经营前差异不显著（$P>0.05$）。对比各经营 4 年后林分的混交度发现，结构化经营林分混交度（0.812±0.075）均显著大于次生林综合培育（0.761±0.056）、近自然经营（0.695±0.081）和对照（0.678±0.076）（$P<0.05$）；而其他经营方式及对照之间差异不显著（$P>0.05$）。

表 8-10　不同经营方式及经营 4 年后林分的平均混交度

区组	样地	2013 年经营前	2013 年经营后	2017 年经营 4 年后
	A1	0.720	0.655	0.625
	A2	0.788	0.779	0.812
A	A3	0.642	0.682	0.682
	A4	0.615	0.623	0.661
	均值	0.691±0.078a	0.683±0.068a	0.695±0.081a
	B1	0.678	0.855	0.863
	B2	0.626	0.738	0.720
B	B3	0.645	0.750	0.783
	B4	0.730	0.816	0.883
	均值	0.669±0.045a	0.789±0.055b	0.812±0.075b
	C1	0.591	0.591	0.611
	C2	0.754	0.754	0.712
C	C3	0.759	0.759	0.770
	C4	0.621	0.621	0.621
	均值	0.681±0.087a	0.681±0.087a	0.678±0.076a
	D1	0.694	0.791	0.794
	D2	0.744	0.739	0.785
D	D3	0.731	0.810	0.790
	D4	0.609	0.625	0.676
	均值	0.694±0.060a	0.741±0.083a	0.761±0.056a

注：均值为 4 个样地的平均值±误差；均值后的不同字母表示差异显著（$P<0.05$）。

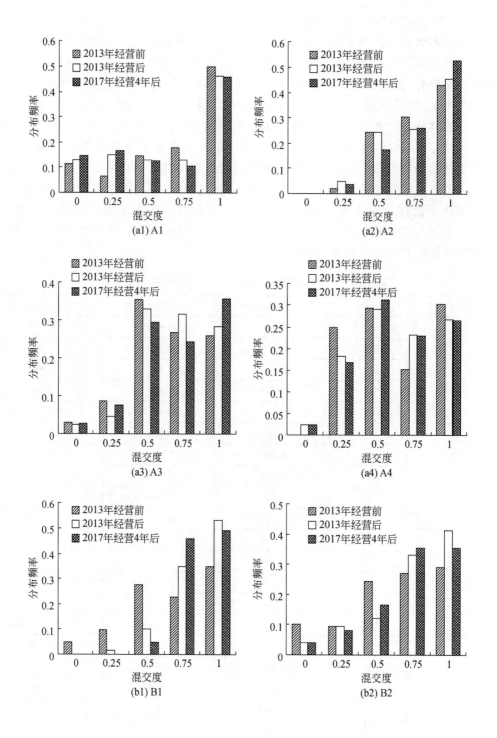

(a1) A1

(a2) A2

(a3) A3

(a4) A4

(b1) B1

(b2) B2

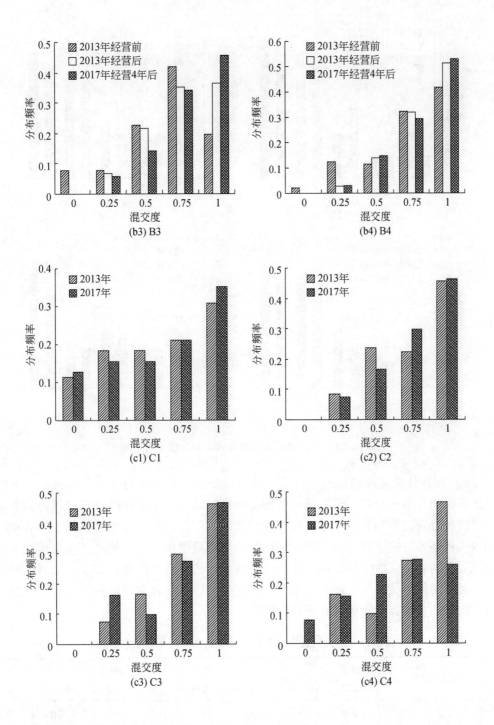

(b3) B3

(b4) B4

(c1) C1

(c2) C2

(c3) C3

(c4) C4

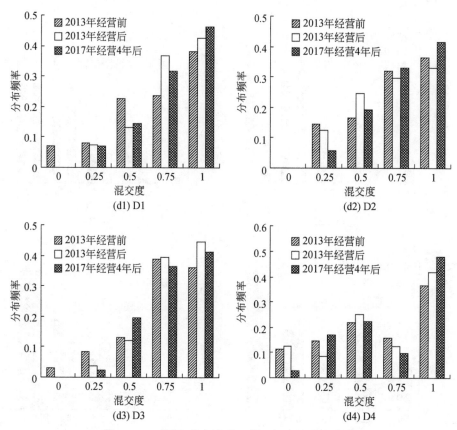

图 8-13　不同经营方式及经营 4 年后混交度分布

（4）对林分稳定性的影响

从不同经营措施经营 4 年后林分状态特征可以看出（表 8-11），近自然经营和结构化经营的林分垂直结构和水平结构较经营后无明显变化，近自然经营仍属于不合理的水平结构。各经营方式下林分的树种多样性均较经营后增加。近自然经营和结构化经营的林分优势度均较经营后降低，而次生林综合培育则较经营后增加；相反，近自然经营和结构化经营的树种优势度较经营后增加，而次生林综合培育则较经营后降低；同样，各经营方式下的林分拥挤度仍处在不合理密度。

表 8-11　不同经营方式下经营 4 年后各样地林分状态特征

样地	空间结构		年龄结构	林分组成		林分密度	林分长势	顶极种竞争	林木健康	林分更新
	垂直	水平	直径分布	树种多样性	组成系数	林分拥挤度	林分优势度	树种优势度	健康林木比例	幼苗数量
A1	1.7/0.5	0.534/0	非倒 J/0.5	0.47	1/0	0.59/0	0.73	0.41	100/1	4000/1
A2	1.2/0	0.507/1	非倒 J/0.5	0.61	2/0.5	0.45/0	0.73	0.45	91.76/1	2000/0.5

续表

样地	空间结构		年龄结构	林分组成		林分密度	林分长势	顶极种竞争	林木健康	林分更新
	垂直	水平	直径分布	树种多样性	组成系数	林分拥挤度	林分优势度	树种优势度	健康林木比例	幼苗数量
A3	1.1/0	0.533/0	倒 J/1	0.43	2/0.5	0.54/0	0.82	0.49	88.46/0	6000/1
A4	1.2/0	0.539/0	倒 J/1	0.36	3/1	0.44/0	0.75	0.47	97.59/1	3000/1
B1	1.3/0	0.495/1	倒 J/1	0.64	3/1	0.57/0	0.67	0.34	96.83/1	6500/1
B2	1.7/0.5	0.479/1	倒 J/1	0.47	2/0.5	0.48/0	0.69	0.46	98.63/1	500/0.5
B3	1.1/0	0.512/1	倒 J/1	0.55	2/0.5	0.54/0	0.69	0.46	100/1	1000/0.5
B4	1.3/0	0.504/1	倒 J/1	0.63	3/1	0.48/0	0.82	0.41	100/1	4000/1
C1	1.1/0	0.560/0	倒 J/1	0.39	3/1	0.52/0	0.69	0.30	97.18/1	11000/1
C2	2.1/0	0.552/0	非倒 J/0.5	0.55	1/0	0.43/0	0.72	0.48	100/1	3500/1
C3	2.1/0	0.515/0	非倒 J/0.5	0.57	2/0.5	0.50/0	0.66	0.38	100/1	1500/0.5
C4	1.3/0	0.511/1	倒 J/1	0.40	2/0.5	0.41/0	0.73	0.48	98.06/1	2500/1
D1	1.1/0	0.488/1	非倒 J/0.5	0.58	2/0.5	0.52/0	0.77	0.39	98.55/1	3500/1
D2	1.1/0	0.496/1	倒 J/1	0.58	2/0.5	0.52/0	0.77	0.39	98.61/1	5000/1
D3	1.2/0	0.518/0	非倒 J/0.5	0.57	3/1	0.48/0	0.71	0.36	97.56/1	1500/0.5
D4	1.1/0	0.488/1	倒 J/1	0.45	2/0.5	0.48/0	0.72	0.45	95.77/1	5500/1

注:"/"后数值为指标赋值,即标准化值。

运用单位圆分析方法对不同经营措施实施 4 年后的林分状态进行综合评价,结果表明(表 8-12),近自然经营样地经营前林分 ω 值为 0.416,处在 [0.40,0.55),表明林分状态中等;经营后林分 ω 值为 0.472,仍处为中等林分状态,但 ω 值较经营前增加了 13.46%,表明林分状态得到改善;经营 4 年后的林分 ω 值为 0.412,较经营后降低,表明林分状态变差。结构化经营样地经营前林分 ω 值为 0.530,处在 [0.40,0.55),表明林分状态为中等;经营后林分 ω 值为 0.548,ω 值较经营前增加了 3.39%,也表明林分状态得到改善;经营 4 年后的林分 ω 值为 0.558,处在 [0.55,0.70),林分状态良好,且 ω 值较经营后提高 1.82%,表明林分状态在经营后进一步提高,由中等变为良好。次生林综合培育经营前林分 ω 值为 0.523,处在 [0.40,0.55),表明林分状态为中等;经营后林分 ω 值为 0.503,在经营 4 年后林分 ω 值为 0.488,表明次生林综合培育的实施并未改善林分状态,且在此经营实施后期林分状态进一步变差。未经营林分经营前林分 ω 值为 0.441,处在 [0.40,0.55),表明林分状态为中等,自然生长 4 年后林分 ω 值为 0.445,林分状态仍属于中等,ω 值较之前仅增加了 0.90%。对比各经营方式经营 4 年后林分状态值得出,结构化经营(0.558)>次生林综合培育(0.488)>未经营(0.445)>近自然经营(0.412)。

由以上分析可知,近自然经营和结构化经营的实施均能改善林分状态,反映出林分稳定性的增强;而近自然经营的林分在经营后期,其林分状态变差,反映出林分稳定性减弱；结构化经营使林分状态 ω 值在经营后生长后期继续增加，说明稳定性进一步增强，且增强幅度大于未经营；次生林综合培育不但没有改善林分状态，且在经营后期林分状态变差。因此，可以看出，结构化经营能够有效地增强林分状态稳定性。

表 8-12　不同经营方式下林分状态 ω 值

经营方式	样地	2013 年经营前	2013 年经营后	2017 年经营4 年后	经营方式	样地	2013 年经营前	2013 年经营后	2017 年经营4 年后
A	A1	0.375	0.373	0.365	C	C1	0.501	0.501	0.500
	A2	0.427	0.550	0.406		C2	0.369	0.369	0.350
	A3	0.347	0.448	0.357		C3	0.464	0.464	0.388
	A4	0.514	0.516	0.518		C4	0.431	0.431	0.542
	均值	0.416	0.472	0.412		均值	0.441	0.441	0.445
B	B1	0.508	0.545	0.623	D	D1	0.482	0.563	0.482
	B2	0.548	0.469	0.485		D2	0.562	0.460	0.559
	B3	0.431	0.539	0.471		D3	0.510	0.444	0.371
	B4	0.634	0.638	0.649		D4	0.536	0.545	0.541
	均值	0.530	0.548	0.558		均值	0.523	0.503	0.488

8.3　贵州黎平常绿阔叶混交林结构化森林经营

　　贵州黎平属于结构化森林经营在西南常绿阔叶混交林（图 8-14）中首次进行试验研究之地，由"十一五"林业科技支撑计划"西南山区退化天然林近自然化改造技术示范"专题资助。本节简要介绍其试验结果。

图 8-14　贵州黎平常绿阔叶混交林

8.3.1　试验区及林分概况

试验区位于贵州省黎平县境内（108°37′E～109°31′E，25°17′N～26°44′N），属于亚热带湿润常绿阔叶林区，区内的地带性土壤为山地黄棕壤，黄壤和红壤为主，富铝化作用明显，土壤呈微酸至酸性。黎平县是黔东南苗族侗族自治州的林业大县，该地区的原始森林植被为典型的常绿阔叶混交林，原始森林植被为典型的常绿阔叶林，分布于海拔 1300 m 以下，但由于长期以来的垦殖和破坏，这种原生型的常绿阔叶林已不多见，仅存于边远偏僻而人迹罕至的山岭上部或陡峭湿润的沟谷之中。境内海拔 400～900 m 的低中山下部及低山、丘陵主要分布栲类林，青冈栎林，铁坚杉林，落叶、常绿阔叶混交林，麻栎林，杉木林，马尾松林等，主要树种有钩栲、罗浮栲、青冈栎、米槠等，草本层以铁芒萁、白茅、狗脊、里白、禾草、蕨等为主；境内 900～2000 m 的中山、低中山上部主要分布水青冈林、鹅掌楸林、岭南石栎、水青冈林、亮叶桦林、枫香林、杉木林、枫香林、冷箭竹群落等，主要树种有水青冈、亮叶水青冈、铁橡树、亮叶桦等，下木有箭竹、三尖杉、杜鹃、桧木等，草本稀少，主要有水芝麻、蕨类、禾草、白茅等。

在高屯镇常绿阔叶混交林中设立了 2 个 50 m×60 m 的长方形样地，一块作为经营样地，一块作为对照样地；在德凤镇天然针阔混交林中设立了 1 个 50 m×60 m 的长方形经营样地和 1 个 50 m×50 m 的方形对照样地。常绿阔叶混交林样地郁闭度为 0.73，密度为 683 株/hm²，平均胸径为 22 cm，平均树高为 10.2 m，林分断面积为 25.9 m²/hm²，林分蓄积量为 173 m³/hm²。针阔混交林样地郁闭度为 0.76，密度为 947 株/hm²，平均胸径为 10.6 cm，平均树高为 7.3 m，林分断面积为 25.9 m²/hm²，林分蓄积量为 34.7 m³/hm²。

8.3.2　经营方向确定

应用林分自然度评价方法和经营迫切性评价方法对常绿阔叶混交林和针阔混交林进行评价可知，常绿阔叶混交林经营样地的自然度等级为 6，属于原生性次生林状态，经营迫切性评价为比较迫切。追溯造成林分经营迫切性较高的原因是树种组成单一，青冈在林分的比例较高，林分的直径分布不合理，林木个体由于遭受低温雨雪冰冻灾害，健康水平较低。因此，该林分的经营方向的主要任务是提高林木个体的健康状况，调整树种组成，降低青冈的比例，促进林分直径结构趋于合理。针阔混交经营样地的自然度等级为 5，为次生林状态，林分经营迫切性等级为十分迫切。林木健康水平较低，分布格局为团状分布，顶极树种或乡土树种优势程度不明显，林分垂直结构简单等是造成林分急需进行经营的主要原因。因此，该林分的经营方向应该是提高林木的健康水平，调整林木水平分布格局和竞争关系，提高顶极树种或乡土树种的优势程度，增加林分的垂直分层，使之趋于合理。

8.3.3 林分经营设计

根据经营林分迫切性评价确定的经营方向，对 2 个经营林分进行经营设计。按照结构化森林经营原则，对于常绿阔叶混交林经营样地来说，主要是采用抚育间伐的方法，伐除林分中不健康的林木，特别是不健康的青冈个体，兼顾林分直径结构的调整；对于针阔混交经营林分首先伐除林分中不健康的林木，然后，调整林分的空间结构和树种组成。按照以上思路，2008 年 4 月对上述林分进行采伐木标记，并进行了采伐，表 8-13 和表 8-14 为 2 个林分的采伐木情况汇总。

表 8-13 常绿阔叶林经营样地采伐木汇总表

树种	胸径/cm	采伐原因
冬青	6.9	受压，无培育前途
青冈	12.9	受压，弯曲，调整树种组成
青冈	12.4	断梢，失去生长势，无培育前途
冬青	11.8	断梢，失去生长势，无培育前途
青冈	25.1	调整树种组成
青冈	10.6	顶端枯死
青冈	11.8	顶端枯死
青冈	24.2	虫蛀
檫木	12.8	断梢，失去生长势，无培育前途
青冈	14	受压，断头，弯曲
冬青	7.1	分叉，无培育前途
青冈	17	断梢，受压同，结构调整
香樟	9.4	顶端枯死
柃木	8.8	弯曲受压，无培育前途
细叶樟	6.5	弯曲受压，无培育前途
青冈	7.9	断梢，失去生长势，无培育前途
青冈	12.4	受压，断梢
漆	12.5	断梢，失去生长势，无培育前途
枫树	8.6	受压，无培育前途，调整混交
青冈	6.9	受压，无培育前途，调整树种组成
野樱桃	17.7	虫害

树种	胸径/cm	采伐原因
青冈	8.8	断梢，失去生长势，无培育前途
青冈	8.7	断梢，失去生长势，无培育前途
青冈	23	断梢，虫害
青冈	7	弯曲，受压
青冈	11.8	弯曲，虫害
青冈	20.4	断梢，失去生长势，无培育前途
野樱桃	17.9	虫害，弯曲

表 8-14　针阔混交林经营样地采伐木汇总表

树种	胸径/cm	采伐原因
刺楸	9.5	断梢，失去生长势，无培育前途
香樟	11.3	断梢，失去生长势，无培育前途
野樱桃	10.4	断梢，虫蛀，避免滋生虫害
麻栎	8.3	断梢，虫蛀，避免滋生虫害
麻栎	11.1	断梢，无培育价值
麻栎	9.4	弯曲，无培育前途
麻栎	6.4	虫蛀，避免滋生虫害
润楠	9.1	弯曲，无培育价值
核桃	5.6	弯曲，无培育价值，调整混交
核桃	7.8	断梢，失去生长势，无培育前途
野青冈	15.8	分叉，断梢，无培育前途
茅栗	23.6	倾斜，影响杉木生长，调节竞争
山矾	5.8	倾斜，无培育价值
野青冈	5.3	分叉，无培育价值
麻栎	6.2	弯曲，受压，无培育前途
马尾松	18.1	受压，调整林木分布格局
杉木	14	受压，调整林木分布格局
马尾松	6.6	调整混交和分布格局
马尾松	8.9	受压，调整混交

树种	胸径/cm	采伐原因
野樱桃	5.4	受压,无培育前途,调整混交
麻栎	7.2	受压,调整混交
野樱桃	8.2	虫蛀,避免滋生虫害
野樱桃	7.2	弯曲,无培育前途,调整混交和分布格局
麻栎	14	断梢,失去生长势,无培育前途
杨梅	7.6	基部丛生,调整混交
杨梅	7.2	基部丛生,调整混交
杨梅	10.7	弯曲,断梢
马尾松	5.8	断梢,无培育前途,调整混交
马尾松	5.4	断梢,无培育前途,调整混交
马尾松	6.5	断梢,失去生长势,无培育前途
马尾松	10.2	分叉,无培育前途
枫香	14.1	分叉,无培育前途
润楠	6.2	弯曲,无培育前途

从常绿阔叶混交林经营样地采伐木汇总表可以看出,本次经营在 50 m×60 m 的经营样地中共采伐林木 28 株,涉及 9 个树种,青冈占多数,共 17 株,涉及的林木大多是因断梢和虫害而被采伐,采伐株数强度为 13.7%,断面积强度仅为 5.3%,属于轻度干扰。在针阔混交林样地中,本次经营在 50 m×50 m 的经营样地中共采伐林木 33 株,共涉及树种 13 个,采伐株数强度为 11.6%,断面积强度为 10.7%,也属于轻度干扰。

8.3.4 经营效果状态评价

8.3.4.1 空间利用程度评价

从经营样地的采伐木汇总情况可以看出,本次经营对 2 块样的干扰程度均为轻度干扰,常绿阔叶混交林样地是以调整树种组成和林分健康状况为目的,而针阔混交林在提高林木健康状况的同时还要调整林木的分布格局和竞争关系。2009 年 9 月对采伐后的样地进行了调查,结果表明,常绿阔叶混交林经营样地的林分平均角尺度为 0.489,仍属于随机分布的范畴,经营没有改变林木的分布格局状况;针阔混交经营样的经营后的林分平均角尺度为 0.522,属于轻微团状分布,较经营前的 0.555 有了明显改善。

8.3.4.2　树种多样性评价

在 2 块经营样地采伐林木选择中，虽然涉及的树种较多，但对于珍稀树种均没有进行采伐，因此，经营后稀有种的无损率为 100%。常绿阔叶混交林经营样地经营后的 Shannon-Wiener 多样性指数和 Simpson 多样性指数分别为 1.948 和 0.726，Pielou 均匀度指数和 Margalef 物种丰富度指数分别为 0.640 和 3.885，均较经营前有所上升，说明经营后林分的树种多样性增加。经营后林分的平均混交度为 0.588，较经营前的混交度 0.580 也有所上升。针阔混交林样地经营后林分的 Shannon-Wiener 多样性指数和 Simpson 多样性指数分别为 2.952 和 0.923，Pielou 均匀度指数为 0.824，这三个指数较经营前略有下降，但林分的 Margalef 物种丰富度指数分别为 6.294，较经营前有所上升，这是因为经过一年的生长，林分中出现了许多进级木，也有个别新的树种胸径达到起测胸径，如油茶、五倍子等。林分的平均混交度为 0.738，较经营前有所上升，经营进一步增加了林木的混交。

8.3.4.3　树种组成评价

对于常绿阔叶混交林经营样地，调整树种组成主要是降低青冈在林分中的比例，调查结果表明，经营后，青冈在林分中的株数比例为 49.1%，断面积比例为 68.5%，较经营前分别下降了 2.1% 和 1%。树种优势度分析表明，经营后林分中顶极树种和伴生树种的优势度分别为 0.671 和 0.131，均较经营前有所下降，但下降幅度不大。针阔叶混交林经营样地经营后，马尾松的相对多度和相对显著度上升幅度较大，分别达到了 18.1% 和 30.8%；枫树的相对多度和相对显著度均有所下降，分别为 6.5% 和 6.4%，其他树种的相对多度和相对显著度变化很小。由 2 个经营样地经营后林分直径分布图（图 8-15）可以看出，经营前后林分的直径分布基本没有变化，对于常绿阔叶混交林经营样地而言，经营后的直径分布 q 值为 1.10，仍未落到合理直径分布范围内，还需要进一步针对直径分布进行调整，本次经营的重点是改善林分卫生状况；对于针阔混交林经营样地而言，经营后林分直径分布 q 值为 1.568，与经营前相比几乎没有变化，经营保证了林分直径结构的稳定。

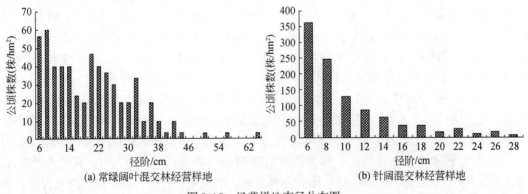

(a) 常绿阔叶混交林经营样地　　　　　(b) 针阔混交林经营样地

图 8-15　经营样地直径分布图

综上所述，本次经营对 2 个经营样地内遭受虫害和冰冻雨雪灾害的林木进行了采伐，调整了林分的树种组成、林木分布格局和竞争关系。通过此次经营，2 个林分的林木个体的健康状况和整体的卫生状况得到了改善，林分的整体健康水平大幅提升，经营在一定程度上调整了林分的空间结构，林木分布格局向随机分布的方向转变，树种的竞争关系得到了改善，青冈在林分中的优势程度有所下降，加速了林分自然稀疏进程，林分的直径分布得到一定的调整，目前还处于不合理的状态，需要在下一期经营中继续进行调整，经营总体上达到了预期的目标。

8.4 辽宁清源蒙古栎林结构化森林经营

由沈阳农业大学林学院和中国林学会在东北辽宁清源蒙古栎林试验示范区首次开展了结构化森林经营。利用基于最近 4 株相邻木空间关系的 4 个空间结构参数，依据天然林林木分布的普遍规律，按照结构化森林经营的原理，对现有蒙古栎次生林（图 8-16）结构进行优化调整，旨在培育健康稳定优质高效的栎类森林生态系统。

图 8-16　辽宁清源蒙古栎林

8.4.1 林分基本概况

示范区内设有 1 块 50 m×50 m 的结构化森林经营林分（样地 1）和 1 块 50 m×50 m 的对照林分（样地 2），以及 1 块 25 m×50 m 的近目标林分（样地 3，结构化经营第一经理期的目标林相）（图 8-17）。样地 1 内，胸径大于 5 cm 的林木共 180 株，健康林木 172 株，比例为 95.6%；出现 3 个树种，优势树种为蒙古栎；林分的平均胸径为 24.7 cm，平均树高为 14.7 m，平均冠幅为 5.1 m，林分密度为 720 株/hm²，林分断面积为 34.4 m²/hm²。样地 2 内，胸径大于 5 cm 的林木共 183 株，健康林木 165 株，比例为 90.2%；出现 4 个树种，优势树种为蒙古栎；林分的平均胸径为 25.2 cm，平均树高为 15.6 m，平均冠幅为 4.6 m，林分密度为 732 株/hm²，林分断面积为 35.97 m²/hm²。样地 3 内，胸径大于 5 cm 的林木共 107 株，健康林木 103 株，比例为 96.3%；出现 4 个树种，优势树种为蒙古栎；林分的平均胸径为 24.2 cm，平均树高为 14.0 m，平均冠幅为 5.2 m，林分密度为 856 株/hm²，林分断面积为 39.36 m²/hm²。

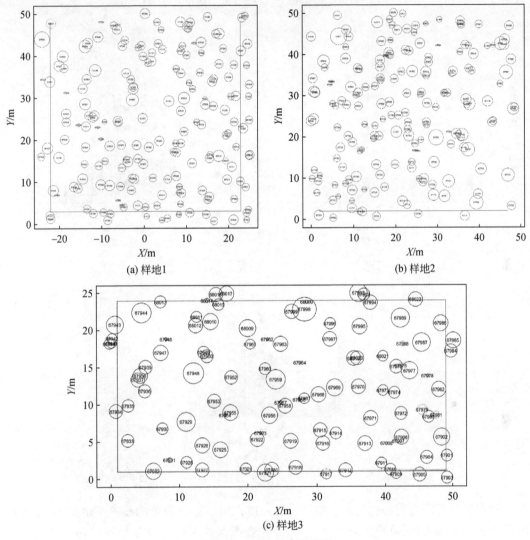

(a) 样地1

(b) 样地2

(c) 样地3

图 8-17　林木分布散点图

注：图中圆圈大小表示胸径；数字代表树号

8.4.2　林分状态

林分状态采用 10 个指标加以描述，体现人们对森林自然属性的朴素认知。其中，垂直结构、水平结构和年龄结构反映的是森林的时空结构，树种多样性和树种组成反映的是物种多样性，林木拥挤度反映的是林分密度，林分长势、目的树种竞争和林木健康等反映的是林分生长状况，而林分更新在一定程度上则是对森林演替和适应性的表达。

（1）林分直径分布

以 5 cm 为起测胸径，以 2 cm 为径阶步长对标准地内所有胸径大于 5 cm 的林木进行了分析（图 8-18），三块样地的最大胸径分别为 45 cm、49 cm 和 43 cm。

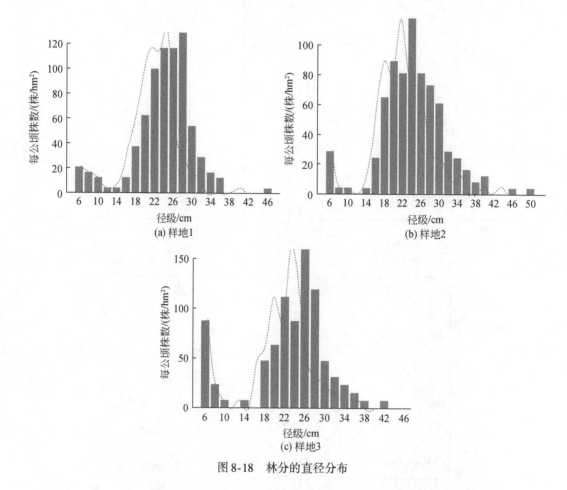

图 8-18　林分的直径分布

现有林分直径分布和林地中伐桩的腐朽程度记录了经营历史的痕迹。由图 8-18 可知，胸径为 6～12 cm 的幼树明显是 1998 年天然林资源保护工程实施 20 年来保护的结果（近 20 年来的进界木生长状况），胸径为 14～46 cm 的林木呈正态分布，这恰好是历史上干扰后形成的状态，分析认为，这是经历木材利用（皆伐和下层抚育）后的结果。这一点可以从林地伐桩腐朽程度得到印证（林地现存两种伐桩状态，一种完全腐烂，另一种木材部分还没有腐朽），可以推断，在天然林资源保护工程开始前的 5～10 年内曾进行过抚育伐，而在此次抚育伐之前即天然林资源保护工程前的 20～30 年间曾进行过皆伐作业。

（2）水平结构

表 8-15 给出了三块样地的空间结构参数。

表8-15 林分空间结构参数

样地	角尺度	大小比数	混交度	密集度
样地 1	0.454	0.484	0.107	0.891
样地 2	0.474	0.495	0.099	0.801
样地 3	0.434	0.477	0.193	0.906

三块样地的角尺度分别为 0.454、0.474 和 0.434（表8-15），均处于由均匀分布到随机分布的过渡阶段，角尺度分布明显表明林分的格局趋于均匀分布（图8-19）。

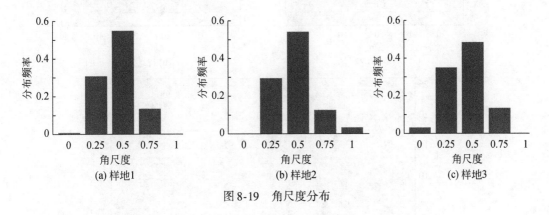

图8-19 角尺度分布

（3）林分长势

林分长势用潜在疏密度表示，三块样地的林分潜在疏密度分别为 0.76、0.71 和 0.70，长势良好。

（4）林分拥挤度

林分密度用林分拥挤度表示。三个林分的拥挤度分别为 0.73、0.81 和 0.69，较为密集。通过图8-20 可以直观地观察到林分树冠的重叠程度。

（5）树种优势度

统计分析林分内不同树种的优势程度。三个林分的蒙古栎树种优势度分别为 0.53、0.52 和 0.57。

（6）垂直结构

垂直结构用林层数表达。表8-16 统计了各样地优势高 H_0 及其各林层林木的比例，其中样地 1 和样地 2 的林层数均为 1，为单层林，样地 3 的林层数为 2，为复层林。

表8-16 样地优势高及各层林木比例

样地	优势高（H_0）/m	第一层（≤1/3H_0）比例/%	第二层（1/3H_0 ~ 2/3H_0）比例/%	第三层（≥2/3H_0）比例/%
样地 1	17.2	2.2	5.6	98.2
样地 2	18.1	2.8	3.9	93.3
样地 3	16.7	11.2	3.7	85.0

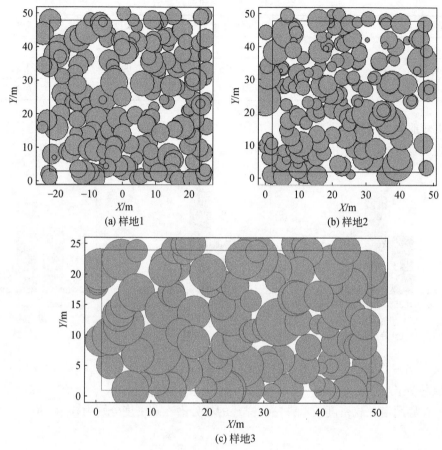

图 8-20　林分树冠对空间的利用程度

注：灰色空心圆代表冠幅，圆的大小表示树冠大小

（7）树种组成

三块样地中蒙古栎的树种断面积分别占总断面积的 98.4%、99.5% 和 98.6%，没有其他树种超过 10%（表 8-17）。

表 8-17　林分树种组成

样地	树种	株数/株	断面积/（m²/hm²）	断面积比例/%
样地 1	蒙古栎	170	8.463	98.4
样地 2	蒙古栎	171	8.944	99.5
样地 3	蒙古栎	97	4.851	98.6

（8）更新状况

经营样地共计 100 株，林分更新状况较差。

（9）树种多样性分析

三块样地的 Simpson 指数取值分别为 0.10、0.11 和 0.17。

（10）林木健康状况

健康林木指林分中没有病虫害且非断梢、弯曲、空心、水裂等的林木，并且包括部分萌蘖和同株的林木。样地 1 中的健康林木共计 172 株，占 95.6%；样地 2 中的健康林木共计 165 株，占 90.2%；样地 3 中的健康林木共计 103 株，占 96.3%。

8.4.3　经营诊断

8.4.3.1　林分状态评价

表达林分状态的指标复杂多样，有定性指标也有定量指标，且每个指标的取值和单位差异很大。所以，首先要对所选的描述林分状态的指标进行赋值、标准化和正向处理（数值越大越好），使其变成 [0，1] 的无量纲数值。

（1）年龄结构

林分年龄结构是植物种群统计的基本参数之一，通过年龄结构的研究和分析，可以提供种群的许多信息。为了减少破坏性，常常用树木的直径结构代替年龄结构来分析种群的结构和动态。天然异龄混交林的径级结构为倒 J 形。样地 2 林分很明显不是天然异龄林的直径结构，因此认为该林分的株数直径分布不合理。

（2）水平结构

林分的空间结构特征体现了树木在林地上的分布格局及其属性在空间上的排列方式。林分水平结构通过林木点格局来表达。对一个发育完善的顶极群落而言，其优势树种总体的分布呈现随机分布格局，各优势树种也呈随机分布格局镶嵌于总体的随机分布格局之中。显然，对于森林群落而言，林木分布格局的随机性将成为判断林分是否需要经营的一个方法。样地 2 林分的角尺度为 0.474，为均匀分布向随机分布的过渡阶段，属于非理想的天然林水平格局。

（3）林分长势

林分长势为反映林木对其所占空间利用程度的指标，传统的表达林分长势的指标用林分疏密度，即用单位面积（一般为 1 hm²）上林木实有的蓄积量或胸高总断面积，与相同条件下的标准林分（或称模式林分）的每公顷蓄积量或胸高总断面积的百分比表示。这里用潜在疏密度表示，把 70% 的较大个体组成的林分作为相同条件下的标准林分。林分疏密度是现实林分断面积与标准林分断面积之比，通常在 [0，1] 范围内，越大越好。将潜在疏密度是否大于 0.5 作为评价标准，即林分潜在疏密度小于 0.5，则需要采用经营措施来提高林分的长势。样地 2 林分的潜在疏密度为 0.71，长势良好。

（4）林分密度

林分拥挤度可作为保持林分处于合理密度和评价森林经营效果的重要指标。通过林分拥挤度（K 值大小）来判断林分的状态，若 K 大于 1.1，林分较为稀疏，林木还有较大的生长空间，不需要间伐，如果 K 值很大，则需要补植；若 K 值在 $[0.9, 1.1]$，林分拥挤度在合理范围内，林分可不进行经营；若 K 小于 0.9，林分之间竞争加大，迫切需要进行经营。因此 K 小于 0.9 是确定林分是否需要进行密度调整的关键值。样地 2 林分的拥挤度为 0.81，因此认为林分密度较为拥挤。

（5）林木健康

一般要求林分中的健康林木（没有病虫害且非断梢、弯曲、空心等）比例大于等于 90%。当林分中的健康林木大于 90% 时则赋值为 1；反之则赋值为 0。该林分的健康木比例为 90.2%。

（6）林分垂直结构

森林的垂直结构常可按乔木层的结构分为单层林和复层林。树高分层参照国际林业研究组织联盟（IUFRO）的林分垂直分层标准。分层统计各层林木株数，如果各层的林木株数比例均大于等于 10%，则认为该林分林层数为 3，如果只有 1 个或 2 个层的林木株数比例大于等于 10%，则林层数对应为 1 或 2。林层数为 3 表示多层，赋值为 1；林层数为 1 表示单层，赋值为 0；林层数为 2 表示复层，赋值 0.5。样地 2 林分林层数为 1，为单层林。

（7）林分更新

森林更新是一个重要的生态学过程。更新状况的好坏关系到森林可持续发展与生态系统稳定的同时也是衡量森林经营好坏的重要标志之一。依据《森林资源规划设计调查技术规程》（GB/T 26424—2010）来评价。样地 2 林分更新幼苗共计 100 株，属于更新不良。

（8）树种组成

用树种断面积占林分总断面积的比值计算，凡一个树种的断面积比例达 90% 以上，则视为纯林；小于等于 90%，则视为混交林。该林分中蒙古栎树种的断面积比例达 99.5%，林分以蒙古栎为主。

（9）树种多样性分析

Simpson 指数计算可知，样地 2 林分 Simpson 指数值为 0.11，树种多样性很低。

8.4.3.2 林分经营迫切性

经过分析，样地 2 林分的经营迫切性指数为 0.5，特别需要经营。

8.4.4 林分经营方案

（1）主要问题

目前的林分为蒙古栎单层纯林状态，已偏离现代森林经营"培育健康稳定优质高效森林"的目标。

（2）解决途径

增加成层性和树种混交程度，解决单层纯林问题。通过栽植松树（油松或红松），促进现有更新幼树（蒙古栎、胡桃楸、油松、云杉、色木槭、榆树等）的健康生长，通过伐除不健康和影响更新的林木来实现。

（3）苗木栽植方法

在相对较大的林窗下进行补苗，即仅在由周围树干围成的面积不小于 9 m² 的林窗中心处栽植，避免冠下全面造林。更为重要的是要确保林下更新幼树能成活并苗壮成长，必须择伐一定数量的冠层林木（尽量把林分蓄积或断面积采伐强度控制在 20% 以内），以形成林窗，杜绝皆伐迹地形成。

（4）择伐方法

贯彻"五优先"原则：优先采伐所有不健康的林木（如断头、病虫害的林木）；优先采伐对林下更新幼树生长不利的林木；优先采伐萌生双株或多株中处于劣势的林木；优先采伐中大径木周围均匀分布或聚集分布的林木，尽量保持培育对象两面受光，减少聚集性，增加随机性；优先采伐密集分布在一起的林木，降低林分拥挤程度，改善个体微环境。在择伐过程中始终贯彻保持或增强林分树种多样性原则，尽量避免伐除非优势树种的林木个体。按照结构化经营这个"五优先"原则可以对示范区的林分进行经营。

表 8-18 给出了该示范区经营设计林分（样地 2）拟采伐林木。

表 8-18　林分采伐方案及其采伐原因

树号	采伐原因	胸径/cm	树高/m	树种	健康状况
67703	与 67704 双叉，格局调整	18.2	15.6	蒙古栎	同根（67703–67704）
67706	断梢	24.0	9.7	蒙古栎	折尖
67714	密度调节	24.4	16.8	蒙古栎	健康
67720	调整 67716 为随机格局	15.2	15.8	蒙古栎	健康
67724	调整 67725 为随机格局	15.6	11.5	蒙古栎	健康
67734	油松断头			油松	断头
67738	与 67737 同根，弯曲	26.8	15.8	蒙古栎	倾斜，同根（67737–67738）
67740	影响油松幼树的更新	20.9	16.3	蒙古栎	健康
67748	弯曲，影响油松幼树的更新	19.6	14.7	蒙古栎	倾斜
67756	影响更新幼树	18.1	14.2	蒙古栎	健康
67758	影响更新幼树	19.2	15.2	蒙古栎	倾斜
67764	影响 67765 榆树幼树的更新	21.7	16.7	蒙古栎	倾斜
67767	影响 67765 榆树幼树的更新	18.0	14.3	蒙古栎	健康
67768	考虑更新幼树	45.3	17.1	蒙古栎	健康
67771	与 67772 同根	20.6	14.1	蒙古栎	同根（67771–67772）
67774	与 67773 同根	17.8	14.4	蒙古栎	同根（67773–67774）
67776	与 67775 同根，不佳	23.3	15.6	蒙古栎	同根（67775–67776）
67778	与 67777 同根	19.3	16.2	蒙古栎	同根（67777–67778）
67781	与 67780 同根	23.0	16.5	蒙古栎	同根（67780–67781）

树号	采伐原因	胸径/cm	树高/m	树种	健康状况
67786	与 67787 同根	18.8	16.2	蒙古栎	同根（67786-67787）
67789	影响更新幼树	21.05	13.3	蒙古栎	被压
67791	双叉	21.05	13.3	蒙古栎	被压
67796	密度调节	17.2	13.5	蒙古栎	健康
67798	影响幼树更新	17.6	15.0	蒙古栎	健康
67805	与 67806 双叉	19.6	16.3	蒙古栎	健康
67814	树干有洞，虫害	31.3	16.7	蒙古栎	虫害
67818	影响更新幼树，与 67817 同根	22.0	15.8	蒙古栎	倾斜，同根（67717-67718）
67820	影响 67821 色木槭幼树更新	18.5	16.2	蒙古栎	健康
67827	与 67828 同根，影响油松幼树更新	19.5	16.5	蒙古栎	同根（67727-67728）
67841	与 67840 同根	6.2	6.3	色木槭	同根（67740-67741）
67845	与 67846 同根	29.8	17.7	蒙古栎	同根（67745-67746）
67862	调整与 67861 油松的密度	5.5	4.2	油松	健康
67869	影响油松幼树的更新	19.2	16.0	蒙古栎	健康
67872	调节密度、密集度	20.5	16.1	蒙古栎	同根（67771-67772）
67882	与 67881 同根，倾斜	19.9	15.8	蒙古栎	倾斜，同根（67781-67782）

8.4.5　经营效果状态评价

在该方案中预计采伐 35 株，采伐强度为 19.44%。采伐断面积共计 1.24 m²/hm²，占该林分总断面积的 14.3%。经营后的林分密度为 592 株/hm²（表 8-19）。经营后该林分的角尺度由采伐前的 0.474 调整为 0.478，林分更加趋近随机化分布结构，对林分分布格局进行了优化调整，同时优势树种的竞争有所下降，优势度提高，达到了林分调整的目的。

表 8-19　采伐后林分基本参数

参数	采伐后
株数/株	148.00
断面积/（m²/hm²）	31.29
角尺度	0.478
大小比数	0.498
混交度	0.099
密集度	0.735

8.5　内蒙古红花尔基樟子松林结构化森林经营

这是一个利用结构化森林经营对极端立地条件下的樟子松天然林（图 8-21）所进行的经营设计尝试，在由中国林业科学研究院林业研究所和寒温带林业试验研究中心共同创建的一个天然林经营试验地中进行。

图 8-21　内蒙古红花尔基樟子松林

8.5.1　试验区概况

樟子松（*Pinus sylvestris* var. *mongolica*）是欧洲赤松（*Pinus sylvestris* L.）的一个地理变种，它是欧洲赤松受到冰川气候的排挤，逐渐向东南推移，经西伯利亚迁至我国内蒙古。樟子松分为沙地樟子松和山地樟子松。沙地樟子松林主要集中分布在呼伦贝尔高原东部、海拉尔河中游及支流伊敏河、辉河流域和哈拉哈河上游一带的固定沙丘上（地理范围为 119°E～120°E，47°N～49°N），形成了长约 200 km，宽为 4～20 km 的沙地樟子松天然林带。在沙地樟子松天然分布区内，樟子松呈断续分布，较完整的有 3 片：嵯岗镇至完工镇①一段，海拉尔西山、北山一片和红花尔基至哈拉哈河一段。红花尔基以南的樟子松林带是 3 片中最大的一片，最有代表性，常形成纯林为主的森林群落，这片林带长约 150 km、宽 10～20 km。由东北向西南间断分布，直至中蒙边界的哈拉哈河附近。它由无数的团状和窄带状丛林构成，其间为较宽阔平坦的草原植被所分隔，呈一种明显的森林草原景观（康宏樟等，2004）。

沙地樟子松林防风固沙作用显著，是我国北方重要的绿色生态屏障。可见，如何保育好这块稀有而不可或缺的森林资源，具有十分重要的科学意义，对维护国土生态安全战略意义非常重大。传统木材利用为主的经营方式显然不可取，当下的全面禁伐肯定能起到矫枉过正的作用，是对前期不正确的人为行为的最好约束，但仅靠当下的伐除胸径 5 cm 以

---

① 即内蒙古自治区呼伦贝尔市新巴尔虎左旗嵯岗镇，陈巴尔虎旗完工镇。

下的下层林木的森林抚育方法肯定对现有森林不会产生积极的影响。看来，作为技术储备的科学研究必须先行。森林的自然演替过程是漫长的。经营森林就是缩短森林自然发育周期，对演替过程中将要死亡的林木提前加以利用，使保留下来的林木为优质健壮的个体、使经营后的林分群体结构优良、健康稳定、富有活力。

8.5.2 试验林分状态

2015 年 8 月在红花尔基沙地樟子松天然林区内共设置 2 块 100 m×100 m 的方形样地，用 TOPCON-GT-S602AF 全站仪对样地内胸径大于 5 cm 的林木定位并进行全面调查，调查的内容包括树种、树高、胸径、冠幅、郁闭度及林下更新等内容，沙地樟子松林基本特征见表 8-20。

表 8-20 沙地樟子松林基本特征

样地编号	坡度/ (°)	平均海拔/m	郁闭度	林分断面积/ (m²/hm²)	林分平均胸径/ cm	林分平均树高/m	林分密度/ (株/hm²)	草本盖度/%	天然更新苗高<5cm/ (株/hm²)	天然更新苗高>5cm/ (株/hm²)
样地 1	<3	815	0.7	33.6	21.3	14.8	924	>80	2960	0
样地 2	<3	815	0.7	39.8	21.0	16.3	1149	<50	15280	0

林木年龄 30～50 年，林分平均胸径 21.0～21.3 cm，平均树高 14.8～16.3 m，林分密度为 924～1149 株/hm²。林分中不足 15% 的林木树冠处于自由发育之中；略高于 25%（样地 1）或 30%（样地 2）的林木处于中等密集即不疏不密状态；55%～60% 的林木树冠已经发生严重拥挤（图 8-22），生长空间受到限制。

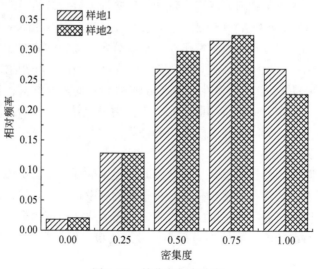

图 8-22 林分密集度分布

　　林分角尺度均值为 0.461 ~ 0.465，表明沙地樟子松林木分布格局总体为均匀分布（图 8-23、图 8-24），处于随机分布的边缘。均匀分布的林木比例远大于团状分布的 2 倍多，达 25% 以上；近 60% 的林木具有随机分布的特性；可见，沙地樟子松天然林具有均匀性的林木数量远不及典型人工林（50% 以上），而具有随机性的林木数量略高于其他随机分布天然林（55% 左右）。这主要是由于林木间距差异不大，林窗数量不够多或林窗面积还不够大。

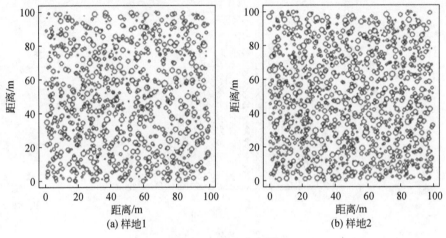

图 8-23　林木分布图

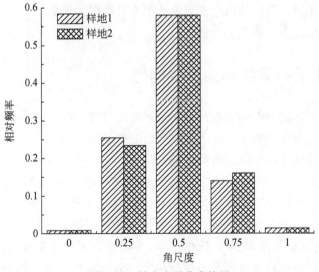

图 8-24　林木水平分布格局

　　该林分垂直结构仅由林分层和草本层组成，缺乏灌木层。样地 1 几乎为单层，70% 的林木处于同一层，林下草本层盖度达 80% 以上。样地 2 可明显分为两层，由于密度引起的竞争分化严重，林下草本层盖度 50% 以下。表明林分形成发育阶段较年青，为同世代发育初期的天然林，异龄性不够。

直径分布呈双峰-多峰"山"形分布（图 8-25），既不像典型人工林直径分布的正态性，更不像发育完整的天然林直径分布的倒 J 形。表明该林分是处于演替早期的天然原始林，远未达到顶极群落阶段，稳定性不够。

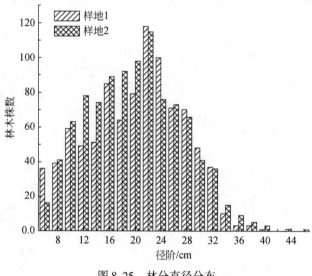

图 8-25 林分直径分布

林分天然更新调查中有一定的低于 3 年生的小幼苗，但没有发现高度达 15～200 cm 的小树。表明林内光照不足，从而造成只见幼苗不见幼树的现象。

林内有大量的枯立木，表明林分密度大。

8.5.3 沙地樟子松天然林的主要问题

沙地樟子松天然林的主要问题是林内缺乏更新幼树层，直观印象它像南方的高密度人工种植的杉木纯林或马尾松纯林。这表现出两个主要结构问题，一个是直径分布问题，一个是成层性问题。造成这两个问题的关键是更新幼苗没有进入林冠层。造成更新问题有两种情况，一是林分密度大，林下虽有大量更新幼苗（样地 2 内，苗高小于 5 cm 的更新幼苗达 15 280 株/hm²），但由于光照不足而无法继续存活，从而造成林中完全看不到 15～200 cm 高的幼苗幼树，出现断档现象。另一种情况是林下更新幼苗数量不够（样地 1 内，苗高小于 5 cm 的更新幼苗仅为 2960 株/hm²），主要是由于林下草本层茂密，从而严重阻碍了种子萌发。这样的林地如果不及时进行科学经营，在经历几百年漫长的自然演替后，林内将会出现大量的人类本该提早利用的自然枯死木、存活为数不多的竞争优胜者，经历若干年后这些大树相继自然死亡形成林窗，更新幼树才会得以起来，再经历最少半个多世纪，最终才能形成处于顶极阶段的天然原始林。这样世纪之久的漫长过程，我们人类等不起，人类社会在不断发展，需要生存的空间和资源，国家更需要国土生态安全。所以，我们要科学经营天然林，缩短自然演替进程，既满足人类发展过程中对资源的需求也要尊重自然规律。

8.5.4 经营对策

1. 经营目标

经营目标为健康稳定、优质高效的复层异龄天然林。极端立地条件下天然顶极群落具有稳定的森林结构。其特点之一就是随机、复层、异龄。随机指的是林木水平分布格局是随机分布；复层指的是非单层，垂直结构通常为 3 层；异龄指不同年龄大小的林木处于同一群落，表现在直径分布的倒 J 形，并非同龄林的正态性。

2. 原则与方法

（1）密度调整、结构优化

对于在极端立地条件下形成的森林，尤其是发育早期的天然林，经营要慎之又慎！决不能采用皆伐的方式，因为皆伐将导致本身非常脆弱的森林环境遭到破坏。也不能采用拔大毛式的择伐利用，因为这种方式必将导致逆行演替。唯一可取的经营方式是结构优化，伐除那些影响林内本来就为数不多的发育良好的更新幼树的中径木或大径木，以增加林分垂直成层性；伐除没有前途且拥挤的中径木，以减少密度；伐除少量达到目标直径的大径木，模仿自然，人为制造林窗，以促进天然更新。

（2）具体措施

1）伐除所有不健康和没有培育前途的林木以及枯立木。

2）伐除影响健壮小径木（已进入或接近林冠层的林木）生长的林木（大径木或中径木），使其 2 面受光。

3）伐除影响大树生长的中径木，以增加成层性和异龄性。

4）对草本盖度达 80% 以上的林中空地进行浅式机耙（深度小于 5 cm）松土破草。

5）围栏封护，以减少人、畜对天然更新的影响。

8.5.5 经营设计

两块样地代号分别为 1 和 2，依次安排了经营试验和对照试验。将每块 1 hm² 试验地分成的 2/3 hm²（即 10 亩）和 1/3 hm²（即 5 亩）两块，面积大的一块作为经营区，面积小的一块作为对照区。经营区按上述方法措施进行采伐木选择与标定（图 8-26 和图 8-27）。

对于试验样地 1，共标定采伐木 73 棵。其中，病虫害木 3 棵；无培育前途的 45 棵；影响健壮小树生长的 12 棵；增加成层性的 13 棵。株数采伐强度 10.1%，断面积（蓄积量）采伐强度 5.7%，具体见采伐清单（表 8-21，表 8-22）。

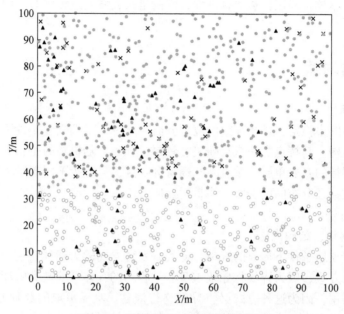

图 8-26　试验样地 1 经营区与对照区

注：实心圆点代表经营区保留木；打叉点表示经营区采伐木；空心圆点代表对照区林木；三角形点代表枯死木

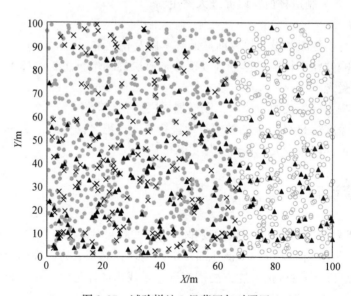

图 8-27　试验样地 2 经营区与对照区

注：实心圆点代表经营区保留木；打叉点表示经营区采伐木；空心圆点代表对照区林木；三角形点代表枯死木

表 8-21 试验地 1 经营区采伐木清单

采伐木树号	采伐原因	采伐木树号	采伐原因
s300	断梢	p497	虫害
p045	断梢，密集	P095	虫害
p052	倾斜	r421	主干病腐
P076	倾斜	p002	影响更新幼树生长
p686	倾斜	p073	影响更新幼树生长
q404	倾斜	r547	影响幼树生长，树干受损
r572	倾斜	p424	影响幼树生长
s275	倾斜	p464	影响幼树生长
s291	倾斜	p470	影响幼树生长
p605	倾斜，密集	p494	影响幼树生长
p484	双株，伐除一株	p621	影响幼树生长
r598	双株，伐除一株	p664	影响幼树生长
s239	弯曲	p697	影响幼树生长
s708	弯曲	r407	影响幼树生长
s711	弯曲	s244	影响幼树生长
p455	弯曲，根腐	p612	与培育对象 609 竞争，密集
q699	弯曲，与培育对象 Q698 太近	r441	与培育对象竞争
10	无培育前途	r451	与培育对象竞争
p047	无培育前途	q402	与培育对象竞争，密集
p050	无培育前途	p070	拥挤度调节
p054	无培育前途	p456	拥挤度调节
p089	无培育前途	s229	拥挤度调节
p440	无培育前途	s704	拥挤度调节
p444	无培育前途	p680	拥挤度调节
p445	无培育前途	r443	拥挤度调节
p446	无培育前途	s209	拥挤度调节
p467	无培育前途	s779	拥挤度调节
p469	无培育前途	s233	密集，倾斜
p483	无培育前途	s217	无培育前途
p656	无培育前途	s222	无培育前途

采伐木树号	采伐原因	采伐木树号	采伐原因
p659	无培育前途	s246	无培育前途
p665	无培育前途	s257	无培育前途
q403	无培育前途	s261	无培育前途
r403	无培育前途	s297	无培育前途
r596	无培育前途	s789	无培育前途
s205	无培育前途	p623	无培育前途
p635	无培育前途		

表 8-22　试验样地 1 经营区需要伐除的死木清单

树木编号	坐标 x	坐标 y	胸径/cm	树木编号	坐标 x	坐标 y	胸径/cm
R948	76.9	33.3	29.3	S782	48.7	67.2	13.3
Q406	47.0	37.9	11.0	S732	29.6	67.9	29.5
P091	18.6	41.2	5.2	S783	53.5	68.5	16.8
R418	97.7	43.5	8.3	S756	39.1	69.0	16.4
R445	81.2	44.5	9.6	S757	40.2	69.9	29.3
P098	12.7	44.7	10.2	S218	8.1	70.7	27.3
P450	35.7	45.8	5.2	S217	8.8	71.3	15.5
P100	11.9	46.8	7.0	R541	59.8	72.8	28.0
P622	75.6	47.6	7.4	R540	58.6	72.9	16.2
P446	34.1	49.5	6.4	R542	61.1	73.9	14.1
P416	3.7	52.6	10.2	R543	61.7	74.0	22.4
P440	29.4	54.3	5.1	S231	9.0	78.5	13.1
P629	75.1	55.4	5.7	S778	49.8	79.1	29.3
P467	32.4	55.6	5.1	S232	6.5	79.6	21.8
S713	58.4	55.7	17.2	S777	50.3	80.1	16.2
P469	29.2	56.0	5.8	S236	3.6	82.4	13.2
S712	56.7	56.9	11.9	R578	73.0	82.7	11.1
P480	25.6	56.9	6.8	S237	5.6	83.6	17.6
P483	23.4	58.3	6.0	S277	25.1	86.0	12.5
P478	27.7	59.5	7.3	S278	26.6	86.2	15.7
P472	32.4	60.4	7.3	S250	0.7	87.3	10.8

续表

树木编号	坐标 x	坐标 y	胸径/cm	树木编号	坐标 x	坐标 y	胸径/cm
S208	0.0	60.6	17.0	S251	2.2	88.9	10.6
S207	1.0	60.9	12.9	R527	68.5	89.0	5.2
S203	5.4	63.4	16.3	S255	6.0	90.9	15.5
S204	8.0	64.3	34.5	R586	80.9	93.7	11.4
P497	20.0	65.8	9.7	S256	1.7	94.5	28.3
S731	29.7	66.8	16.5				

试验样地 2 共标定采伐木 141 棵。其中，病虫害木 13 棵；无培育前途的 76 棵；影响健壮小树生长的 33 棵；增加成层性的 19 棵。株数采伐强度约 11.4%，断面积（蓄积量）采伐强度约 7.1%。具体见采伐清单（表 8-23，表 8-24）。

表 8-23　试验样地 2 经营区采伐木清单

采伐木树号	采伐原因	采伐木树号	采伐原因
118	增加成层性	163	拥挤度调节
520	增加成层性	69	拥挤度调节
358	增加成层性	82	拥挤度调节
352	增加成层性	60	拥挤度调节
434	增加成层性	278	拥挤度调节
190	增加成层性	526	拥挤度调节
396	增加成层性	290	拥挤度调节
806	增加成层性	240	拥挤度调节
716	增加成层性	241	拥挤度调节
756	增加成层性	124	拥挤度调节
520	增加成层性	262	拥挤度调节
587	增加成层性	225	拥挤度调节
523	增加成层性	247	拥挤度调节
319	增加成层性	254	拥挤度调节
136	增加成层性	246	拥挤度调节
18	增加成层性	515	拥挤度调节
542	增加成层性	335	拥挤度调节
23	增加成层性	314	拥挤度调节

采伐木树号	采伐原因	采伐木树号	采伐原因
2	增加成层性	347	拥挤度调节
655	树干病腐	348	拥挤度调节
417	心腐	481	拥挤度调节
202	濒死	884	拥挤度调节
169	濒死	850	拥挤度调节
237	虫害	828	拥挤度调节
112	虫害	722	拥挤度调节
505	虫害	290	拥挤度调节
310	虫害	608	拥挤度调节
395	虫害	124	拥挤度调节
210	虫害	266	拥挤度调节
424	虫害	67	拥挤度调节
794	虫害	541	拥挤度调节
873	虫害	98	拥挤度调节
622	虫害	96	拥挤度调节
656	虫害	122	无培育前途
149	断梢	87	无培育前途
461	断梢	56	无培育前途
461	断梢	22	无培育前途
689	断梢	269	无培育前途
569	断梢	548	无培育前途
509	分叉	300	无培育前途
186	分叉	265	无培育前途
781	分叉	249	无培育前途
979	分叉	234	无培育前途
698	分叉	337	无培育前途
631	分叉	311	无培育前途
604	分叉	316	无培育前途
566	树干质量差	444	无培育前途
611	树干质量差	387	无培育前途

续表

采伐木树号	采伐原因	采伐木树号	采伐原因
353	干形差	189	无培育前途
384	干形差	209	无培育前途
377	干形差	181	无培育前途
83	偏冠	179	无培育前途
36	倾斜	451	无培育前途
392	双株	486	无培育前途
392	双株	337	无培育前途
744	双株	775	无培育前途
515	双株	499	无培育前途
599	双株	879	无培育前途
709	双株	848	无培育前途
819	双株	725	无培育前途
24	弯曲	723	无培育前途
46	弯曲	671	无培育前途
138	弯曲	760	无培育前途
106	弯曲	601	无培育前途
64	弯曲	659	无培育前途
339	弯曲	657	无培育前途
780	弯曲	654	无培育前途
16	无培育前途	662	无培育前途
42	无培育前途	704	无培育前途
148	无培育前途	711	无培育前途
143	无培育前途		

表 8-24　试验样地 2 经营区需要伐除的死木清单

树木编号	坐标 x	坐标 y	胸径 /cm	树木编号	坐标 x	坐标 y	胸径 /cm	树木编号	坐标 x	坐标 y	胸径 /cm	树木编号	坐标 x	坐标 y	胸径 /cm
111	0.0	40.4	5.5	130	17.4	17.4	7.2	216	33.5	18.2	7.9	341	49.1	32.5	5.8
577	0.7	74.5	8.6	128	17.8	19.2	5.3	173	34.1	1.7	6.1	342	49.7	29.7	8.4
61	0.9	23.6	9.1	121	18.3	22.4	10.5	703	34.2	97.6	5.5	502	50.6	40.9	5.4
54	1.6	17.9	7.0	527	18.4	51.4	14.5	754	34.6	59.5	8.9	350	52.1	21.2	8.5
272	1.6	55.4	5.3	292	18.6	44.0	8.5	212	34.6	10.5	5.3	351	52.7	21.4	7.8

树木编号	坐标 x	坐标 y	胸径/cm	树木编号	坐标 x	坐标 y	胸径/cm	树木编号	坐标 x	坐标 y	胸径/cm	树木编号	坐标 x	坐标 y	胸径/cm
4	2.2	4.7	10.1	39	18.9	3.4	11.6	313	35.2	30.5	10.1	803	53.2	57.6	6.2
58	2.4	20.8	6.0	134	20.5	16.9	17.1	307	35.3	36.4	8.1	795	54.1	50.8	5.9
3	3.0	3.5	6.5	635	20.5	64.0	8.5	308	35.3	37.2	11.6	797	54.2	52.4	15.5
21	3.5	9.5	6.0	617	21.0	84.8	13.6	211	35.6	8.4	7.4	802	54.7	57.1	7.2
113	3.5	43.2	7.9	643	21.2	73.1	6.0	174	35.6	1.8	6.8	792	55.2	47.6	11.2
279	4.0	49.5	13.0	616	21.2	84.4	10.1	331	35.9	38.9	12.0	862	55.5	66.0	7.4
28	4.2	15.1	9.8	236	21.5	41.3	15.9	511	36.0	42.4	5.2	878	56.4	72.2	11.5
19	4.3	7.8	8.4	650	23.5	84.7	13.0	332	37.3	38.5	8.5	427	58.2	14.1	7.7
108	5.4	38.9	7.5	141	24.0	13.9	8.4	184	37.4	7.7	6.1	398	58.3	9.2	6.1
109	6.3	39.9	6.2	260	24.2	27.9	6.5	823	38.0	79.8	10.3	454	58.5	26.6	7.1
63	7.0	17.7	10.5	676	24.8	62.3	5.4	752	38.9	61.3	7.3	870	58.7	52.6	9.2
545	7.2	56.6	11.8	155	25.1	19.8	8.6	750	39.6	63.2	10.2	464	58.8	30.0	5.3
30	7.4	13.7	5.9	259	25.4	28.8	5.2	207	39.6	13.1	5.4	865	59.0	60.7	16.3
25	7.5	10.3	6.3	248	25.5	36.1	10.3	401	39.7	15.2	6.6	436	59.4	22.0	6.2
589	9.1	90.2	17.5	147	25.7	9.7	14.9	205	40.1	10.9	5.3	499	60.5	46.6	13.5
33	9.4	11.1	7.5	154	26.2	18.5	12.5	187	41.1	8.5	7.7	882	61.6	74.4	10.7
10	9.7	3.9	8.1	687	26.3	60.3	14.0	728	41.3	77.7	8.1	428	62.2	16.6	9.9
297	10.5	41.8	9.8	522	26.4	47.8	11.4	726	41.5	76.9	8.1	418	62.4	8.9	6.0
84	11.1	29.6	6.8	156	26.5	19.7	6.5	774	42.0	49.9	7.0	873	62.7	67.1	10.9
287	12.2	52.1	12.2	302	27.2	42.4	11.4	329	42.8	36.8	11.7	982	62.7	48.7	8.5
43	12.8	7.1	5.4	662	27.3	92.5	6.6	363	43.3	24.7	7.0	467	63.5	32.8	5.5
34	13.2	4.5	9.5	303	28.4	42.4	9.3	361	43.7	27.2	6.8	468	63.9	33.6	7.8
105	13.4	38.6	5.5	167	28.8	3.2	5.0	199	44.4	11.7	5.5	489	64.0	40.0	5.2
538	14.9	62.9	14.4	152	28.9	15.6	8.9	364	44.6	22.9	6.7	493	64.1	41.5	7.8
101	15.0	32.8	8.5	693	29.7	70.3	5.6	822	45.5	82.1	6.2	958	64.4	67.3	12.3
530	15.7	52.7	15.6	231	29.7	35.1	5.6	814	46.3	71.3	6.2	416	64.5	10.6	7.4
620	15.8	87.6	7.2	519	30.4	44.8	7.0	359	46.9	26.7	13.4	421	65.7	12.1	5.5
131	16.0	16.7	5.7	230	30.4	33.9	8.0	504	47.7	42.4	11.3	409	65.8	7.5	5.5
38	16.4	4.1	6.1	691	30.8	65.8	14.9	831	48.4	88.6	10.2	893	65.8	83.3	6.7
129	16.9	17.7	7.7	516	32.0	47.2	6.1	194	48.7	1.5	8.5	990	66.1	45.1	18.5

8.5.6 经营效果状态评价

针对沙地樟子松天然林的现状，本次经营设计首先对 2 块样地内已经死亡的林木全部进行了清理，避免发生大面积病虫害；其次，针对存在的主要经营问题，2 块样地分别标定了 73 株和 141 株需要采伐的林木，其中，一半以上的林木是由于没有培育前途而进行了采伐，其主要目的是降低林分的密度，增加林内光照，促进林下更新；还有一部分林木是为了增加林分的成层性，保留了开始进入林层的幼树，而伐除影响其进入林层的林木。经营设计后，林分密度分别由经营前的 924 株/hm² 和 1149 株/hm²，下降到 814 株/hm² 和 934 株/hm²，样地 1 的平均胸径上升为 21.9 cm，样地 2 的平均胸径上升为 21.8 cm，林木的分布格局、直径分布等几乎没有发生大的改变。综上所述，本次经营主要针对林分密度过大，影响林下更新，林木直径分布不合理的问题开展了经营设计，并对林内大量的死亡林木进行了清理，预防大面积病虫害的发生，经营设计结果基本达到了预期目的。

第 9 章 人工林结构化森林经营

结构化森林经营的重要基石是基于对天然林复杂结构的精准解译和规律的深入探索。随着顺应自然的人工林培育理念的兴起，近自然的森林结构得到高度重视，人工林近自然化经营势在必行，"模仿天然林、培育人工林"的思路得到广泛认同。正是这种对天然林复杂结构的成功解译，才使得鉴赏最为关键的结构要素成为可能。现如今，结构化森林经营在人工林中已得到全新的应用，势不可挡，成效斐然，这全归功于顺应自然的现代森林经营哲学理念的兴起和人工林与天然林格局差异的重大发现。

9.1 河北塞罕坝华北落叶松林结构化森林经营

这是结构化森林经营早期应用于落叶松人工林的经营实践（图9-1）。试验实施单位是河北农业大学林学院和河北省塞罕坝机械林场，由"十二五"国家科技支撑计划课题"西北华北森林可持续经营研究与示范"资助。该试验地现如今作为"十三五"国家重点研发计划"人工林结构调控与稳定性维持机制及其生产力效应"课题中的研究样区继续由河北农业大学林学院进行长期观测研究。本节报道初步试验结果。

图9-1 华北落叶松试验林分

9.1.1 试验区概况

试验区位于河北省承德市塞罕坝机械林场，属内蒙古地区浑善达克沙地南缘，阴山与大兴安岭山脉交接处（116°52′E ~ 117°39′ E，42°04′N ~ 42°36′ N）。该区属于寒温性大陆季风气候，年平均气温-1.4 ~ 4.8℃，其中最高温度可达 30.9℃，最低温度达-43.2℃；降水量较少，多年平均降水量为 450 mm，蒸发量大于降水量。土壤种类十分丰富，以风沙土、草甸土、棕壤、灰色森林土为主。植被类型多样，包括草原与草甸、针叶林、阔叶林、灌丛和水生群落等。其中按起源又可将乔木林分为天然次生林和人工林，天然次生林中主要乔木树种有白桦（*Betula platyphylla*）、山杨（*Populus davidiana*）等；人工林中主要乔木树种有华北落叶松、樟子松等；草本主要有早熟禾（*Poa annua*）、地榆（*Sanguisorba officinalis*）、铁丝草（*Ophiopogon chingii*）等。

9.1.2　试验设计

2014 年 5 月河北农业大学林学院在塞罕坝北曼甸和千层板林场林区内选择立地条件相对一致的林龄为 29 年的华北落叶松林分共 3 块，每块林分内随机布设 3 个 50 m×50 m 的样地，样地之间间隔至少为 50 m。记录样地所在位置的经纬度、海拔、坡度、坡向、坡位、土壤类型、土壤厚度等。采用十字线法将每块样地划分为 4 个经营单元进行经营（每个经营单元边缘设置 2.5 m 的缓冲带），采用随机排列的方式布设四组经营模式，即近自然森林经营（N）、传统森林经营（T）、结构化森林经营（S）和对照（CK），每个经营模式均有 3 次重复。同年 7~9 月在每个经营单元内对林木（胸径大于等于 5 cm）进行每木检尺，记录林木所在位置、胸径、树高、枝下高、冠幅，并记录树种、健康状况以及林分的郁闭度等。将高度低于 120 cm 的华北落叶松幼苗定为更新幼苗，在标准地内以每个 10 m×10 m 的样方为单位进行调查，将更新苗统一编号挂牌，记录其高度、基径及其在样方内的相对坐标，并通过查轮生枝法确定其年龄。在标准地的四角及中心位置各设置 1 个 1 m×1 m 的小样方，调查草本物种、株数、高度和盖度。在每个 1 m×1 m 的小样方内，按照 0~10 cm 和 10~20 cm 两个土层，利用土钻取样，然后将各样方内同一层次的土壤分别进行混合，形成一个混合样，带回实验室阴干后进行土壤化学性质的测定。2016 年 7~8 月，对试验样地进行了复测。

9.1.3　试验结果

9.1.3.1　对林分生长的影响

采用林木单株材积年均生长量、林分蓄积定期平均生长量指标衡量林分生长情况。T、N、S 三种经营模式的单株材积年均生长量显著大于 CK（$P < 0.05$），其中 S 模式的值最高，N 模式次之，且 S 模式显著高于 T 和 N 模式（$P < 0.05$）（图 9-2）；而对于林分蓄积定期平均生长量而言，S、N、CK 三种经营模式显著高于 T 模式（$P < 0.05$），但三种模式间无显著差异（$P > 0.05$），总的来说，S 和 N 模式的林分蓄积定期平均生长量最大。

不同的经营模式可以通过调节林分密度改善保留木的生长空间和竞争力，对林木生长具有重要影响。试验结果表明，抚育间伐可以促进林分林木胸径生长，对林分单株材积生长量具有促进作用。不同经营模式林分生长差异显著，S 模式单株材积年均生长量和蓄积定期平均生长量最大。这可能是由于 S 模式将整个林分内的中大径木和目标树分布都调整

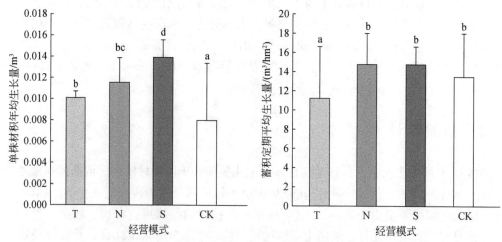

图9-2　不同经营模式单株材积年均生长量和林分蓄积定期平均生长量

注：T 表示传统森林经营；N 表示近自然森林经营；S 表示结构化森林经营；CK 表示对照

到了最佳状态，林分密度和郁闭度降低，可以改善林木的光环境，有利于林木生长；N 模式伐除了目标树周围的干扰木，只将目标树的生长调到了最佳状态，其他无干扰的一般木生长空间几乎没有变化；T 模式虽然伐除了下层竞争力小的林木，但主林层林木的竞争还是比较激烈，保留木得不到足够的空间和养分，所以单株材积平均生长量和蓄积定期平均生长量低于 S 模式。

9.1.3.2　对土壤化学性质的影响

不同经营模式土壤全钾含量、土壤 pH 随土层深度的增加逐渐增加，土壤有机质、全磷、全氮、碱解氮、有效磷和速效钾含量则呈现随土层深度的增加而减少的趋势。其中土壤有机质含量在 10～20 cm 土层内 S 模式显著高于 CK 模式（$P < 0.05$）。土壤碱解氮含量在 0～10 cm 土层内 S 和 T 模式显著高于 CK 模式（$P < 0.05$），10～20 cm 土层内 T 模式显著高于 CK 模式（$P < 0.05$）；土壤有效磷含量在 0～10 cm 土层内 S 模式显著高于 CK 和 T 模式（$P < 0.05$），10～20 cm 土层内 S 模式显著高于其他 3 种经营模式（$P < 0.05$），N 模式显著高于 CK 模式（$P < 0.05$）（表9-1）。

表9-1　不同经营模式林下土壤化学性质的变化

指标	土层深度 /cm	经营模式			
		CK	S	N	T
有机质 / (g/kg)	0～10	42.87±10.73a	46.16±10.02ab	44.12±10.60a	45.63±12.49a
	10～20	36.47±8.35a	41.65±9.8b	40.37±11.93ab	40.66±10.62ab

续表

指标	土层深度 /cm	经营模式			
		CK	S	N	T
全氮 / (g/kg)	0~10	2.09±0.53a	2.29±0.51a	2.20±0.45a	2.25±0.57a
	10~20	1.91±0.46a	2.04±0.50a	2.08±0.56a	2.00±0.51a
全磷 / (g/kg)	0~10	0.36±0.06a	0.40±0.09a	0.40±0.07a	0.37±0.08a
	10~20	0.32±0.05a	0.38±0.08a	0.39±0.07a	0.34±0.06a
全钾 / (g/kg)	0~10	19.55±2.32a	18.55±2.70a	19.21±2.33a	19.17±2.73a
	10~20	19.60±2.39a	19.25±2.19a	19.35±2.56a	19.58±2.60a
碱解氮 / (mg/kg)	0~10	102.74±35.35a	130.28±32.69b	124.12±36.33ab	129.37±36.15b
	10~20	87.87±27.84a	111.42±26.03ab	108.88±30.68ab	115.65±33.85b
有效磷 / (mg/kg)	0~10	8.11±4.15a	8.87±3.08b	8.74±2.90ab	8.02±2.35a
	10~20	5.18±1.81a	7.00±4.76c	6.03±2.71b	5.92±2.06ab
速效钾 / (mg/kg)	0~10	124.99±52.38a	130.81±52.47a	133.76±54.41a	116.82±32.11ab
	10~20	84.05±25.10a	120.09±77.23b	92.50±20.43ab	92.05±26.36ab
pH	0~10	6.33±0.55a	6.47±0.51ab	6.44±0.62ab	6.24±1.02a
	10~20	6.39±0.54a	6.53±0.52ab	6.52±0.58ab	6.36±0.44a

注：不同小写字母表示不同经营模式间差异显著（$P<0.05$）。

S 模式土壤有机质、碱解氮、有效磷、全氮和全磷含量最高，CK 模式最低（表 9-1）。这可能是由于 S 模式更加注重林分结构的合理化，经过林分结构调整，使林分内的水热状况、透气性能优于其他模式，从而加速了凋落物的分解，致使氮、磷等养分元素高于其他三种模式。由此可见，结构化森林经营模式将林分内的中大径木和目标树调整到最佳状态，改善了林分密度和郁闭度，促进了林木生长；并且林分内水热状况、透气性能要优于其他模式，土壤有机质、有效磷等含量最高。

9.2 北京九龙山侧柏林结构化森林经营

这是结构化森林经营最早应用于侧柏人工林的经营实践（图 9-3）。试验实施单位是中国林业科学研究院林业研究所和华北林业试验中心，由"十二五"国家科技支撑计划课题"西北华北森林可持续经营研究与示范"资助。本节报道九龙山侧柏林初步试验结果。

图9-3　北京九龙山侧柏试验林

9.2.1　试验区概况

试验区位于北京市门头沟九龙山区（115°59′E～116°04′E，39°54′N～39°59′N），隶属太行山脉，地形比较复杂，最高海拔低于1000 m。该区为暖温带大陆性气候，年平均气温11.8℃，多年平均降水量约620 mm，集中于6～9月，年均蒸发量1870 mm，无霜期216 d。土壤类型属于山地褐土，土层普遍较薄，含石量高。植被类型以落叶阔叶林和温性针叶林为主，天然植被以次生灌丛和灌草丛为主。乔木主要有侧柏（*Platycladus orientalis*）、栓皮栎（*Quercus variabilis*）、油松（*Pinus tabuliformis*）、黄栌（*Cotinus coggygria* Scop）、华北落叶松（*Larix principis-rupprechtii*）、色木槭（*Acer mono*）和白蜡（*Fraxinus chinensis*）等；灌木主要有酸枣（*Ziziphus jujuba* Mill. var. *spinosa*）、荆条（*Vitex negundo* L. var. *heterophylla*）和三裂绣线菊（*Spiraea trilobata*）等；草本主要有狗尾草（*Setaria viridis*）、黄背草（*Themeda triandra* Forsk. var. *Japonica*）、茜草（*Rubia cordifolia*）和荩草（*Arthraxon hispidus*）等。侧柏人工林主要分布于阳坡瘠薄的立地上，面积为284.89 hm²，约占总面积的25%，主要为粗放经营。

9.2.2　试验设计

试验所选侧柏林位于华北九龙山自然保护区，营造于20世纪70年代（林龄约50a），期间进行过补植，2003年因病虫害进行全面抚育间伐一次，伐前林分的郁闭度为0.8，伐后为0.7，此外再无其他经营历史。2013年5月，在林内设置60 m×90 m的固定试验样地，利用全站仪（TOPCON-GTS-602AF）对林木（胸径大于等于4 cm）进行定位，编号挂牌，测量胸径、树高和冠幅（表9-2），记录树种名称和健康状况，找出各样方中心点，立桩标记。根据调查结果，将固定试验样地划分为24个固定样方，每个样方面积约为15 m×15 m。采用随机排列方式布设4个试验处理，每处理6次重复。4个处理分别为：A为结构化森林经营；B为全面割灌；C为对照；不实施任何经营措施；D为结构化森林经营+全面割灌。2015 年 8 月，借助英国的 HemiView 数字植物冠层分析仪对侧柏林冠层结构进行了测定。

表9-2　经营前样方内侧柏林基本情况

经营方式	胸径/cm	树高/m	冠幅/m	采伐强度/%	林分密度/（株/hm²）
A	10.16±2.86	7.17±1.27	2.77±0.55	15.90	2222.2±371.8
B	9.78±2.93	7.06±1.44	2.74±0.54	<0.1	2072.2±342.7
C	10.26±2.98	7.20±1.51	2.62±0.58	<0.1	2222.2±349.6
D	9.91±2.7	7.03±1.39	2.66±0.58	11.08	2166.7±440.2

根据侧柏林调查数据，对林分进行迫切性评价（表9-3），然后依据经营迫切性评价等级，进行结构化森林经营。结构化森林经营原则为：①采伐林分中不健康的林木，包括病腐、弯曲、断梢等林木，绝对避免大的天窗出现。②针对大径木（胸径大于 10.5 cm）进行结构调整，对影响其生长、可被其影响、无培育前途的林木进行采伐，统筹考虑林木的分布格局、混交及拥挤程度；针对相邻中、大径木进行调节，综合考虑分布格局、竞争、拥挤程度等因素，确定采伐木。对 A 和 D 处理下各样方采伐强度见表9-2。

表9-3　侧柏林经营迫切性评价

评价指标	林木拥挤程度	林分平均角尺度	顶极树种优势度	树种多样性	成层性	直径分布	树种组成	健康林木比例	林木成熟度	评价结果
侧柏林	0.505/1	0.428/1	0.700/0	0.089/1	1.5/1	1.2/0	10 侧柏-其他/1	0.88/1	0/0	0.7

注："/"后数值为指标赋值，即标准化值。

9.2.3　试验结果

9.2.3.1　不同经营方式侧柏人工林光合有效辐射特征分析

冠层截获的太阳辐射又称为光合有效辐射，为冠上辐射与冠下辐射的差值，一定程度上表征了植物冠层转化利用光能的能力。从侧柏人工林冠层截获光辐射能（图9-4）可知，截获直接辐射所占比例较大，约占85%，截获散射辐射所占比例较小，约占15%，4 种处理间的大小关系均为 D>B>A>C。其中截获散射辐射的范围为（1939.0±56.9）～（1976.1±31.2）MJ/（m²·a），不同处理间差异不显著；截获直接辐射的范围为（11373.0±383.4）～（11872.0±292.4）MJ/（m²·a），D 显著高于 C，与 A 和 B 无显著差异，A、B 和 C 间也无显著差异；总光合有效辐射范围为（13312±502.74）～（13848±272.96）MJ/（m²·a），4 种处理间差异性未达显著水平。

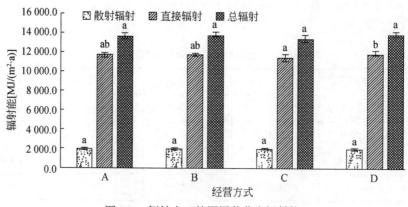

图 9-4 侧柏人工林冠层截获光辐射能

9.2.3.2 不同经营方式侧柏人工林叶面积指数分析

侧柏人工林叶面积指数（图 9-5）表明，不同经营方式下侧柏人工林的叶面积指数表现为 D（2.32±0.28）>A（2.31±0.21）>B（2.25±0.27）>C（2.04±0.34），方差分析结果显示，A、B 和 D 处理下的叶面积指数显著高于 C 处理，但 A、B 和 D 处理三者间叶面积指数差异未达显著水平。

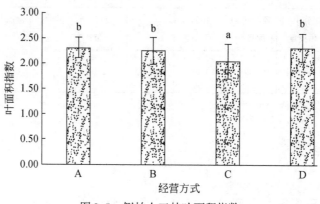

图 9-5 侧柏人工林叶面积指数

9.2.3.3 不同经营方式侧柏人工林叶倾角分析

从侧柏人工林叶倾角（图 9-6）可知，侧柏人工林叶倾角为（39.4±6.1）°~（45.7±5.5）°，4 种处理间差异显著，其中 C（对照）处理显著高于其他 3 种处理，A、B 和 D 间差异不显著，分别为（39.5±3.4）°、（40.5±4.6）°和（39.4±6.1）°，一定程度上说明，全面割灌和结构化经营减小了侧柏人工林的叶倾角。

综上可见，4 种处理间的冠层特性有显著差异，结构化经营和全面割灌两种经营下林内物种组成发生了改变，为林木生长提供了更为广阔的空间、光照、养分、水分等资

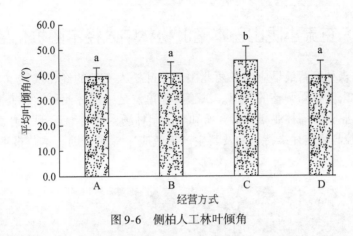

图 9-6　侧柏人工林叶倾角

源，林内有效光合辐射和叶片发育特性也发生显著变化，林冠层截获直接辐射增加，叶面积指数显著提高，林内光异质性增强，林分冠层空间分布更加合理，有利于提高森林生产率。

光合有效辐射是影响生态系统能量转化和物质生产的重要生态因子，与群落碳获取呈显著正相关关系，其在生态系统内的分布是由进入冠层的总辐射经植物体和下垫面的多次透射、反射和吸收等一系列物理作用后形成的。本试验中冠层截获直接辐射在 D 处理下显著高于 C 处理，其他处理间差异不明显，说明 D 处理的经营措施对提高林分光合能力和干物质积累潜在的有效性。叶面积指数是森林生态过程的关键参数，也是描述森林冠层结构的重要指标，林分叶面积指数受林分结构特征、地形、水分条件以及人类活动等多种因素的影响，具有高度的空间异质性，即使在林分结构单一的同龄林中，叶面积指数也有较大的变化。本试验 4 种处理下侧柏林的叶面积指数为（2.04±0.34）～（2.32±0.28），方差分析表明 A、B 和 D 处理显著高于 C 处理，可见，本试验中结构化森林经营（A）、全面割灌（B）及二者的有效结合（D）3 种经营方式对侧柏林叶面积指数产生了正向影响，一定程度上说明研究区侧柏人工林有较大的经营潜力。

一个冠层内叶倾角的分布模式可以从 0°（水平叶）到 90°（垂直叶），即叶倾角越小，叶子越平展，越利于冠层截获太阳辐射和利用太阳光能。本试验中森林经营后叶倾角显著变小，说明结构化森林经营（A）、全面割灌（B）和二者的有效结合（D）减小了侧柏人工林的叶倾角，更利于冠层截获太阳能，提高光合能力，与试验中不同处理间冠层截获有效光能及叶面积指数的变化规律呼应。

从本试验冠层截获有效光能、叶面积指数、叶倾角与林分密度间的关系分析发现，结构化森林经营和全面割灌（D）下林分密度最小，但较其他处理在截获直接有效光能、叶面积指数及叶倾角上却表现出明显的优势，显著高于 C 处理（对照），充分表明 D 处理下侧柏人工林冠层具更高的光能利用潜能，能更有效改善侧柏人工林内光照、水分、养分等资源利用和分配，结构化森林经营与全面割灌协作的经营，有益于森林可持续高效经营。

9.3 甘肃小陇山日本落叶松林中大径木随机化经营

这是结构化森林经营最早应用于西北山地落叶松人工林的经营实践（图9-7）。该试验开辟了人工林密度格局调整的先河。试验实施单位是中国林业科学研究院林业研究所、甘肃省小陇山林业实验局林业科学研究所和李子园林场，由"十三五"国家重点研发计划"人工林结构调控与稳定性维持机制及其生产力效应"课题资助。本节报道日本落叶松初步试验结果。

图9-7　甘肃小陇山日本落叶松试验林

9.3.1 试验区概况

小陇山日本落叶松人工林试验示范区位于甘肃省小陇山林业实验局李子园林场，试验示范区处于山沟平坦地段。该区地处我国南北气候的交汇处，属暖温湿润—中温半湿润大陆性季风气候区，年平均气温10.9℃，多年平均降水量673 mm。土壤类型主要为褐土类。该试验示范区面积为31.9亩，造林前植被为灌丛，于1996年春季割灌穴状整地造林，初始造林密度为3150株/hm²。2010年进行了卫生伐和生长伐，采伐部分市场需要的林木，采伐强度27%，保留株数大约为1500株/hm²。

9.3.2 试验设计

2016年对试验区进行了全林每木定位和本底调查，起测胸径为5 cm，记录林木的胸径、树高、冠幅、树种、健康状况等基本信息。根据试验方案共划分21个小区，设计经营方案并遵照方案标记采伐木，完成结构调整，2017年进行了复测。

根据试验区地形地势，共设计规划了21个小区（图9-8），每个小区面积20×20＝400 m²。其中把15个小区分为5组，每组3个小区，并保证这5组小区之间具有相似的株数和蓄积量（其余6个小区作为备用小区）。共设计5个处理：处理1为下层抚育；处理2

为中大径木随机化经营，R1 型（即全部构造为哑铃型随机体）；处理 3 为对照；处理 4 为中大径木随机化经营，R1∶R2＝1∶2（即构造的随机体中哑铃型与火炬型的比例为 1∶2）；处理 5 为中大径木随机化经营，R2 型（即全部构造为火炬型随机体）。每个处理有 3 个重复。具体经营方法参见第 7 章，设计分组方案见表 9-4。

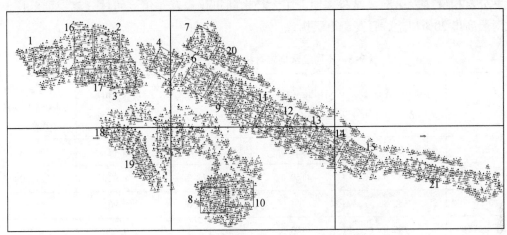

图 9-8　小陇山李子园日本落叶松人工林试验区设计示意图

表 9-4　试验小区林分基本概况

处理	小区编号	每公顷株数 /（株/hm²）	平均胸径 /cm	平均树高 /m	断面积 /（m²/hm²）	蓄积量 /（m³/hm²）	平均蓄积量 /（m³/hm²）
处理 1 下层抚育	21	1960	12.9	13.8	25.60	167.2	
	4	1675	13.9	14.2	25.25	174.0	185.9
	7	1850	14.8	14.3	31.75	216.5	
处理 2 R1	6	1725	12.9	14.03	22.75	154.3	
	11	1775	13.6	13.8	22.25	174.0	183.4
	8	2125	13.7	14.1	31.50	222.0	
处理 3 对照	13	2100	12.4	13.6	25.25	169.5	
	5	1475	14.8	14.5	25.25	180.5	186.3
	2	1750	15.1	14.1	31.25	209.0	
处理 4 R1∶R2＝ 1∶2	14	1900	12.8	14.0	24.75	168.0	
	15	1900	13.5	13.50	27.25	182.0	186.8
	3	1900	14.4	14.3	31.00	210.5	
处理 5 R2	9	1875	13.0	14.0	25.00	170.5	
	12	1775	13.0	13.9	26.25	177.8	185.5
	1	1750	15.0	14.0	31.25	208.3	

9.3.3 试验结果

试验于 2016 年测量了经营前后各小区林分蓄积量，于 2017 年复测了经营一年后的小区林分蓄积量（表9-5），结果表明，中大径木随机化经营一年后的林分蓄积量生长率均比对照高出 20% 以上，且高于下层抚育。

表 9-5 不同经营措施对林分蓄积量生长率的影响

处理	2016 年经营前林分蓄积量/（m³/hm²）	2016 年经营后林分蓄积量/（m³/hm²）	2017 年林分蓄积量/（m³/hm²）	林分蓄积量生长率/%	林分蓄积量生长率比对照提高/%
R1	183. 4	150. 3	164. 1	9. 18	25. 13
R2	185. 5	160. 4	174. 7	8. 92	21. 50
R1 : R2 = 1 : 2	186. 8	164. 0	178. 6	8. 90	21. 32
下层抚育	185. 9	160. 5	172. 8	7. 63	4. 04
对照	186. 3	—	200. 0	7. 34	—

9.4 北京房山欧美杨随机化造林

这是结构化森林经营理论指导下的第一个针对速生阔叶树种欧美杨所进行的人工林控位造林试验（图9-9）。该试验实施单位是中国林业科学研究院林业研究所和华北林业实验中心，由"十三五"国家重点研发计划"人工林结构调控与稳定性维持机制及其生产力效应"课题资助。这种控位造林属于完全随机化造林与常规人工规则造林之间的折中造林方案，既兼顾人工规则造林生产简易方便之特点，又具有非均衡空间利用，容易快速促进大径木形成的林窗效应，一定程度上契合了现代森林经营目标——培育健康稳定优质高效森林生态系统。本节报道杨树人工林初步试验结果。

9.4.1 研究区概况

试验区位于北京市房山区，地处华北平原与太行山交接地带（115°25′E～116°15′E，39°30′N～39°55′N），属暖温带半湿润季风大陆性气候，四季特征鲜明，春季干旱多风沙，气温回升快，昼夜温差大；夏季炎热，雨量集中；秋季凉爽；冬季漫长，寒冷、干燥。年平均气温 11. 6 ℃，平原多年平均降水量 602. 5 mm，集中于 6～9 月，年均蒸发量 1870 mm，无霜期 216 d。样地所在地海拔 34 m。早先为平原农耕地，造林前为树月季砧木用地。土壤为潮土，样地内地形平整，立地条件基本一致。

图 9-9　北京房山欧美杨试验林

9.4.2　试验林营造与试验设计

9.4.2.1　试验林营建

2016 年 4 月初全面整地，接着使用挖坑机进行挖坑，随后人工植苗造林（栽植当地欧美杨 107 苗木），株行距为 1.5 m×1.5 m，栽植后立即进行灌溉（图 9-10）。

图 9-10　造林过程图

由于栽植后苗木大小参差不齐，为保障结构试验的科学性，当年 6 月对所栽植的树苗进行了平茬处理，平茬 3 个月后即当年 9 月长成幼林（图 9-11）。

图 9-11 平茬及当年萌生林

在新形成的幼林中大约 5% 的幼树生长不良。鉴于结构试验林要求树木大小基本一致，故于 2017 年 3 月对十几株生长不良的小树进行了更换。

9.4.2.2 试验设计

试验由两部分组成（图 9-12），一部分是片林试验，即不同控位造林模式试验；另一部分为邻体结构效应试验。2016 年用全站仪进行了林木定位，2017～2019 年连续三年进行了林木大小测量。

（1）控位造林试验

共设计 4 个不同处理（图 9-13），重复 2 次。此外，还设置了常规行列式造林模式，满员栽植，即对照组 CK。为避免边缘效应的影响，每种配置模式四周均设置缓冲区。四种不同造林模式如下：

A 模式：一行满，二三行栽 1 空 2，依次重复 ［图 9-13（a）］；

B 模式：一行满，二行栽 2 空 1，三行空，依次重复 ［图 9-13（b）］；

C 模式：一行满，二行栽 1 空 2，依次重复 ［图 9-13（c）］；

D 模式：一行满，二行栽 1 空 1，三行栽 1 空 2，依次重复 ［图 9-13（d）］。

（2）邻体结构效应试验

邻体结构效应试验有 9 种邻体结构形式（图 9-14）。以独立结构单元形式栽植，即一个结构单元内的林木只作为该结构单元的组成个体，不作为其他结构单元的构成成分（中心木或邻体）。具体栽植方法是在 3 行 3 列的栽植位点中间位置栽植一株作为中心木，在余下 8 个栽植位点中选择 4 个位点栽植邻体，构成一种邻体结构形式。在此要说明的是，2018 年位于高压线下面及附近 5 m 处部分林木受损严重，部分邻体结构效应试验遭到破坏，已没有再进行继续观察测定的必要。

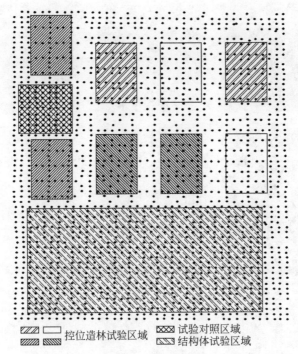

图 9-12　试验设计图

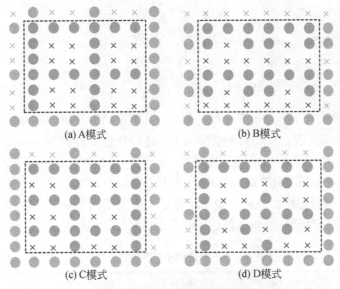

(a) A模式　　　　　　　　　　(b) B模式

(c) C模式　　　　　　　　　　(d) D模式

图 9-13　四种控位栽植模式

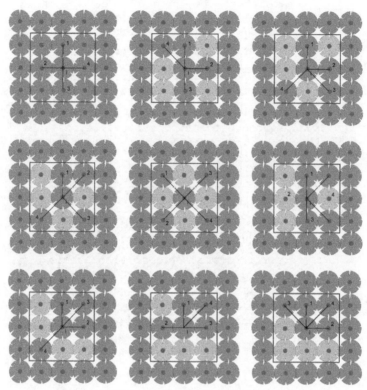

图 9-14 邻体结构效应试验的 9 种邻体结构形式

9.4.3 试验结果

9.4.3.1 不同控位造林模式的林分生长

不同控位造林模式下林分平均胸径、平均树高和平均冠幅以及断面积与规则造林模式的对比结果（表 9-6）表明，相同密度情况下，各种控位造林试验的林分生长均优于规则造林模式，林分断面积高出对照至少 30% 以上；在不同密度下，不同控位造林模式下的林分平均冠幅生长量比对照高出 50 cm 以上。虽然林分断面积生长量目前还是对照高（由于对照株数优势），但各种控位造林试验的林分平均生长均优于规则造林模式，也就是说林木个体生长速率高于对照，总断面积达到或赶超对照只是时间问题。

表 9-6 不同造林模式下的林分生长

参数	A	B	C	D	CK
株数/株	40	40	48	44	72
平均胸径/cm	1.77	1.81	1.76	1.72	1.62
平均树高/m	2.37	2.40	2.36	2.35	2.22

续表

参数	A	B	C	D	CK
平均冠幅/m	0.38	0.39	0.37	0.36	0.29
断面积/m²	0.0387	0.0413	0.0458	0.0442	0.0534
单株断面积/m²	0.0010	0.0010	0.0010	0.0010	0.0007
相同密度规则造林断面积/m²	0.0295	0.0295	0.0350	0.0322	
断面积比例/%	31.27	40.09	30.93	37.17	

9.4.3.2 不同邻体结构效应

由不同邻体结构下的林木生长效果（表9-7）可见，林木个体生长总体上表现为，随着林木角尺度的增加，林木生长量在增加。这完全符合林木营养空间越大生长越好的预期。非均匀体的林木胸径生长比均匀体高出 12.35%，树高高出 5.95%，冠幅高出 27.84%，这充分体现了格局的重要性。林木冠幅高出幅度比其他指标都大，这进一步证实了营养空间对林木生长的影响首先体现在对冠幅生长的影响。

表 9-7 不同邻体结构下的林木生长

参数	角尺度	胸径	树高	断面积	冠幅
生长量	0	1.62 cm	2.22 m	0.0007 m²	0.29 m
	0.25	1.60 cm	2.30 m	0.0010 m²	0.31 m
	0.5	1.81 cm	2.41 m	0.0010 m²	0.40 m
	0.75	1.82 cm	2.38 m	0.0010 m²	0.37 m
比均匀体高出的比例	随机体	11.96%	6.47%	14.83%	32.09%
	聚集体	12.73%	5.42%	17.27%	23.59%
	非均匀体	12.35%	5.95%	16.05%	27.84%

|第10章| 结构化森林经营分析决策支持系统

计算机已成为研究和管理等部门从业人员必备工具，许多专业软件系统的投入运行极大地提高了工作效率。森林结构分析中同样离不开计算机和相应的专业软件，为减少研究和工作过程中不必要的人力和财力浪费，现将我们"森林经营理论与创新团队"开发的有关森林结构分析和经营决策支持系统公布于众。

10.1 林分空间结构参数计算软件

结构化森林经营中最早使用的林分空间结构参数计算软件是大家熟知的、由陈伯望博士用 VB 语言编写的 Winkelmass，十几年来每年时不时总有几十位学者发邮件索取。看来非常有必要在本书中介绍该软件的关键代码和软件使用方法。

10.1.1 Winkelmass 软件使用说明

（1）启动

安装后，Winkelmass 2006 系统可以从 Windows "开始"菜单启动，也可以直接从可执行文件（EXE 文件）所在目录用鼠标双击启动。

（2）功能描述

Winkelmass 2006 系统的主要功能包括：

1）模拟产生新林分（"New"菜单）。该功能主要为模拟林分试验，自动实现新林分的生成—树种格局选择—所要模拟样地和树种的各项空间结构参数（图 10-1）。

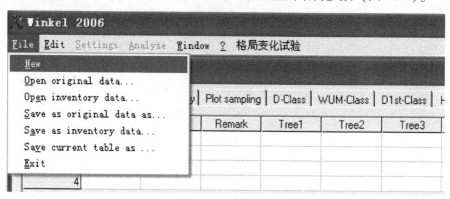

图 10-1　创建新林分菜单

2）打开原有数据（"Open original data"菜单），计算林分的空间结构参数。该功能主要用来打开原始的数据文件，使用指定的方法来计算林分空间结构参数（如角尺度、混交度和大小比数）。

（3）计算林分空间结构参数

操作流程如下：

1）启动 Winkelmass 2006 系统。

2）选择菜单"File"，点击"Open original data"，系统将弹出打开对话框。

3）用户选择一个数据文件。"打开原始数据"的数据类型为"*.txt"，具体格式见图 10-2。

4）点击"打开"按钮，系统开始计算，计算完成后将得到的图形和各种计算结果显示在界面上。

5）数据保存。保存数据有两种方法：①可以点击"File"，选"Save current table as"，在弹出对话框中选择保存目录，保存后的数据类型为"*.txt"。②点击"Edit"，选"Copy"，将复制后的数据粘贴在指定的 Excel 中，保存即可。

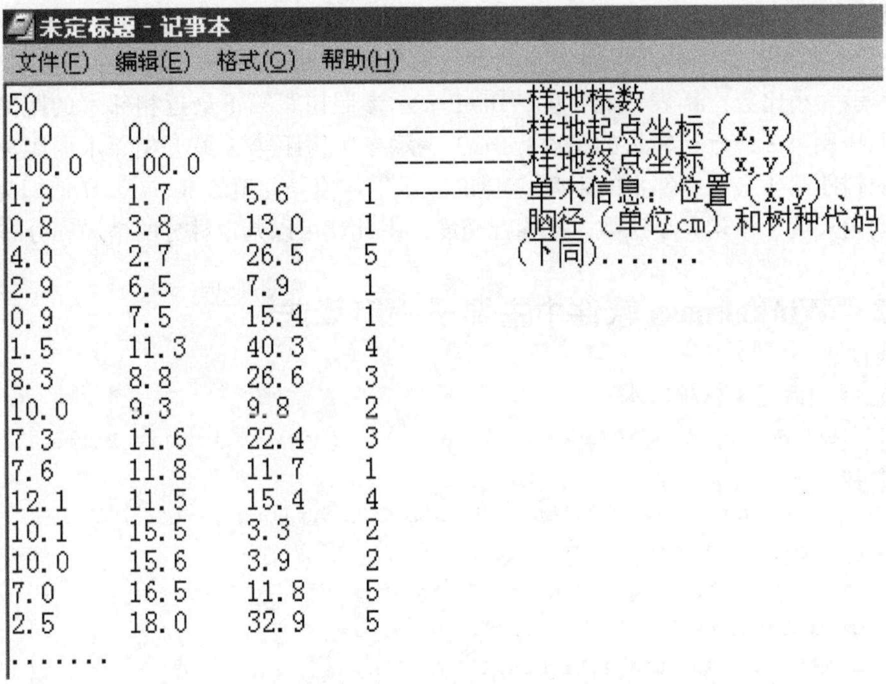

图 10-2　打开原始数据–原始数据文件格式

6）结果显示

计算结果如图 10-3 所示。

图 10-3 中各项解释如下。

Tree：程序自动产生的树号；X 表示 X 坐标；Y 表示 Y 坐标；Remark 表示标记林木是否在核心区内并参与空间结构参数计算，标记为"buffer"即表示该林木在缓冲区内，只

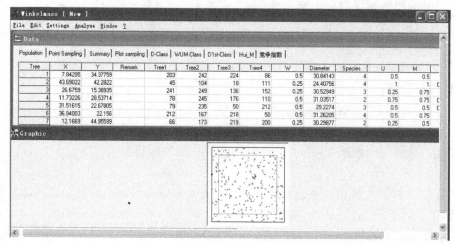

图 10-3　计算结果显示

作为相邻木参与计算，但不作为参照树参与林分空间结构计算；Tree1 表示参照树的第 1
最近相邻木；Tree2 表示参照树的第 2 最近相邻木；Tree3 表示参照树的第 3 最近相邻木；
Tree4 表示参照树的第 4 最近相邻木；W 表示角尺度；Diameter 表示胸径；Species 表示树
种；U 表示大小比数；M 表示混交度；Dist1 表示参照树距第 1 最近相邻木的距离；Dist2
表示参照树距第 2 最近相邻木的距离；Dist3 表示参照树距第 3 最近相邻木的距离；Dist4
表示参照树距第 4 最近相邻木的距离。Mean 表示平均值。此项的 W、U、M 值即为计算林
分的平均角尺度、平均大小比数、平均混交度，由此就可以判定林分的格局和分布类型。

10.1.2　Winkelmass 软件中主要子程序算法

（1）寻找最近 4 株相邻木

```
Public Sub Search4trees(Index As Integer)'  index=0 for tree2tree,1 for sam-
pling2tree
    Dim i As Long,j As Long,Dist As Single '  ,n As Long
    Dim MinDist1 As Single,MinDistID1 As Long
    Dim MinDist2 As Single,MinDistID2 As Long
    Dim MinDist3 As Single,MinDistID3 As Long
    Dim MinDist4 As Single,MinDistID4 As Long
    With MSHFlexGrid(Index)
'       .Visible=False
        For i=1 To .rows-extraRows
            If Left(.TextMatri(i,3),3)="Cut" Then GoTo nexti
            MinDist1 =1E+20
            MinDistID1 =0
            MinDist2 =1E+20
```

```
            MinDistID2 =0
            MinDist3 =1E+20
            MinDistID3 =0
            MinDist4 =1E+20
            MinDistID4 =0
            For j =1 To TreeNo
                If j =i Then GoTo nextj
                Dist =xTreeDist(Index,i,j)
                If Dist < MinDist1 Then
                    MinDist4 =MinDist3
                    MinDist3 =MinDist2
                    MinDist2 =MinDist1
                    MinDist1 =Dist
                    MinDistID4 =MinDistID3
                    MinDistID3 =MinDistID2
                    MinDistID2 =MinDistID1
                    MinDistID1 =j
                ElseIf Dist >=MinDist1 And Dist < MinDist2 Then
                    MinDist4 =MinDist3
                    MinDist3 =MinDist2
                    MinDist2 =Dist
                    MinDistID4 =MinDistID3
                    MinDistID3 =MinDistID2
                    MinDistID2 =j
                ElseIf Dist >=MinDist2 And Dist < MinDist3 Then
                    MinDist4 =MinDist3
                    MinDist3 =Dist
                    MinDistID4 =MinDistID3
                    MinDistID3 =j
                ElseIf Dist < MinDist4 Then
                    MinDist4 =Dist
                    MinDistID4 =j
                End If
nextj:

                DoEvents
            Next j
            . TextMatrix( i,4 )=MinDistID1
            . TextMatrix( i,5 )=MinDistID2
            . TextMatrix( i,6 )=MinDistID3
            . TextMatrix( i,7 )=MinDistID4
            . TextMatrix( i,13 )=MinDist1
```

```
            .TextMatrix(i,14)=MinDist2
            .TextMatrix(i,15)=MinDist3
            .TextMatrix(i,16)=MinDist4
nexti:
        Next i
'           If SSTab1.Tab=0 Then .Visible=True
    End With
End Sub
```

（2）角尺度计算

```
Public Sub calculateW(Index As Integer)'  for tab.0 and 1
    Dim i As Long,j As Long,k As Long,n As Long
    Dim W(3,4)As Single,Ddiff As Single,SPdiff As Single
    Dim D As Single,SP As String
    With MSHFlexGrid(Index)
        For i=1 To .rows-extraRows
            For j=1 To 4
                W(0,j)=Angle(Index,i,Val(.TextMatrix(i,4+j-1)))
            Next j
            For j=1 To 3
                For k=j+1 To 4
                    If W(0,j)>W(0,k)Then swap W(0,j),W(0,k)
                Next k
            Next j
            W(1,2)=AngleDiff(W(0,2),W(0,1))
            W(2,3)=AngleDiff(W(0,3),W(0,2))
            W(3,4)=AngleDiff(W(0,4),W(0,3))
            W(1,4)=AngleDiff(W(0,4),W(0,1))
            .TextMatrix(i,8)=(W(1,2)+W(2,3)+W(3,4)+W(1,4))/4

            If Index=0 Then
                Ddiff=0
                SPdiff=0
                D=Val(.TextMatrix(i,9))
                SP=Val(.TextMatrix(i,10))
                For j=1 To 4
                    If D<=Val(.TextMatrix(Val(.TextMatrix(i,j-1+4)),9))Then
                        Ddiff=Ddiff+1
                    End If
                    If SP<>.TextMatrix(Val(.TextMatrix(i,j-1+4)),10)Then
                        SPdiff=SPdiff+1
                    End If
```

```
            Next j
              .TextMatrix(i,11)=Ddiff / 4
              .TextMatrix(i,12)=SPdiff / 4
          End If
       Next i
    End With
    Statistic Index
End Sub


Private Function Angle(Index As Integer,ID1 As Long,ID2 As Long)As Single
    Dim X1 As Single,Y1 As Single,X2 As Single,Y2 As Single
    Dim DeltaX As Single,deltaY As Single
    With MSHFlexGrid(Index)
       X1=Val(.TextMatrix(ID1,1))
       Y1=Val(.TextMatrix(ID1,2))
       X2=Val(MSHFlexGrid(0).TextMatrix(ID2,1))
       Y2=Val(MSHFlexGrid(0).TextMatrix(ID2,2))
    End With


    DeltaX=X2-X1
    deltaY=Y2-Y1


    If deltaY > 0 And DeltaX >=0 Then
                                     Angle=Atn(DeltaX / deltaY)
    ElseIf deltaY=0 And DeltaX >=0 Then Angle=PI * 0.5
    ElseIf deltaY < 0 And DeltaX >=0 Then Angle=PI + Atn(DeltaX / deltaY)
    ElseIf deltaY < 0 And DeltaX < 0 Then Angle=PI + Atn(DeltaX / deltaY)
    ElseIf deltaY=0 And DeltaX < 0 Then Angle=PI * 1.5
    Else:                            Angle=PI * 2 + Atn(DeltaX / deltaY)
    End If


End Function
Private Sub swap(X As Single,Y As Single)
    Dim z As Single
    z=X
    X=Y
    Y=z
End Sub
Private Function AngleDiff( ByRef Angle1 As Single, ByRef Angle2 As Single)
As Single
    AngleDiff=Angle1-Angle2
```

```
    If AngleDiff > PI Then AngleDiff=2 * PI-AngleDiff

    If AngleDiff >=72 * PI / 180 '  stand AngleST Then
        AngleDiff=0
    Else
        AngleDiff=1
    End If
  End Function
```

10.2 林分状态分析与经营决策支持系统

随着计算统计分析软件 R 的兴起，森林结构分析更加简便。R 是一套完整的数据处理、计算和制图软件系统。其功能包括：①数据存储和处理系统；②数组运算工具（其向量、矩阵运算方面功能尤其强大）；③完整连贯的统计分析工具；④优秀的统计制图功能；⑤简便而强大的编程语言：可操纵数据的输入和输出，可实现分支、循环，用户可自定义功能。张弓乔博士基于 R 语言开发了林分状态分析和经营决策支持系统。

10.2.1 优化目标函数

目标函数构建要考虑四个方面。①格局随机性目标：经历一定时间的自然演替而形成健康稳定的森林，其角尺度均值一般都趋向 0.5，即呈随机分布。因此在经营时，为了使林分的空间分布格局尽可能地趋向稳定，也应使林分角尺度均值尽可能接近于 0.5。使随机分布的林分仍然保持随机分布，使均匀分布的林分和团状分布林分趋向随机分布；②提高顶极树种和主要伴生种的中大径木的优势度，降低它们的竞争压力。顶极树种和主要伴生树种是健康稳定森林在经过漫长自然演替后的主体，使之在林分中处于优势地位才能保证林分的稳定性，因此增加顶极树种和主要伴生树种的优势度也成了经营的主要目标；③提高林分树种多样性。多样性作为评价林分结构的重要指标一直备受重视。多样性的高低决定林分空间结构的复杂程度和林分抵抗病虫害以及抗干扰的能力。提高林分物种多样性也是经营的重要方向。目标函数选取了修正的混交度来表达树种的隔离程度和多样性；④保持合理的林分密度（拥挤度）。拥挤度用林分冠幅与林木间平均距离的比来表达，从林分的中上层结构这一角度描述了林分的密度。利用拥挤度描述的林分密度最佳取值为 0.9～1.1。当拥挤程度过高时，则缺少生长空间，当拥挤度过低时，林分有可能出现天窗，因此调整林分密度时应当使林分拥挤度逼近于中间值 1.0。

根据以上几个方面，将式（10-1）确立为结构化森林经营优化模型的目标函数。当该目标函数的解达到最小值时，则可以得到最优的空间结构优化抚育经营模型。

$$Q\ (g) = |\ \overline{W}-0.5\ | +\frac{\overline{U_c}}{\overline{U_{c-0}}}+\frac{\overline{U_a}}{\overline{U_{a-0}}}+\frac{\overline{M_0}}{\overline{M}}+|\ \overline{C}-1.0\ | \tag{10-1}$$

式中，g 为样地林木向量；$\overline{W}$ 为林分平均角尺度；$\overline{U}_c$、$\overline{U}_a$ 为分别为顶极种与主要伴生种中大径木的大小比数；$\overline{U}_{c-0}$、$\overline{U}_{a-0}$ 为分别为林分调整前顶极种与主要伴生种的中大径木大小比数；$\overline{M}_0$ 为调整前修正的林分平均混交度，即树种多样性；$\overline{M}$ 为调整后修正的林分平均混交度；$\overline{C}$ 为林分平均拥挤度。

有了目标函数后，还需要对模型进行一定的约束，以免经营后的林分受到破坏和干扰。约束条件是保证林分空间结构优化时需要遵守的准则，在该模型中，约束条件以健康稳定的林分特征为基础，主要设立了以下 11 个约束条件：

1）$N \geqslant N_0 (1-20\%)$；式中的 N_0、N 分别为林分调整前后的株数。为了保证林分的适度采伐，因此要求株数的采伐强度低于 20%。

2）$G \geqslant G_0 (1-15\%)$；式中的 G_0、G 分别为林分调整前后的断面积。在保证 20% 的采伐强度下，如果只采伐大树，也不能够保持林分的稳定性，因此为了避免这种极端情况的出现，要求断面积的采伐强度小于 15%。

3）$P_h \geqslant P_{h0}$；式中的 P_{h0}、P_h 分别为林分调整前后健康木比例。促进林分健康是维持健康森林的重要方面。稳定的林分要求健康林木达到 90% 以上，因此在经营时，如果健康林木已达到这一比例，则要求采伐后维持在 90% 以上，而当采伐前非健康木比例大于 10% 时，则要求采伐后健康林木比例高于采伐前，达到 90% 以上。

4）$D_{sp-c} \geqslant D_{sp-c-0}$；式中的 D_{sp-c-0}、D_{sp-c} 分别为林分调整前后优势树种的优势度。树种优势度的约束条件是优化经营的一个重要方面，可以保证优势树种竞争力不被降低，因此林分的空间结构优化需要建立在树种优势度提高的基础上，否则优化经营将失去其意义。约束中采用了优势度来衡量这一方面，而不是大小比数，是由于大小比数表达的是单株木在空间结构单元中的大小，并不能准确定量的表达树种的优势程度。树种优势度的计算方法结合了大小比数和树种相对显著度。

5）$D_{sp-a} \geqslant D_{sp-a-0}$；式中的 D_{sp-a-0}、D_{sp-a} 分别为林分调整前后主要伴生树种的优势度。

6）$\overline{M} \geqslant \overline{M}_0$；式中的 $\overline{M}_0$、$\overline{M}$ 分别为林分调整前后修正的混交度。这是针对林分树种多样性的约束。要求进行经营后的林分多样性不得低于采伐前。防止采伐后林分中的物种多样性和复杂性降低而导致林分结构不稳定。这里的多样性约束指标采用了修正的混交度。

7）$T = T_0$；式中的 T_0、T 分别为林分调整前后树种数量。即要求经营后树种的数量不变。也就是说，当林分中某些树种只有一株时，则不会采伐。同时要保护稀有树种。这也是保护林分多样性的一个约束。

8）$CI_c \leqslant CI_{c-0}$；式中的 CI_{c-0}、CI_c 分别为林分调整前后顶极树种的竞争压力。即要求采伐后顶极树种的竞争压力小于经营前。这也是经营的目的之一，亦能提高顶极树种的优势度。

9）$\overline{C} > 0.9$；式中的 $\overline{C}$ 为林分调整后的林木拥挤度。这一条件也是用来控制采伐后的林分密度。

10）$\overline{W} \to 0.5$；式中的 $\overline{W}$ 为林分调整后的角尺度。这是针对分布格局的约束，角尺度应趋向 0.5，采伐应使分布格局向随机分布逼近。这个约束条件有三种可能的情况：①当经营前林分角尺度小于 0.475 时，属于均匀分布，要求采伐后趋近于随机分布，角尺度数值的变化趋势应为增大，但要避免超过随机分布而成为团状分布的情况；②当经营前林分格局为随机分布时，角尺度大于等于 0.475 且小于 0.517，要求经营后角尺度仍在这个范围内而不能成为均匀分布或团状分布；③当经营前林分格局为团状分布时，角尺度大于 0.517，同样要求采伐后趋近于随机分布，角尺度数值的变化趋势应为减小，但要避免超过随机分布而成为均匀分布的情况。

11）Cd>0.7；即要求经营后郁闭度（canopy density，Cd）大于 0.7，从而保证经营措施会破坏林冠的连续覆盖。因此当郁闭度大于 0.7 时基本可以认为是林冠是连续覆盖的。

以下是选取最优方案的 R 语言代码：

```
even=data2[data2 $ W<0.5,];evenNo=c()
for(i in 1:length(even $ no)){
  x0=even[i,] $ x;y0=even[i,] $ y
  Near5=Near. f(x0,y0,data1)[1:5,]
  Near4=Near5[2:5,]
  evenNo=c(evenNo,W. even(x0,y0,Near4))
}
evenNo=as. data. frame(table(evenNo))
names(evenNo)=c("No","even")

cluster=data2[data2 $ W>0.5,];clusterNo=c()
for(i in 1:length(cluster $ no)){
  x0=cluster[i,] $ x;y0=cluster[i,] $ y
  Near5=Near. f(x0,y0,data1)[1:5,]
  Near4=Near5[2:5,]
  clusterNo=c(clusterNo,W. cluster(x0,y0,Near4))
}
clusterNo=as. data. frame(table(clusterNo))
names(clusterNo)=c("No","cluster")
No=as. data. frame(1:length(data1 $ No));names(No)="No"
Mark=merge(No,merge(evenNo,clusterNo,by="No",all=T),by="No",all=T)

u=data2[data2 $ ssp==1&data2 $ U<0.5,];uNo=c()
for(i in 1:length(u $ no)){
  x0=u[i,] $ x;y0=u[i,] $ y
  Near5=Near. f(x0,y0,data1)
  uNo=c(uNo,U(Near5))
}
uNo=as. data. frame(table(uNo))
names(uNo)=c("No","u")
```

```
Mark=merge(Mark,uNo,by="No",all=T)

m=data2[data2$M<0.5,];mNo=c()
if(length(m$N0)==0){mNo=data.frame(1,0)} else{
  for(i in 1:length(m$no)){
    x0=m[i,]$x;y0=m[i,]$y
    Near5=Near.f(x0,y0,data1)
    mNo=c(mNo,M(Near5))
    mNo=as.data.frame(table(mNo))
  }
}
names(mNo)=c("No","m")
Mark=merge(Mark,mNo,by="No",all=T)

c=data2[data2$C>0.5,];cNo=c()
for(i in 1:length(c$no)){
  x0=c[i,]$x;y0=c[i,]$y
  Near5=Near.f(x0,y0,data1)
  cNo=c(cNo,M(Near5))
}
cNo=as.data.frame(table(cNo))
names(cNo)=c("No","c")
Mark=merge(Mark,cNo,by="No",all=T)
Mark[is.na(Mark)]=0

select.f=function(Mark1,data1,buff){
  size=round(runif(1,min=length(data1$no)*0.2,max=length(data1$no)*
0.35))
  select=sample(Mark1$No,size,replace=F,prob=Mark1$sum/100)
  ncut=data1[-select,]
  for(i in 1:length(ncut$x)){
  x0=ncut[i,]$x;y0=ncut[i,]$y
  Near5=Near.f(x0,y0,ncut)[1:5,]
  Near4=Near5[2:5,]
  ncut$W[i]=w.f(x0,y0,Near4$x,Near4$y)#function 4
  ncut$U[i]=u.f(Near5)
  ncut$M[i]=m.f(Near5)
  ncut$C[i]=c.f(Near5)
  m0=ncut[i,]$m;mi=Near4$m
  ncut$sp[i]=length(unique(Near5$m))
  }
```

```
    ncut=ncut[ncut$x>=(xmin+buff[1])&ncut$x<=(xmax-buff[1]),]
    ncut=ncut[ncut$y>=(ymin+buff[2])&ncut$y<=(ymax-buff[2]),]
    cut=data1[select,]
    aW=mean(ncut$W);aw=round(aW,3)
    aU=mean(ncut$U);au=round(aU,3)
    aM=mean(ncut$M);am=round(aM,3)
    aC=mean(ncut$C);ac=round(aC,3)

    cutBa=sum(cut$hi^2*pi/40000);cutBA=cutBa/Area*10000
    aHealth_Rate=round(sum(ncut$heal)/length(ncut$No)*100,2)
    aYong=sqrt(((x-buff[1]*2)*(y-buff[2]*2))/length(ncut$ci))/mean(ncut
$ci)
aResult=list(aW=aW,aU=aU,aM=aM,aC=aC,cutBA=cutBA,cutBa=cutBa,aHealth_Rate=
aHealth_Rate,aYong=aYong,cut=select)
    }

    healNo=data.frame(data1$No,data1$health)
    names(healNo)=c("No","heal")
    Mark=merge(Mark,healNo,by="No",all=T)
    Mark$sum=Mark$even+Mark$cluster+Mark$u+Mark$m+Mark$c+Mark$heal
    Mark$no=data1$no;Mark$x=data1$x;Mark$y=data1$y;Mark$m=data1$m;Mark
$ci=data1$ci;Mark$hi=data1$hi;Mark$heal=data1$heal
    Mark1=Mark[Mark$sum>0,]
    Q=c(rep(1000,30));temp=list()
    for(j in 1:30){
      aResult=select.f(Mark,data1,buff)
      temp=c(temp,list(aResult$cut))

if(abs(W-0.5)<abs(aResult$aW-0.5)|aResult$cutBa/Ba<0.2|aResult$cutBa/Ba>0.3)
{Q[j]=1000} else{Q[j]=abs(aResult$aW-0.5)+abs(aResult$aYong-0.9)}
    }
    select=c(temp[order(Q)[1]])
    ncut=data1[-unlist(select),]
      for(i in 1:length(ncut$x)){
      x0=ncut[i,]$x;y0=ncut[i,]$y
      Near5=Near.f(x0,y0,ncut)[1:5,]
      Near4=Near5[2:5,]
      ncut$W[i]=w.f(x0,y0,Near4$x,Near4$y)#function 4
      ncut$U[i]=u.f(Near5)
      ncut$M[i]=m.f(Near5)
      ncut$C[i]=c.f(Near5)
```

```
  m0=ncut[i,]$m;mi=Near4$m
  ncut$sp[i]=length(unique(Near5$m))
  }
ncut=ncut[ncut$x>=(xmin+buff[1])&ncut$x<=(xmax-buff[1]),]
ncut=ncut[ncut$y>=(ymin+buff[2])&ncut$y<=(ymax-buff[2]),]
cut=data1[unlist(select),]
cut_Mark=Mark[unlist(select),]
```

以上代码中，第1~9行利用角尺度查找处于均匀分布的结构单元并标记出参照树的
邻体；第11~21行利用角尺度查找处于聚集分布的结构单元并标记出参照树的邻体；第
23~31行利用大小比数查找处于劣势的优势树种并标记出参照树的邻体；第33~43行利
用混交度查找完全没有混交的结构体并标记出参照树的邻体；第45~54行利用密集度查
找密度过大的结构单元并标记出参照树的邻体；第56~85行定义了计算模拟采伐后各约
束条件的合理性函数；第87~88行标记不健康林木；第89~102行提取所有具有标记的
林木；第103~118行根据目标函数和约束条件给出最佳优化方案。

10.2.2　优化经营方法

优化经营决策的前提是建立计算机经营规则，以结构化森林经营的原则，建立计算机
运算的流程和优先性，最后根据目标函数和约束条件筛选不同方案，最终得到符合条件的
解。这组解当中的最小解则为计算机模拟的最优结构化森林经营方案。

在对林分进行经营迫切性考察时，我们认为如果林分各项指标达到一项以上不合格就
可以或者需要进行经营。当林分达到必须经营的程度时，说明在该林分中的单株木有许多
潜在的采伐对象。这些潜在的采伐对象可能只存在某一个参数不合理，而另一些潜在采伐
对象则可能在很多参数上都不合理。这种时候首先要考虑的就是单株木的采伐优先性。不
同的优先性将直接或间接导致优化结果不同。因此建立优先性原则需要明确林分的经营目
标，将避免潜在采伐木的自相矛盾，有助于尽快实现优化目标。

10.2.2.1　采伐木标记

林分空间结构优化模型是以空间结构调整为方向，因此建立了以下的优先性原则：当
一株单木存在一个及以上不合理指标时，每增加一个不合理性指标则其采伐标记+1；在一
块林分中，调整的优先顺序取决于需要采伐标记的大小。采伐标记的不同取值可将一个林
分内的树木分为以下三种情况：①当一株林木在所有（健康、混交度、水平分布格局、密
集度和优势度）指标检查时都不合理，采伐标记为5，则该单株木确定为采伐对象；②当
一株林木大于等于一项且小于5项指标不合理时，采伐标记可取值为［1，4］的正整数，
则这类林木为潜在采伐对象；③当一株林木各项指标都合理，不需要调整时，则该林木为
非采伐对象。采伐标记的意义在于区分不同类型的林木，主要用来标记出潜在的采伐对
象。当一株林木需要调整的参数越多，则越优先被选为采伐对象，这个过程由计算机程序
自动完成。

运行该模块的前提是已经启动起始流程，并完成林分数据的读入及其标准化处理。林分迫切性分析并不是此模块的必要前提。其流程见图 10-4。首先读取标准化林分数据；按树号顺序读取一株参照树，查找林分中该参照树的相邻木，利用 10.2.1 小节计算角尺度、大小比数、混交度函数程序计算其相应参数，以及密集度指数（见下文代码）；判断林木的健康情况，具体而言不健康林木包括所有弯曲、断梢、病腐和空心的林木，同时考察其水平分布格局、混交度、优势度和密集度是否需要调整；若某一参数需要调整，则该参照树（或需要调整的邻体）采伐标记+1，若不需要调整，则继续考察其他参数；最后，将该参照树的所有采伐标记累加，得到该树最终的采伐标记得分。

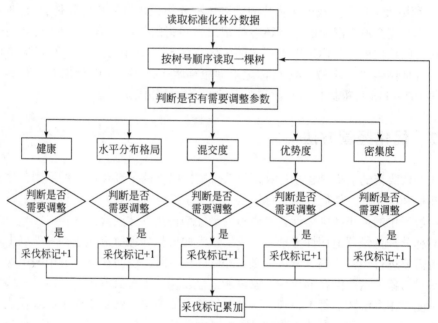

图 10-4　格局调整采伐标记流程图

具体标记方法如下。

1）健康：判断参照树是否健康，如果健康，采伐标记不加分，继续判断其他指标。

2）水平分布格局：水平分布格局调整流程是指调整林分的水平分布格局参数的过程，主要用来调整结构单元中分布不接近随机的林木，其目的在于促使采伐后林分尽量接近随机分布。主要的调整参数为角尺度。当空间结构单元角尺度为 0.5 时，则该空间结构单元为随机分布，不需调整，参照树和 4 株相邻木采伐标记不计分。当角尺度为 0 或 0.25 时，说明该空间结构单元偏向于均匀分布，则 4 株相邻木采伐标记+1；当角尺度为 1 或 0.75 时，说明该空间结构单元偏向于团状分布，则 4 株相邻木采伐标记+1。需要注意的是，调整水平分布格局时，并不是同时调整均匀分布的结构单元和团状分布的结构单元，这种调整将由于相互抵消而失去意义。在进行林分迫切性分析时已经判断了林分的水平分布格局，为了使林分更加趋向于随机分布，当林分处于均匀分布时，应以调节角尺度小于 0.5 的空间结构单元为主，当林分处于团状分布时，则应以调节角尺度大于 0.5 的空间结构单元为主。

3) 混交度：调整的目的在于提高林分的混交程度。调整单木、树种和林分的混交度将影响树种多样性和树种组成。树种多样性在一定程度上决定了树种空间关系的复杂程度，保护树多样性是保证林分健康稳定的重要前提。当混交度取值（0、0.25 和 0.5）较小时，则说明参照树及其 4 株最近相邻木所组成的结构单元的多样性较小，需要选择其同种的相邻木进行采伐，则将其采伐标记+1。注意当林分为人工纯林时，混交度的取值大多为 0 且小于 0.5，因此当对人工林进行经营时，此项调整可以适当放宽。

4) 大小比数：林木的大小比数主要用来调整结构单元中的优势度。其目的主要在于保护顶极树种，或培育顶极树种和主要伴生种，同时提高其优势度，降低其竞争压力。判断参照树结构单元的大小比数，当大小比数为 0.75 或 1 时，说明该顶极树种单木的相邻木中有 3 株或 4 株比参照树大，则不需要采伐参照树，而将相邻木中大于参照树的林木作为潜在采伐对象并将其采伐标记+1。

5) 密集度：密集度调节在于调整结构单元中林木的拥挤程度。当密集度取值（0、0.25 和 0.5）较小时，则说明参照树及其 4 株最近相邻木不拥挤，树冠之间没有接触或只与其中的 1~2 株相邻木有接触，当密集度为 0.75 或 1 时，则说明参照树与相邻木中的 3~4 株都有树冠接触，此时则需要调整，将有接触的相邻木的采伐标记+1。密集度 R 语言代码如下：

```
c. f = function(Near5){
  c0 = Near5[1,] $ ci;x0 = Near5[1,] $ x;y0 = Near5[1,] $ y
  Near4 = Near5[2:5,]
  count = 0
  for(i in 1:4){
    if(sqrt((Near4[i,] $ x-x0)^2 +(Near4[i,] $ y-y0)^2)<((Near4[i,] $ ci+c0)/
2)){count<-count+1}
  }
  c = count/4
}
```

当分别计算完每一株的结构单元并考察各个参数后，累加每株木得到的采伐标记，即为每株木的采伐得分。该模块 R 语言代码如下：

```
W. even = function(x0,y0,Near4){
  for(i in 1:4){
    xi = Near4 $ x[i];yi = Near4 $ y[i]
    Near4 $ angle[i] = Angle. f(x0,y0,xi,yi)
  }
  Near4o = Near4[order(Near4[,"angle"]),]
  Near4o $ count = NA
  for(i in 1:3){
    Near4o $ count[i] = AngleDiff. f(Near4o $ angle[i+1],Near4o $ angle[i])
  }
  Near4o $ count[4] = AngleDiff. f(Near4o $ angle[4],Near4o $ angle[1])
```

```
    evenNo=c(Near4o[Near4o $ count==0,] $ No)
    return(evenNo)
  }
W. cluster=function(x0,y0,Near4){
    for(i in 1:4){
      xi=Near4 $ x[i];yi=Near4 $ y[i]
      Near4 $ angle[i]=Angle. f(x0,y0,xi,yi)
    }
    Near4o=Near4[order(Near4[,"angle"]),]
    Near4o $ count=NA
    for(i in 1:3){
      Near4o $ count[i]=AngleDiff. f(Near4o $ angle[i+1],Near4o $ angle[i])
    }
    Near4o $ count[4]=AngleDiff. f(Near4o $ angle[4],Near4o $ angle[1])
    clusterNo=c(Near4o[Near4o $ count==1,] $ No)
    return(clusterNo)
  }
U=function(Near5){
    h0 =Near5[1,] $ hi
    Near4 =Near5[2:5,]
    Near4 $ count=0
    for(i in 1:4){
      if(Near4 $ hi[i]>=h0)Near4[i,] $ count=1}
    uNo=c(Near4[Near4 $ count==1,] $ No)
    return(uNo)
  }
M=function(Near5){
    m0 =Near5[1,] $ m
    Near4 =Near5[2:5,]
    Near4 $ count=0
    for(i in 1:4){
      if(Near4[i,] $ m! =m0)Near4[i,] $ count=1}
    mNo=c(Near4[Near4 $ count==0,] $ No)
    return(mNo)
  }
C=function(Near5){
    c0 =Near5[1,] $ ci;x0 =Near5[1,] $ x;y0 =Near5[1,] $ y
    Near4 =Near5[2:5,]
    Near4 $ count=0
    for(i in 1:4){
      if(sqrt((Near4[i,] $ x-x0)^2+(Near4[i,] $ y-y0)^2)<((Near4[i,] $ ci+c0)/
```

```
2))Near4[i,] $ count=1}
    cNo=c(Near4[Near4 $ count==1,] $ No)
    return(cNo)
  }
```

10.2.2.2 最优方案的选取

该模块流程图见图 10-5。

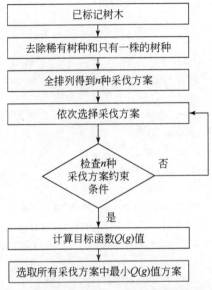

图 10-5 选取最优方案模块流程图

　　首先将有采伐标记的林木数据提取出来；为了保护林分中的稀有树种，约束条件中要求林分树种数不变，因此要求将采伐标记中的稀有种和只有一株木的林木剔除；由于采伐标记最大值为 5，也就是各项参数均不合理，这类林木已确定为采伐对象。将其与采伐标记大于等于 1 且小于 5，也就是潜在采伐对象以树号为索引，进行组合。假如有 m 株潜在采伐林木，通过组合则可得到共 n 种组合方案，n 为假定的采伐木，每一种组合方案即为一种采伐方案；每次选择一种采伐方案首先要检查其是否符合约束条件，如果不符合约束条件，则认定该方案不合格并去除，继续选择下一个组合，当采伐方案符合约束条件时，再保留该采伐方案，依次循环。将保留的所有采伐方案根据目标函数计算 $Q(g)$ 值并进行比较，具有最小值的一组采伐方案即为目标函数的最优解，其中的 n 株木为需要砍伐的树木。该模块 R 语言代码如下：

```
select.f=function(Mark1,data1,buff){
    size=round(runif(1,min=length(data1 $ no) * 0.2,max=length(data1 $ no) *
0.35))
    select=sample(Mark1 $ No,size,replace=F,prob=Mark1 $ sum/100)
    ncut=data1[-select,]
```

```
for(i in 1:length(ncut $ x)){
x0 =ncut[i,] $ x;y0 =ncut[i,] $ y
Near5 =Near. f(x0,y0,ncut)[1:5,]
Near4 =Near5[2:5,]
ncut $ W[i]=w. f(x0,y0,Near4 $ x,Near4 $ y)#function 4
ncut $ U[i]=u. f(Near5)
ncut $ M[i]=m. f(Near5)
ncut $ C[i]=c. f(Near5)
m0 =ncut[i,] $ m;mi =Near4 $ m
ncut $ sp[i]=length(unique(Near5 $ m))
}
ncut=ncut[ncut $ x>=(xmin+buff[1])&ncut $ x<=(xmax-buff[1]),]
ncut=ncut[ncut $ y>=(ymin+buff[2])&ncut $ y<=(ymax-buff[2]),]
cut=data1[select,]
aW=mean(ncut $ W);aw=round(aW,3)
aU=mean(ncut $ U);au=round(aU,3)
aM=mean(ncut $ M);am=round(aM,3)
aC=mean(ncut $ C);ac=round(aC,3)

cutBa=sum(cut $ hi^2* pi/40000);cutBA=cutBa/Area* 10000
aHealth_Rate=round(sum(ncut $ heal)/length(ncut $ No)* 100,2)
aYong=sqrt((((x-buff[1]* 2)* (y-buff[2]* 2))/length(ncut $ ci))/mean(ncut $ ci)
aResult=list(aW=aW,aU=aU,aM=aM,aC=aC,cutBA=cutBA,cutBa=cutBa,aHealth_
Rate=aHealth_Rate,aYong=aYong,cut=select)
}
```

在计算机运行空间结构优化模型时，其本质和现实林分中的实地经营是一样的，都需要完全遵循结构化森林经营的经营原则。以林木的健康和空间结构参数为主要的调整对象，以采伐标记得分确立采伐优先性原则，这种方法可以保证在采伐时优先选择采伐标记分值较大，也就是多个参数需要调整的林木，然后遵循结构化森林经营的原则，规划决策流程，并运行优化决策程序实现结构优化经营。本书的空间结构模型只是在约束条件中规定株数的采伐强度小于20%，同时为了避免在株数采伐量满足的前提下只采伐大树的极端情况出现，又增加了采伐断面积小于15%的约束条件。基于计算机的结构化森林经营模型是对结构化森林经营的重要手段，不仅可以节约人工成本，也可以在经营前预判经营效果和评价，对于培育健康稳定、优质高效的林分有着重要的实践意义。

10.2.3　林分状态指标计算

10.2.3.1　数据标准化处理

从仪器输出数据后，在林分空间结构优化之前，首先需要将林分数据进行标准化处理，包括对数据列重命名、林木健康状况权重赋值、计算林木平均冠幅、提取林分优势树种、树种标准化处理等（图 10-6），之后才进行林分概况的计算，主要包括标准地面积、样地内胸径大于 5 cm 的林木株数、健康林木株数和比例、树种数、优势树种、林分平均胸径、平均树高、平均冠幅、林分密度、林分断面积，以及在去除边缘效应后，核心区面积与核心区林木株数。

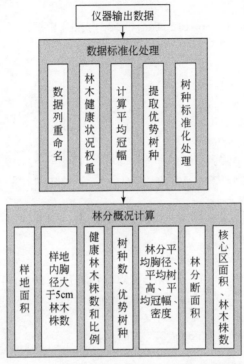

图 10-6　林分空间结构优化经营初始化流程图

（1）数据标准化流程

首先读取林分数据，一般的林分数据包括树木编号、胸径（cm）、树高（m）、东西冠幅全长（m）、南北冠幅全长（m）、树种、平面坐标（x、y）、林木健康状况（包括死亡、枯梢、压顶、倾斜、弯曲、病腐、同株等）。相对应的数据格式见代码中注释部分；根据林分数据统计树种并输出树种列表；用户选择优势树种并输入树种编号；去除林分数据中的死亡树木、同株树木，得到标准化林分数据。

（2）主要的 R 语言代码

```
a1=read. table(file. choose(),header=TRUE,fill=TRUE)
data1=data. frame(c(1:length(a1[,1])),a1$'编号',a1$'X',a1$'Y',a1$'胸径',a1$'树高',a1$'冠 ns',a1$'冠 ew',a1$'代码',a1$'特征',a1$'优势树种',a1$'更新株数')
colnames(data1)=c("No","no","x","y","hi","ht","c1","c2","species","hth","sp1","update_Trees")
```

```
for(i in 1:length(data1 $ no)){
    if(data1 $ hth[i]=="健康"){data1 $ heal[i]=1;data1 $ health[i]=0} else{data1
$ heal[i]=0;data1 $ health[i]=1000}
    }
    data1 $ ci=(data1 $ c1+data1 $ c2)/2
    if(is. numeric(data1 $ species)){sp=unique(data1 $ species)}else{sp=levels
(data1 $ species)}
    species=data. frame(sp_no=c(1:length(sp)),sp)
    data1 $ ssp=data1 $ m=0
    dom_sp=unique(data1 $ sp1)
    dom_sp=dom_sp[dom_sp! =0]
    dom_no=length(dom_sp)
    for(i in 1:length(sp)){
      for(j in 1:length(data1 $ x)){
        if(data1 $ species[j]==species $ sp[i]){data1 $ m[j]=i}
        if(data1 $ species[j]% in% dom_sp){data1 $ ssp[j]=1}
      }
```

第 1 行代码导入由测度仪测量完成的样地数据；第 2 ~ 21 行对数据进行了标准化处理。

样地概况的 R 语言代码如下：

```
xmin=floor(min(data1 $ x));xmax=ceiling(max(data1 $ x));x=xmax-xmin
ymin=floor(min(data1 $ y));ymax=ceiling(max(data1 $ y));y=ymax-ymin
Area=x* y
buff=c(round(x* 0.05,1),round(y* 0.05,1))
data1 $ buff=0
for(i in 1:length(data1 $ x)){
    if(data1 $ x[i]>=(xmin+buff[1])&data1 $ x[i]<=(xmax-buff[1])&data1 $ y[i]>=
(ymin+buff[2])&data1 $ y[i]<=(ymax-buff[2])){
    data1 $ buff[i]=' Core'  }else(data1 $ buff[i]=' buff' )
    }
    data2=data1[data1 $ x>=(xmin+buff[1])&data1 $ x<=(xmax-buff[1]),]
    data2=data2[data2 $ y>=(ymin+buff[2])&data2 $ y<=(ymax-buff[2]),]
    health_Trees=sum(data1 $ heal);health_Rate=round(sum(data1 $ heal)/length
(data1 $ no)* 100,2)
    Ba=round(sum(pi* data1 $ hi* data1 $ hi)/40000,3)
    BA=round(sum(pi* data1 $ hi* data1 $ hi)/40000/Area* 10000,2)
    Trees=length(data1 $ x)
    Density=round(Trees/Area* 10000,0)
    Species=length(unique(data1 $ m))
    Crown=round(mean(data1 $ ci),2)
    H=round(mean(data1 $ ht),2)
```

```
Trees2 = length(data2 $ x)
Area2 = (x-buff[1]* 2)* (y-buff[2]* 2)
Dbh = round(sqrt(sum(data1 $ hi* data1 $ hi)/Trees),2)
```

以上代码第 1 ~ 2 行确定了矩形样地的大小；第 3 行计算样地面积；第 4 ~ 12 行确定了样地缓冲区、核心区的大小，同时标记了位于缓冲区内和核心区内的林木。对于矩形样地来说，分别为 x 轴和 y 轴的 5%；第 13 ~ 14 行统计样地内的健康林木株数和比例；第 15 ~ 16 行分别计算了样地总断面积和每公顷断面积；第 17 ~ 24 行分别统计了林分株数、每公顷密度、树种数、林分平均冠幅、林分平均树高、核心区内林木株数、核心区的面积以及林分算数平均胸径等样地信息。

（3）结果输出

以上结果将在配套软件"决策系统"的第一部分"林分现状"的报告中列出，同时包括样地散点图和样地中所有林木的信息。图 10-7 中可见其样地整体的二维分布以及核心区域和缓冲区的边界，样地中不同颜色代表的不同树种，圆圈中的数字为调查时的林木编号，圆圈的大小与林木的胸径相关。表 10-1 同时列出了该样地所有的林木非空间结构信息及其空间结构参数信息，为了节省篇幅仅展示了部分林木。

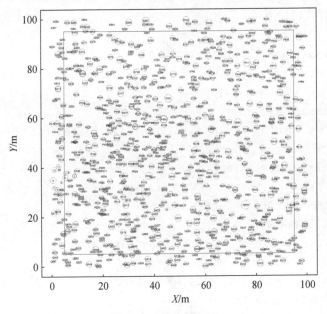

图 10-7　林分散点图

注：图中圆圈大小表示胸径；不同颜色代表不同树种；数字代表树号

表 10-1　林木基本信息表

No	DBH	树高	冠幅	树种	W	U	M	C	buff
1	21.1	13.72	3.65	3	0.5	0.5	1	0.5	Core
2	8.3	8.51	1.75	1	0.75	1	0.5	0.25	Core
3	22.3	14.88	3.10	1	0.25	0.25	0.25	0.5	Core

No	DBH	树高	冠幅	树种	W	U	M	C	buff
4	26.5	15.71	2.85	1	0.25	0	0.5	0.75	Core
5	15.0	10.90	2.20	2	0.5	1	0.75	0.25	buff
6	23.2	15.11	2.95	1	0.5	0.25	0	1	buff
P003	18.2	14.54	2.10	1	0.5	0.5	0	0.75	Core
P004	26.4	14.82	4.25	1	0.5	0	0	1	Core
P005	24.4	14.70	3.10	1	0.5	0.25	0	1	Corc
P006	12.4	10.34	1.90	1	0.5	0.75	0	0.75	Core
……									

10.2.3.2 林分状态指标计算

（1）林分直径分布

以 5 cm 为起测胸径，以 2 cm 为径阶步长，对标准地内所有胸径大于 5 cm 的林木进行了分析。其 R 语言代码如下：

```
dataD=c()
maxD=round(max(data1$hi))+2
max_DBH=round(max(data1$hi))
if(maxD%%2==1)maxD=maxD+1
for(i in 3:(maxD/2)){
  dataD[i-2]=length(data1$hi[data1$hi>=(2*i-1)&data1$hi<(2*i+1)])
}
dataD=dataD/as.numeric(Area)*10000
dataDD=data.frame((3:(maxD/2))*2,dataD)
colnames(dataDD)=c("Diameter","Trees")
dataDD=dataDD[dataDD[,2]!=0,]
fit=lm(log(dataDD$Trees)~dataDD$Diameter)
R=summary(fit)$adj.r.square
q=round(exp((-fit$coeff[2])*2),4)    #q值
q_Judge="不合理";q_Result=0
if(R>=0.7&q>1.2&q<1.7){q_Judge="合理";q_Result=1}
```

以上代码第 1~2 行确定了林分内的最大胸径，第 3~8 行统计了各个从 5 cm 开始直至最大胸径各个径阶内的株数比例；第 9~16 行用来评价林分直径分布是否合理（图 10-8）。

（2）林木水平分布格局

角尺度计算流程主要包括以下几个步骤：读取林分标准化数据后，按树木编号选取林分中的一株木为参照树；读取其坐标信息并与所有样地内其他林木的坐标进行距离计算；

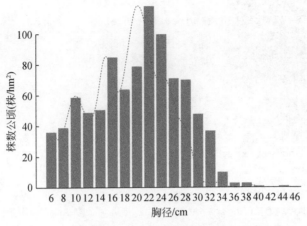

图 10-8　林分的直径分布

比较后得到距离最近的 4 株林木；根据这 4 株林木的距离信息，分别计算相邻两株林木与参照树组成的夹角并与标准角 72°比较；根据比较结果累加得到单株参照树的角尺度值。在计算全林分平均角尺度时，重复以上流程，计算并累加出每一株木的角尺度，去除林分缓冲区数据，最终根据核心区林木的角尺度计算全林分平均角尺度。角尺度的 R 语言代码如下：

```
Near.f=function(x0,y0,data1){
  x1=abs(data1$x-x0);y1=abs(data1$y-y0)
  dis=sqrt(x1*x1+y1*y1)
  nord=order(dis)
  nord[1:5]
data2=rbind(data1[nord[1],],data1[nord[2],],data1[nord[3],],data1[nord
[4],],data1[nord[5],])
  }
Angle.f=function(x0,y0,xi,yi){
deltax=xi-x0
  deltay=yi-y0
  if(deltay>0 &deltax>=0){Angle=atan(deltax/deltay)} else
if(deltay==0 &deltax>=0){Angle=pi*0.5} else
  if(deltay<=0 &deltax>=0){Angle=pi+atan(deltax/deltay)} else
  if(deltay<0 &deltax<0){Angle=pi+atan(deltax/deltay)} else
  if(deltay==0 &deltax<0){Angle=pi*1.5} else
{Angle=pi*2+atan(deltax/deltay)}
Angle
}
AngleDiff.f=function(Angle1,Angle2){
  AngleDiff=Angle1-Angle2
```

```
    if(AngleDiff>pi){AngleDiff=2* pi-AngleDiff}
    if(AngleDiff>=72* pi/180){AngleDiff=0} else
    {AngleDiff=1}
  }
  w. f=function(x0,y0,x,y){
    Angle4=c()
    for(i in 1:4){
      xi=x[i];yi=y[i]
      Angle4[i]=Angle. f(x0,y0,xi,yi)
    }
    Angle4o=order(Angle4)
    count12=AngleDiff. f(Angle4[Angle4o[2]],Angle4[Angle4o[1]])
    count23=AngleDiff. f(Angle4[Angle4o[3]],Angle4[Angle4o[2]])
    count34=AngleDiff. f(Angle4[Angle4o[4]],Angle4[Angle4o[3]])
    count41=AngleDiff. f(Angle4[Angle4o[4]],Angle4[Angle4o[1]])
    count=(count12+count23+count34+count41)/4
    w=count
  }
W=round(mean(data2 $W),3)
w0=length(data2[data2 $W==0,] $W)/length(data2 $W)
w025=length(data2[data2 $W==0.25,] $W)/length(data2 $W)
w05=length(data2[data2 $W==0.5,] $W)/length(data2 $W)
w075=length(data2[data2 $W==0.75,] $W)/length(data2 $W)
w1=length(data2[data2 $W==1,] $W)/length(data2 $W)
freW=c(w0,w025,w05,w075,w1)
w_Judge=NULL
w_Judge2=NULL
w_Result=NULL
if(W>0.517){
w_Judge="团状"
w_Judge2="非理想"
w_Result=0
} else if(W<0.475){
w_Judge="均匀"
w_Judge2="非理想"
w_Result=0} else{
w_Judge="随机"
w_Judge2="理想"
w_Result=1
}
```

以上代码第 1 ~ 8 行定义了用来查找最近 4 株相邻木的函数；第 9 ~ 19 行定义了计算夹角的函数；第 20 ~ 25 行定义了计算相邻夹角及其取值的函数；第 26 ~ 39 行应用以上所有函数，定义了计算单株林木角尺度的函数；第 40 ~ 61 行对林分整体的水平分布格局评价，判定其是否属于团状分布、随机分布或均匀分布格局，并判别是否属于理想分布状态。

林分平均角尺度（$\overline{W}$）由核心区内所有林木角尺度计算均值得到。为了更好地展示林分内角尺度的分布情况，报告中将分别以林木散点图和角尺度分布直方图（图 10-9）展示。

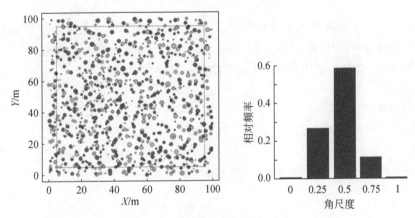

图 10-9　不同角尺度的林木分布

注：图中圆圈代表单株林木，不同颜色分别代表随机木、聚集木、均匀木

（3）森林长势

森林长势可由计算林分优势度和林分疏密度得到。森林长势需要统计所有林木中占绝对优势的林木，即 U_i-0 的林木比例，然后统计胸径大小位于前 50% 的林木，并计算其断面积平均值，最终得到森林长势。其 R 语言代码如下：

```
G=sum(pi* data2 $hi* data2 $hi/40000)
dataU0=length(data2 $U[data2 $U==0])/length(data2 $U)
dataM=sort(data2 $hi)
Num=length(data2 $hi)
DMax=dataM[(Num% /% 2+1):Num]
GMax=mean((pi* DMax* DMax)/40000)
LFYS=round(sqrt(GMax* Num/(GMax* Num-G)* dataU0),2)
SMD_Judge=NULL
if(SMD>=0.7){SMD_Judge="良好"
}else if(SMD>=0.5&SMD<0.7){SMD_Judge="尚可"
}else if(SMD<0.5){SMD_Judge="不良"}
```

以上代码中，第 1 行计算全林分断面积；第 2 行统计样地中 U_i=0 的林木比例；第 3 ~ 6 行统计胸径大小为前 50% 的林木断面积均值；第 7 行计算林分长势；第 8 ~ 11 行判定林分长势是否属于良好、尚可或不良。

以上部分涉及林木大小比数的计算方法，其 R 语言代码如下：

```
u. f<-function(Near5){
  h0 =Near5[1,] $ hi
hi =Near5[2:5,] $ hi
  count<-0
  for(i in 1:4){
    if(hi[i]>=h0)count<-count+1}
  u<-count/4
}
```

以上代码定义了计算林木大小比数的函数，该函数需要输入最近 4 株相邻木的信息。

林分疏密度也可以用来反映林分长势，其 R 语言代码如下，其中 G、GMax、Num 等参数与本节（3）森林长势中第 1、第 4 和第 6 行代码定义相同。

```
SMD=round(G/(GMax* Num),2)
```

（4）林分拥挤度

森林密度用林分拥挤度表示。R 语言代码如下：

```
c. f=function(Near5){
  c0 =Near5[1,] $ ci;x0 =Near5[1,] $ x;y0 =Near5[1,] $ y
  Near4 =Near5[2:5,]
  count=0
  for(i in 1:4){
    if(sqrt((Near4[i,] $ x-x0)^2+(Near4[i,] $ y-y0)^2)<((Near4[i,] $ ci+c0)/
2)){count<-count+1}
  }
  c=count/4
}
Yong=round(sqrt(((x-buff[1]* 2)* (y-buff[2]* 2))/length(data2 $ ci))/mean
(data2 $ ci),2)
yong_Judge=NULL;yong_Result=NULL
if(Yong>1.3){yong_Judge="极为稀疏";yong_Result=0
}else if(Yong>1.1&Yong<=1.3){yong_Judge="较为稀疏";yong_Result=0.5
}else if(Yong>=0.9&Yong<=1.1){yong_Judge="适中";yong_Result=1
}else if(Yong>=0.7&Yong<0.9){yong_Judge="较为拥挤";yong_Result=0.5
}else if(Yong<0.7){yong_Judge="极为拥挤";yong_Result=0}
```

以上代码中，第 1~10 行定义了计算林分密集度的函数。第 11 行用来计算核心区的林分拥挤度。第 12~17 行判定林分密度是否为极为稀疏、较为稀疏、适中、较为拥挤或是极为拥挤。

为了直观地观察到林分树冠的重叠程度，图 10-10 展示了林分每株林木的冠幅。

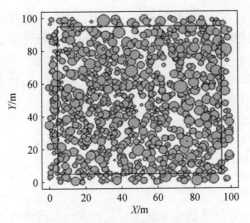

图 10-10　林分树冠对空间的利用程度

注：圆的大小表示树冠大小

（5）树种优势度

树种优势度由优势树种的信息计算得来。优势树种将在调查时由调查人员记录在多样性测度仪中。在计算树种优势度时，主要分为两个部分：计算其大小比数和该树种相对显著度（图 10-11）。首先按树号顺序读取一株参照树，查找最近 4 株相邻木；参照树与相邻木进行胸径的比较并计算出该参照树的大小比数；同时计算优势树种相对显著度，优势树种相对显著度为优势树种断面积在林分总断面积的比。

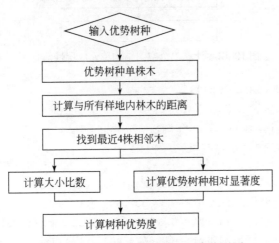

图 10-11　树种优势度计算机程序流程图

树种优势度的 R 语言代码如下：

```
Gsp=sum(pi* data2[data2 $ssp==1,] $hi* data2[data2 $ssp==1,] $hi/40000)
Dg=Gsp/G
Usp=mean(data2[data2 $ssp==1,] $U)
```

```
Dsp=round(Dg*(1-Usp),2)
```

以上代码中，第 1 行计算了优势树种的断面积，第 2 行计算了优势树种断面积占林分断面积的比例，第 3 行计算了优势树种的大小比数，第 4 行计算了树种优势度。

（6）林木健康状况

健康林木指林分中没有病虫害且非断梢、弯曲、空心等的林木，并且包括部分萌蘖和同株的林木。其 R 语言代码如下：

```
health_Result=NULL;health_Judge=NULL
if(health_Rate>=90){
health_Result=1;health_Judge="不需要"
} else {health_Result=0;health_Judge="需要"}
```

以上代码用来判定林分整体的健康状况，其健康林木的株数比例是否大于等于 90%。

（7）成层性

计算林分中单个空间结构单元成层性流程图见图 10-12，对应的 R 语言代码如下：

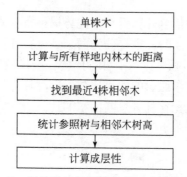

图 10-12　计算单个空间结构单元成层性流程图

```
for(i in 1:length(data1 $x)){
  if(data1 $ht[i]<10)data1 $htt[i]=1
  if(data1 $ht[i]<16&data1 $ht[i]>=10)data1 $htt[i]=2
  if(data1 $ht[i]>=16)data1 $htt[i]=3
}
H0=mean(sort(data1 $ht,decreasing=T)[1:(round(Area/100))])
ceng1=length(data1[data1 $ht<=(0.333* H0),] $x)/Trees
ceng2=length(data1[data1 $ht<(0.667* H0)&data1 $ht>(0.333* H0),] $x)/Trees
ceng3=length(data1[data1 $ht>=(0.667* H0),] $x)/Trees
Ceng=length(c(ceng1,ceng2,ceng3)[c(ceng1,ceng2,ceng3)>0.1])
ceng_Judge=NULL;ceng_Result=NULL
if(ceng1>=0.1&ceng2>=0.1&ceng3>=0.1){
  ceng_Judge="复层林";ceng_Result=1
} else if(ceng1>=0.1&ceng2<0.1&ceng3<0.1){
  ceng_Judge="单层林";ceng_Result=0
```

```
} else if(ceng1<0.1&ceng2>=0.1&ceng3<0.1){
  ceng_Judge="单层林";ceng_Result=0
} else if(ceng1<0.1&ceng2<0.1&ceng3>=0.1){
  ceng_Judge="单层林";ceng_Result=0
} else {ceng_Judge="异龄林";ceng_Result=0.5}
```

以上代码中，第 1~5 行计算了每株林木所在层数；第 6~10 行用来计算林分层数；第 11~20 行用来判定林分的成层性属于复层林、异龄林或单层林。

(8) 树种组成

计算林分中每个树种断面积比例，汇总林分中断面积比例大于 10% 的各树种的名称、株数、断面积及其所占比例，并生成林分树种组成列表。其 R 语言代码如下：

```
for( i in 1:length(species $ sp)){
  species $ba[i]=sum(pi* (data1 $hi[data1 $m==i]^2)/40000)
  species $ba_rate[i]=species $ba[i]/Ba* 100
}
species $ba_rate=round( species $ba_rate,2)
species01=species[ species $ba_rate>=10,][,2:4]
Pure=c( )
Pure_Judge="混交林"
Pure_Result=1
for( i in 1:length(species01[,3])){
  if(species01[i,3]>=90){Pure=c(species01[i,1])
Pure_Judge="纯林"
Pure_Result=0
}else if(species01[i,3]>=30&(species01[i,3]<90)){
Pure=c(Pure,species01[i,1])
Pure_Result-0.5
}
}
```

以上代码中，第 1~5 行统计林分中各树种的断面积比例；第 6 行输出断面积比例大于等于 10% 的树种及其断面积和所占比例；第 7~18 行用来判定林分的树种组成是否为混交林或纯林，并以此判定其树种组成是否处于合理的状态。

(9) 更新状况

通过读取多样性测度仪标准化数据对林分的更新情况进行统计。以下 R 语言代码用来判定林分的更新状况是否处于良好、中等或不良的状态。

```
update_Judge=data.frame("0~500","500~2500","2500~5000")
colnames(update_Judge)= c("更新不良","更新中等","更新良好")
update_Judge2=NULL;update_Result=NULL
if(update_Trees>=2500){
update_Judge2="良好";update_Result=1
} else if(update_Trees<500){
```

```
update_Judge2="不良"
update_Result=0
} else{update_Judge2="适中"
update_Result=0.5}
```

（10）树种多样性

树种多样性的表达和衡量可以有多种计算方法，常用的物种多样性指数有 Simpson 指数、Shannon-Wiener 指数等，其 R 语言代码如下：

```
simpson=round(1-sum((table(data1$m)/length(data1$m))^2),2)
```

在林分经营迫切性的计算中也可以使用修正的混交度均值表示。计算反映林分多样性的混交度流程图见图 10-13。

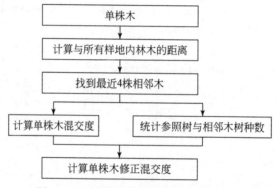

图 10-13　计算单株木修正混交度流程图

计算修正混交度的前提是林分数据已经进行数据标准化处理。在计算每株树的修正混交度时，主要分为两个部分：计算其单株木混交度并统计参照树与相邻木树种数。首先按树号顺序读取一株参照树，查找其最近 4 株相邻木；参照树与相邻木进行树种的比较并计算出其混交度；同时统计这参照树与相邻木的树种数；根据公式计算出单株木的修正混交度。样地的修正混交度由程序重复计算并累加每个单株木数值，去除样地缓冲区后计算得到。单株木修正混交度的 R 语言代码如下：

```
ming<-function(m0,mi){
count<-0
for(i in1:4){
if(mi[i]-m0!=0)count<-count+1}
m<-count/4
}
Msp=sum((data2$M*data2$sp))/5/length(data2$sp)
```

以上代码中，第 1~6 行定义了计算每个单株木混交度的函数，第 7 行用来计算每个单株木的修正混交度。

（11）林分经营迫切性评价

对已经标准化的林分数据进行经营迫切性分析，才可以在确保需要经营的前提下进行模拟优化和经营实践。林分的经营迫切性是指判断林分需要经营程度的评价性指标，这一指标以健康稳定森林的特征为标准，以培育健康森林为目的，系统分析林分是否需要经营以及相应的经营方向（惠刚盈等，2010）。其评价体系包括①空间结构指标：林木分布格局、顶极树种优势度、成层性和物种多样性；②非空间指标：直径分布、天然更新、树种组成、林木健康状况和林木成熟度等，通过对这些指标的分析，可以确定林分的经营迫切性。

基于此，将在以上统计计算的基础上，对以上各个指标进行评价，以确定林分的各方面是否合理，并进行综合考量，最终决定经营方向。以下将分别给出需要进行参数评价的R 语言代码。

```
colnames(priority_Table)=c("林分状态特征","实际值","标准化取值")
unreasonable_No=length(priority_Table[priority_Table[,3]<0.5,][,1])
unreasonable=c(rep(1,8))
if(priority_Table[1,3]<0.5|priority_Table[2,3]<0.5){unreasonable[1]=0}
if(priority_Table[3,3]<0.5){unreasonable[2]=0}
if(priority_Table[4,3]<0.5|priority_Table[5,3]<0.5){unreasonable[3]=0}
if(priority_Table[6,3]<0.5){unreasonable[4]=0}
if(priority_Table[7,3]<0.5){unreasonable[5]=0}
if(priority_Table[8,3]<0.5){unreasonable[6]=0}
if(priority_Table[9,3]<0.5){unreasonable[7]=0}
if(priority_Table[10,3]<0.5){unreasonable[8]=0}
direct=c("空间结构","年龄结构","林分组成","林分密度","林分长势","顶极种竞争","林分
更新","林木健康")
recipe=data.frame(direct,unreasonable)
nodirect=recipe[recipe[,2]==0,]$direct
nodirect_No=length(nodirect)
recipe_No=paste(recipe[,2],collapse="")
miuu=length(priority_Table[priority_Table[,3]<0.5,][,3])/10
miuu_result=NULL
if(miuu<0.1){miuu_result=' 均满足标准,为健康稳定的森林,不需要经营' }
if(miuu<=0.1&miuu>0){miuu_result=' 大多符合标准,可以经营' }
if(miuu<=0.2&miuu>0.1){miuu_result=' 应该经营' }
if(miuu<=0.3&miuu>0.2){miuu_result=' 需要经营' }
if(miuu<=0.4&miuu>0.3){miuu_result=' 十分需要经营' }
if(miuu<=0.5&miuu>0.4){miuu_result=' 偏离健康稳定的状态,特需经营' }
if(miuu>=0.6&miuu>0.5){miuu_result=' 绝大多数指标都不符合标准,林分偏离健康稳定
的状态,必须经营' }
```

10.2.4 林分状态分析与经营决策支持系统使用方法

10.2.4.1 系统环境及软件

林分状态分析与经营决策支持系统是基于 R 语言和 Rstudio 环境开发运行的，使用前

需首先安装以上两个软件。其下载链接如下：

R：https：//cran. r-project. org/mirrors. html

Rstudio：https：//rstudio. com/products/rstudio/download/

10.2.4.2　数据导入

林分状态与经营指南软件的主要作用是对多样性测度仪的输出数据进行一体化分析。首先需要多样性测度仪的测量数据，全面调查和抽样调查的数据格式如图10-14和图10-15所示。由多样性测度仪测量并导出的数据文件为 Excel 文件（.xls）。

编号	X	Y	胸径	树高	冠ns	冠ew	代码	特征	优势树种	更新株数	备注
1	8.9993	36.6914	21.1	13.72	4.1	3.2	3	健康	1	600	
2	6.6776	38.2154	8.3	8.51	1.9	1.6	1	健康	1	600	
3	5.6014	37.8112	22.3	14.88	3	3.2	1	健康	1	600	
4	5.3654	36.0264	26.5	15.71	2.9	2.8	1	健康	1	600	
5	3.928	34.1884	15	10.9	2.1	2.3	2	健康	1	600	
6	2.3515	31.2593	23.2	15.11	2.4	3.5	1	健康	1	600	
7	0.9431	31.9355	22	15.55	1.8	1.8	1	健康	1	600	
9	0.5568	34.9943	31	17.8	4.9	5.4	1	健康	1	600	
10	2.9572	39.2003	13.9	11.8	2.3	2	1	健康	1	600	
11	2.7858	40.5176	24.7	16.25	2.4	3.5	1	健康	1	600	
12	1.0964	39.1426	27.3	15.76	3.2	3.4	2	健康	1	600	
13	44.8451	22.9021	13.3	11.46	2.4	2.1	1	健康	1	600	
P001	47.4899	46.1938	11	10	2.1	1.9	1	健康	1	600	
P002	45.8582	45.2148	15.6	13.5	2.3	2.2	1	健康	1	600	
P003	44.5528	44.5912	18.2	14.5	2.1	2.1	1	健康	1	600	
P004	44.4718	43.0164	26.4	14.82	4.7	3.8	1	健康	1	600	
P005	45.9485	43.5961	24.4	14.7	2.8	3.4	1	健康	1	600	

图 10-14　多样性测度仪全面调查数据示例

序号	树号	X	Y	平距	代码	胸径	树高	冠ns	冠ew	特征	M	U	W	C	树种数	优势树种	更新株数	备注
1	1-1	15.10469	14.15205	3.084429	9	14.36148	7.180288	2.915164	3.009067	不健康	0.75	0.5	0.25	0.75	3	1	350	1
1	1-2	17.20573	16.43762	6.135862	5	26.40603	11.43705	0.160536	0.698164	健康	0.25	0.5	0.25	0.5	2	1	350	
1	1-3	14.08384	14.06192	2.224439	6	13.35812	15.87771	3.597812	2.355777	健康	0.75	0.5	0.25	0.5	2	1	350	
1	1-4	14.8038	17.21042	5.243623	4	6.499308	13.7959	2.415965	1.882046	健康	0	0.75	0.25	0.25	4	1	350	
2	2-1	27.79987	13.81591	3.092776	2	26.462	11.12507	1.064368	4.26088	健康	1	0.5	0.25	0.25	2	1	350	
2	2-2	26.96675	17.30382	5.190843	4	11.73708	13.43245	0.029902	4.214258	不健康	0.75	0.25	0.5	1	4	1	350	

图 10-15　多样性测度仪抽样调查数据示例

10.2.4.3　数据分析

运行"林分状态与经营指南.rmd"文件，将出现以下界面。单击图10-16中红色标记的按钮，即可选择测量数据，并自动进行分析。

10.2.4.4　存储报告

当程序运行完毕，会自动弹出 Word 文件窗口，如图10-17所示。依次点击菜单"文件"，选"保存"即可完成报告保存。到此所有统计分析及经营优化均已完成。

图 10-16 程序运行界面

图 10-17 林分状态分析与经营指南报告示例

|第11章| 结　语

现代森林经营的目的是培育健康稳定优质高效的森林生态系统。没有高质量的森林，其他诸如社会、经济和生态功能无从谈起。生态功能是森林众多功能中的一个，而不是全部，它必须依赖于健康森林高的生物生产力。唯有健康稳定的森林，才能保障森林的社会、经济和生态功能的高效发挥，而健康稳定的森林生态系统应当有一个合理的森林结构。

森林结构是个动态发展过程，其中，分布格局变化过程如同森林演替过程一样，是一个漫长的过程，在相对较短的时间内，变化不明显，然而，分布格局又是至关重要的结构，可见，分布格局才是结构调整最关键、最有效的抓手，可以通过人为干预以加速合理结构的形成，这同时揭示了人工林发展重视栽植方式对缩短经营周期的重要性。

经营措施有时限性，对于以百年甚至千年而计的树木而言，以 10 年经营一次可谓集约经营，以 20 年经营一次可谓粗放经营。人们可以按照结构化经营思想或本书中提到的经营模式在森林整个生命周期中反复进行森林经营。

结构与竞争互为因果关系，结构决定了竞争，竞争改变了结构，所以，量化竞争关系肯定与结构变量有关，新的竞争指数 SCI 的成功构建就是最有力的证据。

提高森林的生产力，要从立地、密度、结构、树种或树种组成、年龄或年龄分布、经营措施等方面全面考虑，如果要研究某一个系统组分（如树种丰富度或多样性）对生产力的影响，就必须在其他条件不变时分析某一组分变化的响应，而在自然界做到其他组分不变这一点非常困难。所以，必须借助模型手段来解决。

系统结构决定系统的功能，这里的功能除了生态服务功能外，还应该包括生物生产力，即每年每公顷的净生物量，这个量是增量或生长量，而不是总生物量。总生物量应该是系统当前的组成成分，系统将以这个总量为基础继续通过系统组织（即结构）创造未来的发展。

森林结构解译成功的标志就是人们能利用所解译的森林特征，借助现代空间技术在计算机平台上重建和恢复出完美的森林。这里所谓完美就是指种群大小、林木水平分布格局、树种组成和大小分布与现实森林状态特征相一致，这在很大程度上已经暗示了什么才是关键的结构变量。

传统的以木材生产为单一目标的森林经营方法已逐步被摒弃，多功能森林经营备受重视和推崇，国际上现有的模式途径还有待完善和发展，如以德国为代表的近自然森林经营是在批判"法正林"并完善经典"恒续林模式"的基础上形成的，已有 100 多年的历史和大量的成功实例，但它的成功实施需要训练有素和富有实践经验的技术人员；以美国为代表的森林生态系统经营的思想尤其是景观配置原则普遍被世人接受，但缺乏可操作技术，目前还没有经受大面积应用检验，缺乏有关的经营效果信息，对其存在的技术问题和实际效果还不清楚，管理成本较高；法国和瑞士的检查法，通过倒 J 形的理想曲线控制现实林分直径分布，问题在于如何把握。

　　结构化森林经营与其他森林经营方法有显著的不同。第一，结构化森林经营以培育健康稳定的森林为终极目标，以原始林或顶极群落为模版，视经营中获得的木材为中间产物，而不是最终目标，认为只有健康稳定的森林才能发挥最大的生态、经济和社会效益，而其他森林经营方法大多以获得最大经济效益为目的，木材生产是主要的经营目标；第二，结构化森林经营与其他森林经营方法衡量森林的质量理念与标准不同，其他森林经营方法把木材产量的大小、可获得木材持续生产能力的时间等作为森林质量好坏的标准，结构化森林经营以系统结构决定系统功能为指导，认为只有创建合理的结构才能够发挥高效的功能，因此，结构化森林经营更加注重培育森林结构，尤其是森林的空间结构；第三，结构化森林经营与其他森林经营的林分数据调查与分析体系存在着一定的差别，即结构化森林经营在对森林整体特征进行分析的同时增加了以参照树与其最近4 株相邻木关系为基础的空间结构特征调查与分析；第四，结构化森林经营方法在对森林进行经营时依托可释性强的结构单元，利用空间结构参数指导结构优化，其他森林经营方法无论是数据调查分析还是实际操作则更多的是关注林木个体（图 11-1）。此外，结构化森林经营与其他森林经营方法经营效果评价体系不同，其他森林经营方法在评价森林经营效果时常以森林经营后面积变化、蓄积量、单位面积生长量等为评价指标，即森林功能评价为主，而这些指标的变化往往要经历较长的时间才能够体现，结构化森林经营则以森林状态评价为主，即森林经营前后的状态变化，状态评价能够及时反映森林经营的效果，从而更好地指导森林经营方向的调整，避免由于经营措施的不当造成不可挽回的损失。

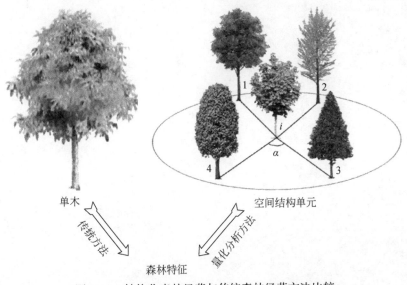

图 11-1　结构化森林经营与传统森林经营方法比较

　　总而言之，结构化森林经营，量化和发展了德国近自然森林经营原则，实施过程零风险；以培育健康稳定森林为目标，符合现代森林经营理念；以系统结构决定系统功能为理论之基，变"误打误撞的黑箱法"为"结构透明的机理控制"；以健康森林结构的普遍规律为范式，经营有章可循；依托可释性强的空间结构单元，既注重个体活力更强调林分群体健康，已成为一种独特的、更具操作性的森林可持续经营方法，目前已经广泛应用于森林生态、森林经理和森林培育等学科领域。

　　《结构化森林经营理论与实践》这部专著全面介绍了精准解译并优化森林结构的方法。我们坚信，大力推广与应用结构化森林经营必将为绿色世界做出积极的贡献。

参考文献

安慧君.2003. 阔叶红松林空间结构研究. 北京：北京林业大学博士学位论文.

安藤贵.1968. 同龄单纯林の密度管理に关すゐ生态学の研究. 林试研报, 210：1-152.

白超.2016. 空间结构参数及其在锐齿栎天然林结构动态分析中的应用. 北京：中国林业科学研究院博士学位论文.

白超, 惠刚盈.2016. 林木直径大小多样性量化测度指数的比较研究. 林业科学研究, 29（3）：340-347.

陈科屹.2018. 云冷杉过伐林经营诊断及目标树抚育效果研究. 北京：中国林业科学研究院博士学位论文.

陈明辉, 惠刚盈, 胡艳波, 等.2019. 结构化森林经营对东北阔叶红松林森林质量的影响. 北京林业大学学报, 41（5）：19-30.

胡艳波, 惠刚盈.2015. 基于相邻木关系的林木密集程度表达方式研究. 北京林业大学学报, 37（9）：1-8.

惠刚盈, 盛炜彤.1995. 林分直径结构模型的研究. 林业科学研究, 8（2）：127-131.

惠刚盈,〔德〕克劳斯·冯佳多.2003. 森林空间结构量化分析方法. 北京：中国科学出版社.

惠刚盈, von Gadow K, Albert M.1999. 一个新的林分空间结构参数——大小比数. 林业科学研究, 12（1）：1-6.

惠刚盈, von Gadow K, 胡艳波, 等.2003. 林木分布格局类型的角尺度均值分析方法. 生态学报, 24（6）：1225-1229.

惠刚盈, von Gadow K, 胡艳波, 等.2007. 结构化森林经营. 北京：中国林业出版社.

惠刚盈, 赵中华, 胡艳波.2010. 结构化森林经营技术指南. 北京：中国林业出版社.

惠刚盈, 张连金, 胡艳波, 等.2016a. 林分拥挤度及其应用. 北京林业大学学报, 38（10）：1-6.

惠刚盈, 张弓乔, 赵中华, 等.2016b. 天然混交林最优林分状态的π值法则. 林业科学, 52（5）：1-8.

惠刚盈, von Gadow K, 等.2016c. 结构化森林经营原理. 北京：中国林业出版社.

惠刚盈, 胡艳波, 赵中华.2018. 结构化森林经营研究进展. 林业科学研究, 31（1）：85-93.

康宏樟, 朱教君, 李智辉, 等.2004. 沙地樟子松天然分布与引种栽培. 生态学杂志, 23（5）：135-140.

李博.1995. 现代生态学讲座. 北京：科学技术出版社.

李俊清, 牛树奎.2006. 森林生态学. 北京：高等教育出版社.

林鹏.1986. 植物群落学. 上海：上海科学技术出版社.

刘帅, 吴舒辞, 王红, 等.2014. 基于 Voronoi 图的林分空间模型及分布格局研究. 生态学报, 34（6）：1436-1443.

吕仕洪, 李先琨, 向悟生, 等.2004. 广西弄岗五桠果叶木姜子群落结构特征与种群动态. 植物资源与环境学报, 13（2）：25-30.

孟宪宇, 邱水文.1991. 长白山落叶松直径分布收获模型的研究. 北京林业大学报, 13（4）：9-15.

曲仲湘.1983. 植物生态学. 北京：高等教育出版社.

宋永昌.2001. 植被生态学. 上海：华东师范大学出版社.

孙冰, 杨国亭, 迟福昌, 等.1994. 白桦种群空间分布格局的研究. 植物研究, 14（2）：201-207.

汤孟平, 陈永刚, 施拥军, 等.2007. 基于 Voronoi 图的群落优势树种种内种间竞争. 生态学报, 27（11）：4707-4716.

汤孟平，周国模，陈永刚，等. 2009. 基于 Voronoi 图的天目山常绿阔叶林混交度. 林业科学, 45 (6)：1-5.

唐守正，杜纪山. 1999. 利用树冠竞争因子确定同龄间伐林分的断面积生长过程. 林业科学, 35 (6)：35-41.

万盼. 2018. 经营方式对甘肃小陇山锐齿槲栎天然林林分质量的影响. 北京：中国林业科学研究院博士学位论文.

王迪生，宋新民. 1994. 一个新的单木竞争指标——相对有效冠幅比. 林业科学研究, 7 (3)：337-341.

王宗军. 1998. 综合评价的方法、问题及其研究趋势. 管理科学学报, 1 (1)：73-79.

吴征镒. 1980. 中国植被. 北京：科学出版社.

臧润国，刘静艳，董大方. 1999. 林隙动态与森林生物多样性. 北京：中国林业出版社.

张岗岗. 2020. 天然林结构解译及其状态综合评价. 北京：中国林业科学研究院博士学位论文.

张弓乔，惠刚盈. 2015. Voronoi 多边形的边数分布规律及其在林木格局分析中的应用. 北京林业大学学报, 37 (4)：5-11.

张家城，陈力，郭泉水，等. 1999. 演替顶极阶段森林群落优势树种分布的变动趋势研究. 植物生态学报, 23 (3), 65-77.

张谧，熊高明，赵常明，等. 2003. 神农架地区米心水青冈-曼青冈群落的结构与格局研究. 植物生态学报, 27 (5)：603-609.

赵春燕，李际平，李建军. 2010. 基于 Voronoi 图和 Delaunay 三角网的林分空间结构量化分析. 林业科学, 46 (6)：78-84.

郑勇平，李晓庆，林生明. 1991. 杉木人工林树冠最大重叠系数及适宜经营密度的研究. 浙江农林大学学报, 8 (3)：300-306.

周超凡，张会儒，徐奇刚，等. 2019. 基于相邻木关系的林层间结构解析. 北京林业大学学报, 41 (5)：66-75.

周国法，徐汝梅. 1998. 空间分布型的形成过程研究. 生态学报, 18 (5)：70-76.

周纪纶，郑师章. 1992. 植物种群生态学. 北京：高等教育出版社.

Acker S A, Sabin T E, Ganio L M, et al. 1998. Development of old-growth structure and timber volume growth trends in maturing Douglas-fir stands. Forest Ecology and Management, 104：265-280.

Aguirre O, Hui G Y, von Gadow K, et al. 2003. An analysis of spatial forest structure using neighbourhood-based variables. Forest Ecology and Management, 183 (1-3)：137-145.

Begon M, Harper J L, Townsend C R. 1996. Ecology：Individuals, Populations and Communities. New Jersey：Wiley-Blackwell.

Besag J. 1977. Contribution to the discussion of Dr. Ripley's paper. Journal of the Royal Statistical Society, Series B, 39 (2)：193-195.

Brown G S. 1965. Point density in stems per acre. New Zealand Forestry Service Research Notes, 38：1-11.

Buongiorno J, Dahir S, Lu H, et al. 1994. Tree size diversity and economic returns in uneven-aged forest stands. Forest Science, 40：83-103.

Chisman H H, Schumacher F X. 1940. On the tree-area ratio and certain of its applications. Journal of Forestry, 38 (4)：311-317.

Clark P J, Evans Francis C. 1954. Distance to nearest neighbor as a measure of spatial relationships in populations. Ecology, 35 (4)：445-453.

Condit R, Ashton P S, Baker P, et al. 2000. Spatial patterns in the distribution of tropical tree species. Science, 288 (5470): 1414-1418.

de Liocourt F. 1898. De l'aménagement des sapinières. Bull Soc For Franche-ComtéBelfort, 6: 369-405.

Diggle P. 2003. Statistical Analysis of Spatial Point Patterns. London: Arnold Publishers.

Fahey T D, Cahill J M, Snellgrove T A, et al. 1991. Lumber and veneer recovery from intensively managed young-growth Douglas-fir. Usda Forest Service Pacific Northwest Research Station Research Paper, 89 (437): U1-U25.

Füldner K. 1995. Strukturbeschreibung von Buchen-Edellaubholz-Mischwäldern. Göttingen: University of Göttingen.

Gavrikov V, Stoyan D. 1995. The use of marked point processes in ecological and environmental forest studies. Environmental and Ecological Statistics, 2 (4): 331-344.

Gerstein M, Tsai J, Levitt M. 1995. The volume of atoms on the protein surface: calculated from simulation, using Voronoi polyhedral. Journal of Molecular Biology, 249 (5): 955-966.

Gove J H, Patil G P, Taillie C. 1995. A mathematical programming model for maintaining structural diversity in uneven-aged forest stands with implications to other formulations. Ecology Model, 79: 11-19.

Greig-Smith P. 1952. The use of random and contiguous quadrats in the study of the structure of plant communities. Annals of Botany, (2): 2.

Harry J, Smith G, Bailey G R. 1964. Influence of stocking and stand density on crown widths of Douglas-fir and lodgepole pine. Commonwealth Forestry Review, 43 (3 (117)): 243-246.

Hongxiang W, Hui P, Gangying H, et al. 2018. Large trees are surrounded by more heterospecific neighboring trees in Korean pine broad-leaved natural forests. Scientific Reports, 8 (1): 9149. DOI: 10.1038/S41598-018-27140-7.

Hopkins B, Skellam J G. 1954. A new method for determining the type of distribution of plant individuals. Annals of Botany, 18 (2): 213-227.

Hui G Y, von Gadow K. 2002. Das Winkelmass-Theoretische Überlegungen zum optimalen Standardwinkel. Allgemeine Forst und Jagdzeitung, 173 (9): 173-177.

Hui G Y, Wang Y, Zhang G Q, et al., 2018. A novel approach for assessing the neighborhood competition in two different aged forests. Forest Ecology and Management, 422: 49-58.

Hui G, Pommerening A. 2014. Analysing tree species and size diversity patterns in multi-species uneven-aged forests of Northern China. Forest Ecology and Management, 316: 125-138.

Hui G, Zhao X, Zhao Z, et al. 2011. Evaluating tree species spatial diversity based on neighborhood relationships. Forest Science, 57 (4): 292-300.

Illian J, Penttinen A, Stoyan H, et al. 2008. Statistical Analysis and Modelling of Spatial Point Patterns. New Jersey: John Wiley & Sons.

Krajicek J E, Brinkman K, Gingrich S F. 1961. Crown competition-a measure of density. Forest Science, 7 (1): 35-42.

Kramer H. 1988. Waldwachstumslehre. Berlin: Verlag Paul Parey Hamburg und Berlin.

Kuprevicius A, Auty D, Achim A, et al. 2013. Quantifying the influence of live crown ratio on the mechanical properties of clear wood. Forestry, 86 (3): 361-369.

Lawton R O, Putz F E. 1988. Natural disturbance and gap-phase regeneration in a wind-exposed tropical cloud forest. Ecology, 69 (3): 764-777.

Lee Y J, Lenhart J D. 1998. Influence of planting density on diameter and height in east Texas pine plantations. Southern Journal of Applied Forestry, 22 (4): 241-244.

Lewandowski A, Pommerening A. 1997. Zur Beschreibung der Waldstruktur — Erwartete und beobachtete Arten-Durchmischung, Allgemeine Forst und Jagdzeitung, 116 (1-6): 129-139.

Li Y F, Hui G Y, Zhang Z H, et al. 2012. The bivariate distribution characteristics of spatial structure in nature Korean pine broad-leaved forest. Journal of Vegetation Science, 23 (6): 1180-190.

Maguire D A, Hann D W. 1990. Constructing models for direct prediction of 5-year crown recession in southwestern Oregon Douglas-fir. Canadian Journal of Forest Research, 20 (7): 1044-1052.

Meyer H A. 1952. Structure, growth and drain in balanced uneven-aged forests. Journal of Forestry, 50 (2): 85-92.

Mountford M D. 1961. On E. C. Pielou's index of non-randomness. Journal of Ecology, 49 (2): 271.

Mueller-Dombois D, Ellenberg H. 1974. Aims and Methods of Vegetation Ecology. New York: John Wiley and Sons.

Penttinen A, Stoyan D, Henttonen H M. 1992. Marked point processes in forest statistics. Forest Science, (4): 4.

Pielou E C. 1959. The use of point-to-plant distances in the study of the pattern of plant populations. Journal of Ecology, 47 (3): 607-613.

Pielou E C. 1961. Segregation and symmetry in two-species populations as studied by nearest neighbor relations. Journal of Ecology, 49: 255-269.

Pommerening A, Gonçalves A C, Rodríguez-Soalleiro R. 2011. Species mingling and diameter differentiation as second-order characteristics. Allg Forst-u J-Ztg, 182: 115-129.

Pommerening A, Meador A J S. 2018. Tamm review: tree interactions between myth and reality. Forest Ecology and Management, 424: 164-176.

Pommerening A, Särkkä A. 2013. What mark variograms tell about spatial plant interactions. Ecological Modelling, 251: 64-72.

Pommerening A. 2002. Approaches to quantifying forest structures. Forestry, 75 (3): 3.

Reineke L H. 1933. Perfecting a stand-density index for even-age forests. Journal of Agricultural Research, 46 (1): 627-638.

Ripley B. 1977. Modelling spatial patterns. Journal of the Royal Statistical Society Series B (Methodological), 39 (2): 172-212.

Russell M B, Weiskittel A R, Kershaw J A. 2014. Comparing strategies for modeling individual-tree height and height-to-crown base increment in mixed-species Acadian forests of northeastern North America. European Journal of Forest Research, 133 (6): 1121-1135.

Sachs L. 1992. Angewandte Statistik. Berlin: Springer-Verlag: 279-280.

Sharma R P, Vacek Z, Vacek S. 2016. Individual tree crown width models for Norway spruce and European beech in Czech Republic. Forest Ecology & Management, 366: 208-220.

Simpson E H . 1949. Measurement of diversity. Nature, 163 (2): 261.

Stoyan D. 1996. Fractals, random shapes and point fields: methods of geometrical statistics. Biometrics, 52 (1): 377.

Tsai J, Gerstein M, Levitt M. 1997. Simulating the minimum core for hydrophobic collapse in globular proteins. Protein Science, 6 (12): 2606-2616.

Tsai J, Voss N, Gerstein M. 2001. Determining the minimum number of types necessary to represent the sizes of protein atoms. Bioinformatics, 17 (10): 949-956.

von Gadow K. 2005. Forsteinrichtung. Göttingen: Universitätsverlag Göttingen.

von Gadow K, Füldner K. 1992. Zur Methodik der Bestandesbeschreibung. Dessau: Vortrag anlässlich der Jahrestagung der AG Forsteinrichtung in Klieken.

von Gadow K, Füldner K. 1993. Zur bestandesbeschreibung in der forsteinrichtung. Forst und Holz, 48 (21): 602-606.

Weiskittel A R, Maguire D A. 2006. Branch surface area and its vertical distribution in coastal Douglas-fir. Trees, 20 (6): 657-667.

Wenk G, Antanatis V, Smelko S, et al. 1990. Aufl. Berlin: Deutscher Landwirtschaftsverlag: 448 S.

White J, Harper J L. 1970. Correlated changes in plant size and number in plant populations. Journal of Ecology, 58 (2): 467-485.

Wiegand T, Moloney K A. 2013. Handbook of Spatial Point-pattern Analysis in Ecology. Boca Raton: CRC Press.

Wikstrom P, Eriksson L O. 2000. Solving the stand management problem under biodiversity-elated considerations. Forest Ecology and Management, 126: 361-376.

Yoda K, Kira T, Ogawa H, et al. 1963. Self-thinning in overcrowded pure stands under cultivated and natural conditions (Intraspecific competition among higher plants XI). Journal of Biology of Osaka City University, 14: 107-129.

Zhang G G, Hui G Y, Zhang G Q, et al. 2019. Telescope method for characterizing the spatial structure of a pine-oak mixed forest in the Xiaolong Mountains, China. Scandinavian Journal of Forest Research, 34 (8): 751-762.

Zhang G Q, Hui G Y, Zhao Z H, et al. 2018. Composition of basal area in natural forests based on the uniform angle index. Ecological Informatics, 45: 1-8.

Zhao Z H, Hui G Y, Hu Y B. 2014. Testing the significance of different tree spatial distribution patterns based on the uniform angle index. Canadian Journal of Forest Research, 44 (11): 1419-1425.

|附录| 森林结构多样性测度仪操作指南

为快速实现森林信息精准调查与分析，解决森林结构信息获取难而不准的问题，中国林业科学研究院林业研究所"森林经营理论与技术"创新团队，自主研发了森林结构多样性测度仪。该仪器集成了距离、高度、角度测量模块，实现了林木坐标、林分基本信息、空间结构参数一体化调查，并开发了基于手机 App 的操作系统，具有免棱镜、蓝牙通讯、携带轻便和易操作等优点，极大地方便了一线营林人员获取林分状态数据。本附录从仪器的构成、基本参数及操作步骤等方面介绍该仪器的主要特点及使用方法。

1. 仪器的配置

森林结构多样性测度仪主要配置包括主机（附图 1，上部）、电池（附图 1，下部）、充电器、标准支架、脚架、数据线和罗盘校准数据线。

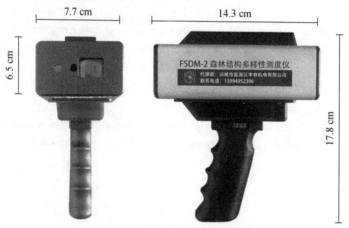

附图 1　森林结构多样性测度仪

2. 主要技术参数

森林结构多样性测试仪采用电子罗盘测角，水平测角范围为 0°～360°，水平测角精度 ±1°；垂直测角范围为 –80°～+80°，垂直测角精度 ±0.1°（垂直角 –30°～+30°）；通过激光发射激光实现测距，激光为 1 级人眼安全激光（最安全等级），波长 635 nm（红），树干测程大于 20 m，白墙测程大于 40 m，标靶最远测程约 80 m，测距精度为 5 mm；采点速度 1～3s/点；工作温度 –25～+50℃，防水等级 IP56；同时，为了便于在森林中进行测量，配备绿色激光导向光源。

3. 仪器的校准

由于仪器主机有内置电子罗盘，因此在仪器使用前首先要进行罗盘校准。在电脑上安装电子罗盘校准软件（Woosens Technolgy 3 Axis Compass Studio V1.0），并正确设置 com 端口和罗盘校准软件一致。校正步骤如下：

1）保持仪器关机状态，使用六针罗盘校准数据线将仪器与电脑连接，打开电脑端 3 Axis Compass Studio.exe 校准软件（附图2），然后打开仪器，点击"Open"按钮，进入参数设置，点击"Configuration"，在"Mounting Options"选择"Z DOWN 0°"，点击"Save"保存设置。

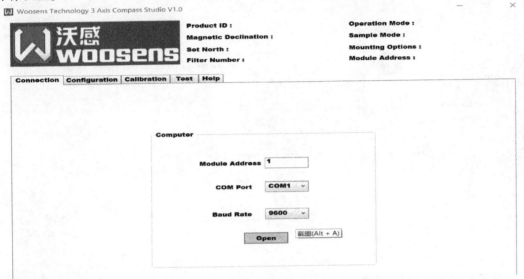

附图2 罗盘校准软件

2）在参数设置界面点击"Calibration"，进入附图3界面，在此页面点击"Test"，进入校准，然后顺时针旋转仪器并根据软件上显示的气泡走向依次顺序转动仪器；校准时，附图3左下角的数值结果越小，精度越高，共计测试18个点；测试完成后，点击"Save"保存按钮，完成罗盘校准，出现附图4界面，校准完成。

4. 测量程序安装、启动与连接

为方便广大用户的使用，开发了基于手机的测量程序，要求手机操作系统为安卓（Android）6.0以上版本；下载森林结构多样性测度调查 App 后，直接解压安装后，手机界面上出现"林地通"App；点击启动，进入附图5界面。然后打开仪器，并同时打开手机蓝牙功能，此时，仪器会间断发出"嘀"声，App 程序进入附图6界面，点击蓝牙连接，手机上出现 HC-02 地址：000000000xxxx，点击该地址后，仪器"嘀"声停止，说明手机与仪器连接成功，可以进入测量模式。

5. 测量功能

（1）站点设置

结构多样性测度仪测量模式支持全面调查和抽样调查两种模式，在正式开始调查前首先要进行设站和定向，在附图7界面点击"设站"。站点输入有 a、b 两种方式，一般使用 b 测量方法。

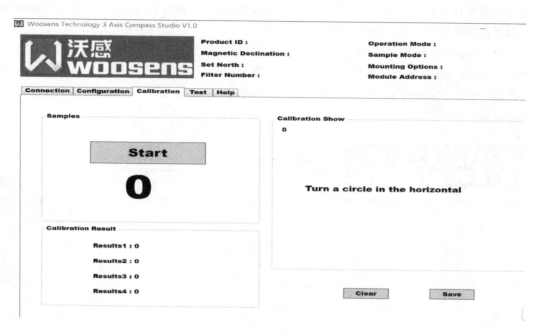

附图3　罗盘校准页面

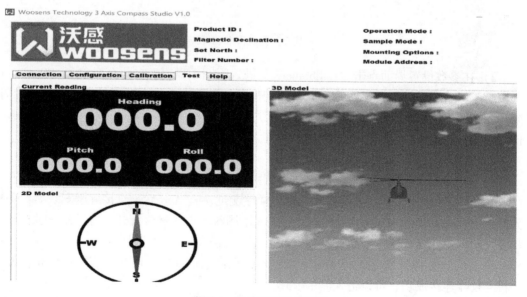

附图4　罗盘校准完成界面

附图5　森林结构多样性测度仪调查 App 启动界面

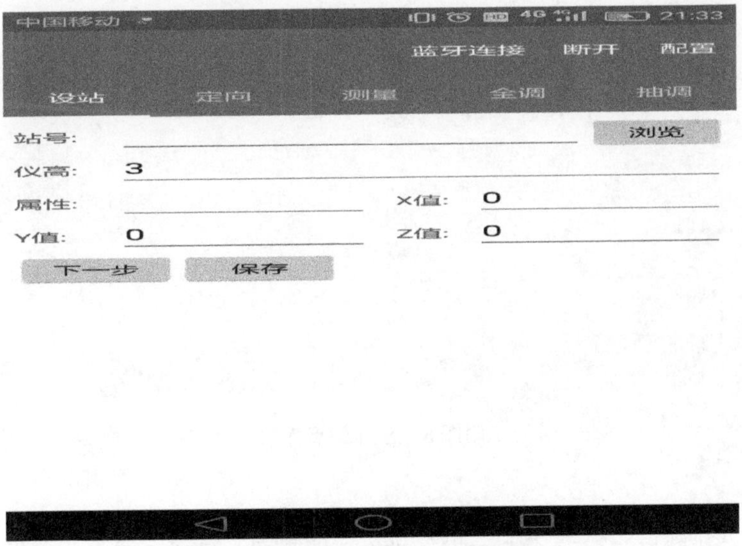

附图6　仪器与手机蓝牙连接界面

　　方法 a：直接点击 X 值、Y 值、Z 值的空白处，系统自动弹出软键盘界面，切换字母、数字、拼音或者英文输入方式，根据已知坐标输入即可，如附图7所示。

　　方法 b：可以点击"浏览"按钮。调用点坐标数据，首次测量时若有数据，点击全部删除，内存中为空后，在控制点界面点击"添加"按钮后，软件自动添加一行默认点的坐标数据。如附图8所示，此时，点击"选择"，系统自动返回到设站界面，并将数据管理中的所有信息自动连接到设站界面，如附图9所示，输入仪高、属性等信息后，点击"下

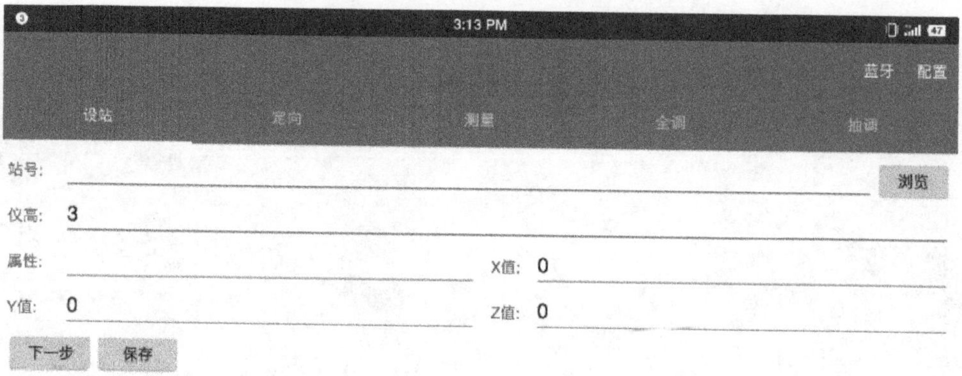

附图7　选择站点界面

一步"，进入定向界面。

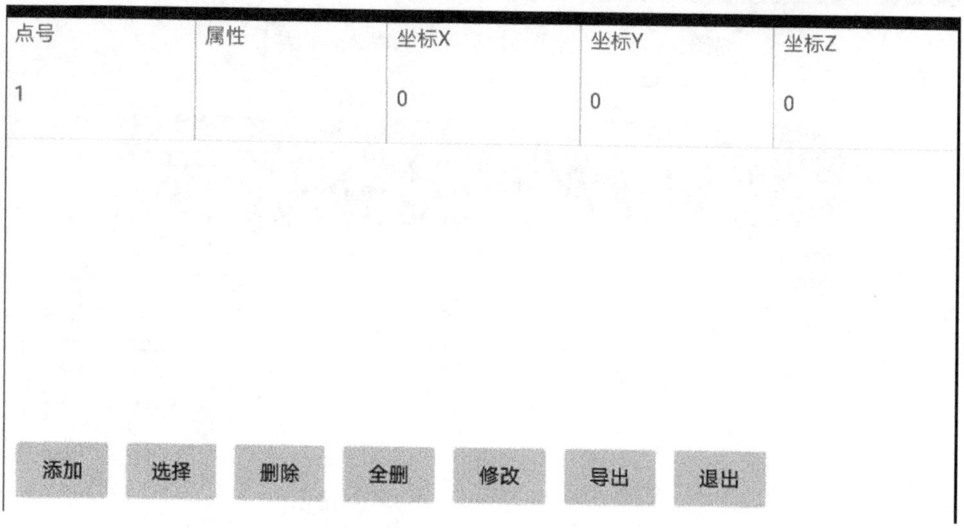

附图8　添加站点界面

（2）定向

在完成设站步骤后，点击"下一步"进入定向界面，点击定向方式会出现三种定向方式（附图10），结构多样性测度仪测量时选用了"后方交会"方式。用仪器内的红点瞄准北方向，点击"下一步"便可完成定向，程序进入测量界面。

（3）测量

进入测量界面后（附图11），可以进行靶点的测量，其中，测量数据标签显示的内容包括仪器测量出的角度和高度；基准测量标签为测量目标的基准面高度；站点测量功能是在进行全面调查时，当一个站点无法完成所有点的测量时，可用此功能测量迁站点的坐标，用于迁站时的后方交会点。

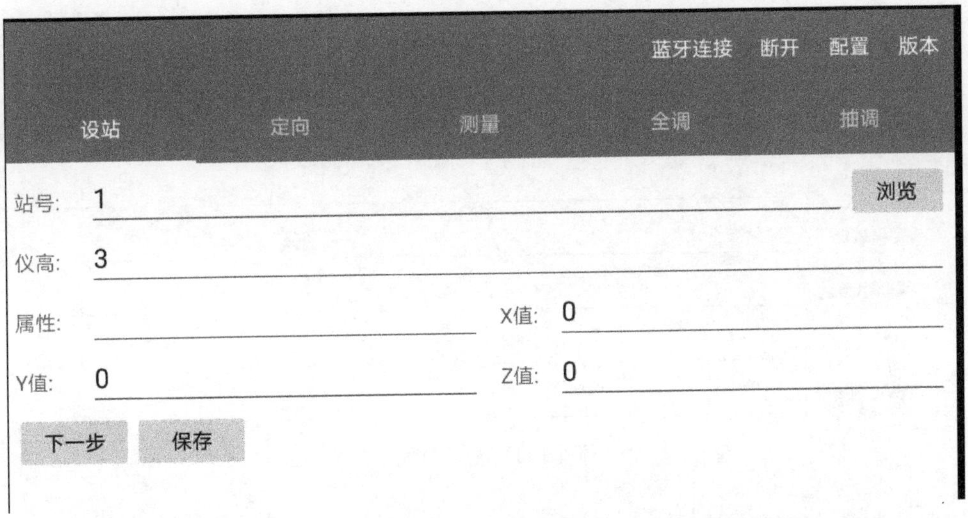

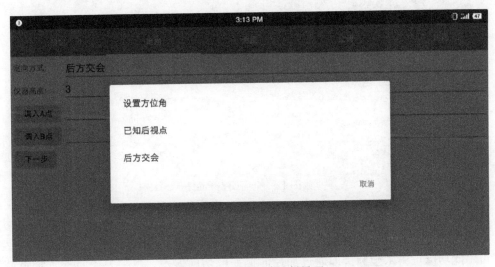

附图 9　站点设置界面

附图 10　定向方式选择界面

在进行森林结构多样性调查时，有两种测量模式，即全面调查和抽样调查。当对研究林分进行试验研究或长期监测时，需要设置固定样地，采用全面调查模式调查数据，样地面积越大，样地数量越少。一般而言，当样地面积为 50 m×50 m 时，只需 1 个样地；当样地面积为 30 m×30 m 时，至少需要 4 个样地。在进行林分状态分析时，并不都需要设置固定样地，特别是对于一些地形条件比较复杂的林分来说，设置固定样地并不可行，只能进行抽样调查，此时就需要采用抽样调查模式。一般而言，在天然林中的抽样点数至少为 49 个，而人工林中的抽样点在 20 个以上即可满足调查需求。

（4）全面调查模式

在测量界面左滑或点击"全调"即可进入全面调查模式，如附图 12 所示，在此界面下，进行全林每木调查，具体步骤如下：

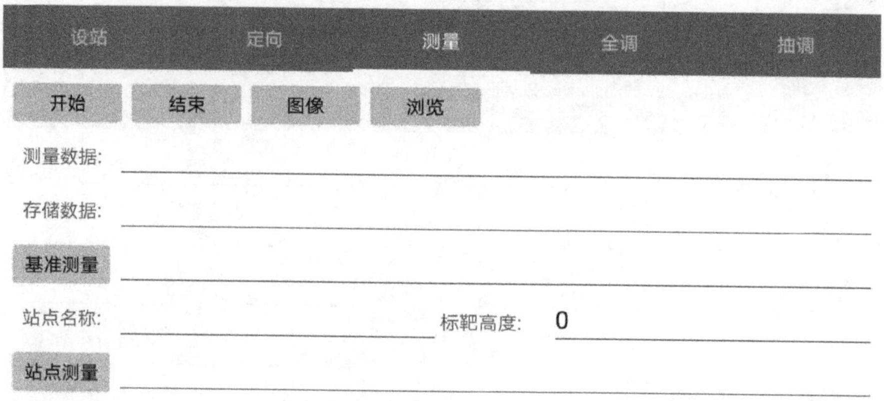

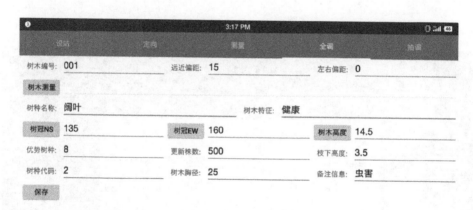

附图11　测量界面

附图12　全面调查界面

1）首先输入"树木编号"，树木编号必须为数字，不能用汉字或英文字母，然后点击"测量"按钮，完成对树木坐标测量。此处可以进行偏差测量，当被测量树木发生遮挡时，可用此功修正树木坐标，即通过加径向偏差或切向偏差，规则为径向"远加近减"，切向"左加右减"。

2）点击"树种名称"，内有"阔叶""针叶"选项，根据实际情况选择；点击"树木特征"，内有"健康""不健康"2个选项。

3）"树木胸径""树种代码""优势树种""更新株数""枝下高度""备注信息"等选项可根据调查结果直接输入，也可缺省。输入时只需点击即可出现键盘输入界面。

4）点击"树冠NS"或"树冠EW"即可进行冠幅测量，测量界面如附图13所示。依次点击"测A点""测B点"，仪器自动进行冠幅测量，"AB数据"为测量结果，测量结束后，点击"关闭"，数据自动保存，并返回全面调查主界面。

5）点击"树木高度"按钮，进入树高测量界面，如附图14所示。首先点击"树根"按钮，其次点击"枝下高度"按钮，最后点击"树梢高度"按钮，软件自动算出树木高度，点击"确定"按钮，树高自动保存，并返回全面调查主界面，树木高度值自动显示。

测A点

测B点

AB数据

关闭

附图13　冠幅测量界面

树根

枝下高度

树梢高度

树木高度

确定

附图14　树高测量界面

6）在完成以上所有特征的输入与测量后，点击"保存"按钮，仪器进入下一棵林木的测量。

（5）抽样调查模式

在全面调查界面左滑或点击"抽调"即可进入抽样调查模式，如附图15所示。在此界面下，进行林木抽样调查，具体步骤如下：

设站	定向	测量	全调	抽调

样点号码： 1　　　　　　　　　　备注信息：

树1距离	1.230	属性
树2距离	1.303	属性
树3距离	2.049	属性
树4距离	3.399	属性

确定

附图15　抽样调查主界面

1）首先输入"样点号码"，样点编号必须为数字，不能用汉字或英文字母，"备注信息"可输入相关记录信息，如样点特征等。

2）测量距离样点最近的 4 株林木的距离（参照树），分别点击"树 1 距离"、"树 2 距离"、"树 3 距离"和"树 4 距离"，测量参照树到抽样点的距离。

3）在完成距离样点最近的 4 株林木的距离测量后，点击每株林木后的"属性"按钮，进入属性界面，如附图 16 所示；在该界面下开始测量以距离抽样点最近相邻木为参照树的空间结构参数；树木编号根据参照树编号自动生成，格式为"参照树编号–相邻木编号"。

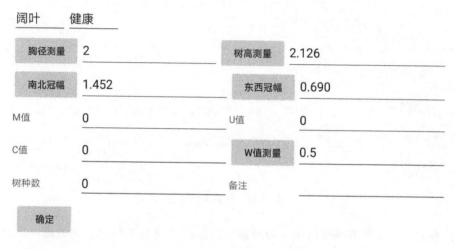

附图 16　参照树相邻木属性测量界面

4）在附图 16 界面下，输入相邻木的"树种代码""树种类型""M 值""U 值""C 值""树种数"等信息，分别点击"胸径测量""树高测量""南北冠幅""东西冠幅"测量，测量方法同全面调查；点击"W 值测量"，进入角尺度测量界面，如附图 17 所示。

参照树	H:1653926,V:0931324,SD:	偏距	0
邻1距离	0.448780016845541	偏距	0
邻2距离	0.258921978829016	偏距	0
邻3距离	1.11361221512156	偏距	0
邻4距离	1.3110949862718	偏距	0
计算W值	0.5		确定

附图 17　参照树与相邻木组成的结构单元角尺度测量界面

5）在附图 17 界面下，首先将仪器瞄准参照树，并点击"参照树"，测量坐标值，然后依次瞄准相邻木，点击"邻 1 距离""邻 2 距离""邻 3 距离""邻 4 距离"分别测量相邻木的坐标，之后点击"计算 W 值"，最后点击"确定"按钮，完成第 1 棵参照树与其相邻木的参数调查；然后依照此步骤进行其余参照树及其相邻木的调查，最后点击"确定"按钮，保存数据，结束第 1 个抽样点调查，进入下一个抽样点的调查。

6. 数据导出

仪器测量数据保存在手机文件夹中，可以在 App 中进行查看，进入测量界面（附图 11），点击"浏览"按钮，即可查看所有测量数据；点击"导出"按钮时（附图 18），可以将数据以 Excel 文件（附图 19）导出到手机内存中或手机中的外部存储器中。打开手机的文件管理文件夹，根据设置的存储路径，在内部存储或外部存储中找到"Documents"文件夹，即可找到相应的 Excel 文件，通过 QQ 或微信文件传输功能导入电脑。

控制点	基准点	数据	全调	抽调
点号	属性	坐标X	坐标Y	坐标Z
1	·	0	0	0

添加　　选择　　删除　　全删　　修改　　导出　　退出

附图 18　数据查看与导出界面

导出

point-20200325102356.xlsx

确定

附图 19　导出数据文件名及格式

7. 仪器使用注意事项

1）仪器在不同地区使用时首先要进行罗盘校准，然后再测量，每到一个新地区都需要校准一次；罗盘校准时，机器只需要开机状态，不需要打开手机 App。

2）定向时，在仪器指向北向后，要求在定向界面至少要停留 2 秒以上。

3）测量距离越远仪器反应时间越长，当测量距离超过 20 m 时，数据会有 2~3 秒的延时，因此，当测量距离较长时，为保证数据的准确性，要仔细观察手机上的测量数据变化情况。

4）使用过程中要注意远离金属物体，避免测距镜头朝向阳光测量。

5）在进行野外测量前，对仪器电池要进行充电，一块仪器电池在充满电情况下工作时间约为 3 个小时，仪器电池没电后可更换备用电池继续测量。

6）由于手机使用蓝牙与仪器连接，在测量过程中，手机与仪器的距离应保持在 3 m 以内；避免在测量过程中接电话或打电话，否则容易出现测量程序退出现象，因此建议配备专用手机。此外，测量过程中，手机耗电量较大，特别是外界气温较低的情况下，建议配备充电宝，及时为手机充电。